国家出版基金资助项目
“十一五”国家重点图书规划项目
《生态文明与绿色低碳经济发展论丛》
刘思华　主编

生态文明与人的发展

许崇正　杨鲜兰　等著

中国财政经济出版社

图书在版编目（CIP）数据

生态文明与人的发展/许崇正，杨鲜兰等著. —北京：中国财政经济出版社，2011.11

（《生态文明与绿色低碳经济发展论丛》/刘思华主编）

国家出版基金资助项目 “十一五”国家重点图书规划项目

ISBN 978-7-5095-2715-3

Ⅰ.①生… Ⅱ.①许… Ⅲ.①人类-发展-关系-生态环境-可持续发展-研究 Ⅳ.①X24

中国版本图书馆 CIP 数据核字（2011）第 002074 号

责任编辑：刘五书 张怡然　　责任校对：王 英
封面设计：朱 江　　版式设计：董生萍

中国财政经济出版社出版

URL：http：//www.cfeph.cn

E-mail：cfeph @ cfeph.cn

社址：北京市海淀区阜成路甲 28 号 邮政编码：100142

营销中心电话：88190406 北京财经书店电话：64033436 84041336

北京富生印刷厂印刷 各地新华书店经销

787×1092 毫米 16 开 25.75 印张 348 000 字

2011 年 12 月第 1 版 2011 年 12 月北京第 1 次印刷

定价：45.00 元

ISBN 978-7-5095-2715-3/F·2310

（图书出现印装问题，本社负责调换）

质量投诉电话：88190744

总 序

建设生态文明·发展绿色经济·构建和谐社会

——论发展中国特色社会主义“三大法宝”

党的十六大以后，以胡锦涛为总书记的党中央，科学分析我国全面参与经济全球化的新机遇、新挑战，全面认识工业化、信息化、生态化、市场化、国际化深入发展的新形势、新任务，正确把握当今世界和当代中国发展的面临的新课题、新矛盾；不仅认真总结发展中国特色社会主义的实践经验，而且高度重视世界各国发展的实践经验，从而提出科学发展观、构建和谐社会、建设生态文明、发展绿色经济[①]等一系列崭新发展理念和重大战略思想，集中体现了新世纪新阶段我们党、国家、政府在中国特色社会主义发展与经济发展问题上重大理论与实践的双重创新。因此，用科学发展观统领建设生态文明、发展绿色经济、构建和谐社会，这是以胡锦涛为总书记的中央领导集

① 本书所说的发展绿色经济是广义的，不仅是指广义的绿色产业，而且包括低碳经济、循环经济、清洁能源与可再生能源经济、碳汇经济以及其他节约能源资源与保护环境生态的经济等。

体的伟大创造。从理论层面上说，这三大重要战略思想，是中国特色社会主义发展理论与经济发展理论的基本观点，是胡锦涛为总书记的中央领导集体对中国特色社会主义理论的丰富和发展，所作出的特有的重大理论贡献，开辟了马克思主义发展理论在当代中国创新与发展的新境界，谱写了马克思主义中国化、时代化、大众化的新篇章。从实践层面上看，我们按照科学发展观的客观要求，建设生态文明、发展绿色经济、构建和谐社会的伟大实践，是中国特色社会主义实践的基本形式，应该说是21世纪中国发展的主旋律；甚至可以说，它们是21世纪发展中国特色社会主义的“三大法宝”，必将展现出中华文明发展所追求的中国生态经济社会有机整体绿色、和谐、协调、可持续发展的最高境界。“十一五”国家重点图书规划项目《生态文明与绿色低碳经济发展论丛》（以下简称《论丛》），是新中国成立以来最大的生态经济学哲学社会学出版工程，它力图从新兴交叉学科视角反映中国特色社会主义发展与经济发展的理论和实践双重创新。因此，本论丛的每部著作，都是选择发展中国特色社会主义的某个重大理论与实践问题进行双重探索，都有所创新。这就涉及发展中国特色社会主义的理论与实践问题很多，在此，仅把其中10个重大问题特意推出并加以简论，是为序。

一

科学发展观是建设生态文明、发展绿色经济、构建和谐社会的理论前提和生命线。党的十七大最终确立了社会主义生态文明观，这是把科学社会主义同中国基本国情与具体实践相结合得出来的马克思主义论断。建设生态文明，是中国特色社会主义的应有之义和重要内涵。它必然成为科学发展观的重要内涵与组成部分，是科学发展观的新发展的重要标志，使我们党的发展理论和文明理论由原来局限于

“社会的世界”扩展到“自然的世界”，反映了当今世界和人类文明的最新发展理念。它不仅是对人类经济社会发展的经验，而且是对生态自然发展的经验的深刻总结与高度概括。这是科学发展观具有划时代意义的根本含义。因此，以人为本的科学发展观的完整内涵和精神实质具有两层含义：一是在经济社会领域里，处理人与人的社会关系是以人为本；二是在生态自然领域里，处理人与自然的生态关系是以生态为本。在此，广义的“生态”，既是科学发展、和谐发展的核心要义，也是衡量科学发展、和谐发展的根本标志。因此，我们完全可以说，科学发展观是以人为本和以生态为本的双重价值取向的内在统一，是经济社会发展观和生态自然发展观的有机统一观。这就是科学发展观的核心内涵与基本要求的内在统一。因为，在21世纪建设生态文明、发展绿色经济、构建和谐社会的世纪，无论是全面发展，还是协调发展，尤其是可持续发展，都是与自然生态环境良性循环不可须臾分离的绿色发展，离开了人与自然和谐统一的生态发展即绿色发展就没有全面、协调、可持续发展可言。当然，也就没有科学发展可言。由此，我们必然得出一个合乎逻辑的结论：科学发展是以绿色发展、和谐发展为核心的全面、协调、可持续发展。这充分体现了科学发展观的绿色发展属性和特征。

科学发展观作为发展着的科学理论，它的理论内涵，不仅涵盖了建设生态文明的思想观念，而且涵盖了发展绿色经济的思想观念。如果说，生态文明与和谐发展是科学发展观和中国特色社会主义的应有之义与重要内涵，那么完全可以说绿色经济与绿色发展也是科学发展观和中国特色社会主义的应有之义与重要内涵。尤其是人与自然和谐协调发展，是生态文明的核心理念，也是生态自然发展观的核心理念；绿色经济的实质是经济生态和谐协调发展；和谐社会的本质是社会生态和谐协调发展。正是从“生态—经济—社会”有机整体的生态和谐协调发展意义上说，生态和谐协调已经成为当今中国和谐协调发展的根本基础。它是科学发展观在生态经济社会有机整体发展现实中的具体体现，也是社会主义和谐社会的一个最基本特征。正是在这个意义上说，在哲学层面上，科学发展观是中国特色社会主义生态文明观；在经济学层面上，是生态自然发展观和经济社会发展观有机统一的绿色经济发展观；在社会学层面上，则是中国特色社会主义和谐社会发展观。

二

发展是我们党执政兴国的第一要务。那么，发展的终极目的与价值尺度又是什么呢？尤其“三大法宝”实践选择的终极目的与价值尺度是什么呢？这是新世纪新阶段发展中国特色社会主义要解决的首要的重大理论与实践问题。党的十七大以后，传统或纯哲学社会科学理论，当然也包括传统或纯马克思主义经济学理论在内，都仍然认为，发展尤其是经济发展的终极目的与价值尺度，只是为了人的生存与发展的需要和利益，把非人类生命物种生存与发展的需要与利益，排斥在人的经济社会实践的终极目的和价值尺度之外。国际国内学术界都是如此。西方学者有句名言：“人类保护自然是出于保护自己的目的。”近几年来，学术界在阐明以人为本的科学发展观，纠正了过去把人作为工具和手段来实现经济增长的目的的错误观念，认为科学发展观的以人为本是指发展的出发点和落脚点，是为了人的生存与发展的需要和利益，人的发展是目的，即坚持把人民群众作为发展的终极目的和价值尺度。这是理论上一大进步。一些著名学者和权威刊物发表文章说：“建设生态文明，归根结底是为了人类自身的利益，也正是我们建设生态文明的归宿”。“注重生态价值和呵护好生态利益，归根到底为了人类利益，是为了更好坚持以人为本”。这种解说实际上是沿着极端人类中心主义和工业文明的思路来诠释建设生态文明，仍然没有摆脱工业文明发展的窠臼；把自然作为工具和手段来实现经济增长和最大限度地占有物质财富的目的。“三大法宝”的伟大实践，就向这种单一的终极目的和价值尺度发出了挑战。理论与实践都充分表明，工业文明是反人性（社会）和反自然（生态）的文明形态，工业文明时代的黑色经济是反人性（社会）和反自然（生态）的现代经济，资本主义工业社会是反人性（社会）和反自然（生态）的现代社会。当今我们建设社会主义生态文明、和谐社会和发展绿色经济，是人性化和生态化的崭新的现代文明、现代社会和现代经济，既要保证满足全体人民可持续生存与全面发展的需要和利益；又要保证满足非人类生命物种的生存健康与安全发展的需要和利益。这就是“三大法宝”实践选择的两重终极目的和价值尺度，这是自然、人、社会有机整体和谐协调为导向的生态文明、绿色经济、和谐社会的理论与实践的基本价值取向，更是我们探索中国特色社会主义发展与经济发展道路的理论与实践宗旨。因此，我们重构马克思主义经济学双重价值取向理论，寻找马克思主义经济学与当代人与人的发展问题和自然与生态发展问题之间的有机联系，使两者回归马克思主义经济学视野，确立它们在马克思主义经济学基本价值维度的地位。于是，我们把人和自然都是发展的终极目的的双重价值取向理论，运用到建设生态文明，发展绿色经济，构建和谐社会中来，不仅是经济智慧的升华，而且是生态智慧的升华；不仅是生存智慧的升华，而且是发展智慧的升华，必将引起包括新兴、交叉科学在内的哲学社会科学尤其会给马克思主义经济学研究带来革命性变革。

三

建设生态文明，构建和谐社会，都必须也应当大力发展绿色经济，形成生态和谐、社会和谐和经济和谐一体化的绿色经济形态。这是因为，绿色经济既是生态文明时代全新的经济形态与发展模式，又是和谐社会的最佳经济形态与发展模式。

马克思主义生态文明观认为，生态文明作为一种后工业文明，是社会形态和经济形态内在统一的全新的文明形态。从文明形态对人与自然发展关系的影响来说，工业文明是人与自然分裂与冲突的不和谐发展，可以称之为“黑色文明”，生态文明是人与自然内在统一与和谐共生的和谐发展，可以称之为“绿色文明”。因而，从生态与经济的发展关系而言，工业文明的经济形态是“黑色经济”，生态文明的经济形态是绿色经济。21 世纪是建设生态文明、发展绿色经济、构建和谐社会的世纪。这个新世纪的社会形态的主导形态是生态文明或绿色文明，它们也是和谐社会的主导社会形态，这个新世纪的经济形态的主导形态是生态经济或绿色经济，它们在本质上是可持续发展经济，也是和谐社会的主导经济形态。首先，从绿色经济本质属性来看，我曾作过这样的概括：“绿色经济是可持续经济的实现形态和形象概括。它的本质是以生态经济协调发展为核心的可持续发展经济。”① 这就确认了绿色经济的生态经济属性，揭示了它的可持续经济的本质内涵。正是从这个意义上说，绿色经济作为生态文明时代的经济形态，是生态经济形态的现实象征与生动概括。其次，从现时代的经济发展实践来看，绿色经济正在朝着成为人类社会文明发展继农业文明的农业经济、工业文明的工业经济与知识经济之后的崭新经济形态的方向发展，并且现实已成为建设生态文明、构建和谐社会的重要经济发展模式。再次，从人类社会的经济形态演变的客观进程来看，生态文明是一种后工业文明形态，绿色经济是一种后工业经济形态；而包括信息经济在内的知识经济，既是工业文明高度发达的突出表现，又是在此基础上发展起来的一种后工业经济，是从工业文明的黑色经济向生态文明的绿色经济转型的经济形态，必然充当了工业文明

① 刘思华主编：《绿色经济论》，中国财政经济出版社 2001 年版，第 3 页。

和生态文明、黑色经济和绿色经济的中介。正是这个意义上，我们对绿色经济重新界定为：以生态文明为价值取向，以生态、知识、智力资本为基本要素，以人与自然和谐发展和生态与经济协调发展为根本目标，实现生态资本增殖的可持续经济。正因如此，2009 年 11 月，欧盟正式提出了新的战略构想，其核心要素就是发展绿色经济，要在未来的 10 年内，将欧盟打造成为一个“绿色知识经济体”。

社会主义和谐社会是一个自然生态和社会经济有机整体可持续发展的社会，这就决定了和谐社会的经济形态与发展模式，必然也应当是绿色经济。我曾在一些论著中提出“社会主义和谐社会是生态经济可持续性发展的社会”的新论点，此论准确地反映了和谐社会的生态经济属性和可持续发展经济的经济特征。因此，现在，我们完全可以说，发展绿色经济，铸造绿色经济形态，是对社会主义和谐社会生态经济属性和可持续经济特征的最充分体现。首先，社会主义和谐社会的科学命题，是对中国特色社会主义社会的生态与生态经济本质的最充分表达。因为社会和谐是中国特色社会主义的本质属性；生态和谐是构建社会主义和谐社会的生态基础，也是中国特色社会主义的本质属性；经济和谐是构建社会主义和谐社会的经济基础，当然是中国特色社会主义的本质属性。尤其是对于生态文明时代的现代社会主义社会，是自然生态关系和社会经济关系内在统一与和谐共生的生态经济社会有机整体。正是自然生态属性和社会经济属性的内在统一与和谐共生，才构成中国特色社会主义的本质。这种本质集中体现在人、社会、自然之间形成和谐、协调、可持续发展的关系。因此，社会主义和谐社会是一个生态经济可持续本质的社会。其次，建设生态文明、构建和谐社会，是对工业文明社会的人与自然相分裂、个人与社会相脱离、自然与社会互损而付出双重代价的基本特征的否定，是要真正实现人与自然双盛、个人与社会双强、社会与自然双赢，达到人、社会、自然和谐共生，共同繁荣与可持续发展的至高境界，最终创造一个自然生态和社会经济有机整体和谐协调可持续发展的社会。这是建设生态文明的真谛，也是构建和谐社会的要旨。再次，能够满足上述要求的只能是也应该是符合建设生态文明与构建和谐社会要求的绿色经济；只有发展绿色经济，才能建设生态和谐与经济和谐相统一的和谐经济。从自然生态意义上说，大力发展绿色经济是为和谐社会发展提供生态基础；从社会经济意义上说，大力发展绿色经济是为和谐社会发展提供经济基础。因此，大力发展绿色经济已成为当今世界经济社会发展和人类文明进步的一大趋势；绿色发展与绿色崛起更是当代中国经济社会发展、中华文明进步的势不可挡的大趋势。

四

建设生态文明、发展绿色经济、构建和谐社会，必须实施生态主导型的发展战略。这是发展中国特色社会主义的新战略，也是21世纪中国现代化发展的基本战略。这是建设生态文明和构建和谐社会的客观要求。(1) 生态文明是21世纪人类社会文明的主导文明形态，它是人与自然、人与人、人与社会、人自身四大和谐协调发展的现代文明。生态文明的这种总体特征，也是构建和谐社会的基本内容与根本目标，将成为21世纪现代经济发展和人类文明进步的主旋律和大趋势。而社会主义和谐社会的科学内涵内含着“四大和谐协调发展”，因此，建设社会主义生态文明的主旨，同构建社会主义和谐社会的主旨完全一致，这种一致性要求实施生态主导型的现代化发展战略。(2) 从我国实践来看，进入21世纪以来，我国一些地区大力提倡生态优先的发展理念，实施“生态立市（省）、环境优先”的发展战略，使一些城市、地区在走中国特色的新型工业化道路过程中，不仅在克服工业文明的弊端，而且超越工业文明，正在朝着建设生态文明社会方面前进，这实质上体现了“生态主导型的现代化发展”的基本战略。(3) 当然，从当今中国的总体上看，生态危机还在加深，它在本质上不仅是当代中国的发展危机，而且是当代中国的生存危机，是中华民族的生存方式的危机，真正缓解和克服生态危机的根本出路就在于从根本上改变现行的现代化的基本战略，实施生态主导型的现代化发展战略。(4) 全面贯彻落实科学发展观，必须把不断追求和递进实现“四大和谐协调发展”作为建设生态文明、发展绿色经济、构建和谐社会的价值原则、根本目标和运作航标，就必须要求实施自然生态、社会生态、人体生态一体化的生态文明发展战略，它在本质上是生态主导型的现代化发展战略。这种绿色发展与绿色崛起应当视为胡锦涛为总书记的中央领导集体实施科学发展战略的核心。因此，用绿色崛起带动和平崛起，走绿色和平发展道路，这是中华文明伟大复兴的必由之路。(5) 实施生态主导型的现代化发展战略，在经济领域内，就是实施绿色经济与绿色发展战略。这是21世纪可持续发展战略的集中体现。实现绿色经济发展战略，是加快转变经济发展方式、大力调整经济结构，走生态文明发展道路，从根本上促进中国生态经济社会有机整体和谐协调发展的根本大计，是具有全局性和战略性的重大战略。

五

建设生态文明、发展绿色经济、构建和谐社会的战略目标，就是把我国建设成为富强民主文明和谐的社会主义现代化国家，在发展中国家率先跨入生态文明社会，即可称之为生态社会或绿色社会。人类文明发展到今天，随着工业文明高度发达，人类社会生产与生活过程和自然界的生态过程已经完全相互交织与相互融合而浑然一体。当今维系人类生命和非生命形式的这个濒临失衡的球体上，客观存在的只是自然生态系统和社会经济系统互相依存、互相制约、互相作用、互相转化的生态经济社会有机整体。当今社会主义也是这样的有机整体，应该是人与自然、人与人、人与社会、人自身和谐共生共荣的社会有机整体发展形态。这就决定了“三大法宝”的战略目标和根本任务在实质上是完全一致的，甚至可以说，建设社会主义生态文明和构建社会主义和谐社会的目标和任务，是同一个问题的两个方面。

首先，不管是狭义还是广义的生态文明之说，建设社会主义生态文明，都必须是牢固地建立在马克思主义人、社会、自然有机整体和谐协调发展理论的基础上，推进人与自然、人与人、人与社会、人与自身和谐共生共荣、生态自然和经济社会的全面协调发展，实现生态经济社会有机整体的科学发展、和谐发展、绿色发展。只有这样，才能把中华文明建设成为人与自然、人与人、人与社会、人自身和谐协调发展的现代文明形态。这是建设社会主义生态文明的主旨，是实践马克思主义人、社会、自然有机整体和谐协调发展理论的生动体现。

其次，生态文明时代的绿色经济同工业文明时代的黑色经济的本质区别，就在于后者是建立在人与自然相分裂、社会与自然相互损的基础上；前者是建立在人与自然内在统一、社会与自然和谐共生的基础上。因此，绿色经济发展是以人与自然和谐发展、生态与经济协调发展为根本目标，是人、社会、自然和谐共生共荣的现代经济，是把中国特色社会主义经济发展的生态环境代价和社会经济成本减少到最低限度的可持续性的和谐经济。

再次，社会主义和谐社会必须是经济、政治、思想文化、生态环境等社会领域，各种要素及各个关系之间互相协调、相互融合的和谐发展状态。笔者曾把这种发展状态概括为：是“以人为主体的社会和谐发展状态，它包括人与人之间的和谐、人与自然之间的和谐、人与社会之间的和谐、人自身关系和谐四个方面的基本内涵”①。因此，构建和谐社会，实际上是人们不断追求和递进实现人与自然、人与人、

① 刘思华：《生态马克思主义经济学原理》，人民出版社2006年版，第484页。

人与社会之间关系的和谐发展，并最终达到人自身关系和谐发展，实现人、社会、自然有机整体和谐协调发展。正如胡锦涛同志所指出的："我们要构建的社会主义和谐社会，是经济建设、政治建设、文化建设、社会建设协调发展的社会，是人与人、人与社会、人与自然整体和谐的社会，要贯穿于建设中国特色社会主义的整个历史过程。"①

由上可知，在科学发展观的统领下，建设生态文明，就是建设生态和谐、经济和谐、社会和谐相统一的现代文明；发展循环经济，就是发展生态效率、经济效率、社会效率相统一的现代经济；构建和谐社会，就是构建生态公平、经济公平、社会公平相统一的现代社会。这样的现代文明形态和经济社会状态，就标志现代中国跨入了生态文明社会。从国内外学术界对后工业社会的研究，生态文明社会可以概括为生态社会或绿色社会。

在1994年出版的《当代中国的绿色道路》一书中，笔者明确提出："生态社会是现代经济社会发展的远景"，"农业社会——工业社会——生态社会并列为人类社会文明递进的发展序列"。在2006年出版的《生态马克思主义经济学原理》一书中，进一步指出："生态社会是和谐社会的理想模式"，揭示了绿色社会模式同和谐社会、生态文明的内在统一性。在国际上，许多学科学者的后工业社会或后现代社会的主张同笔者的主张基本相同。自20世纪90年代以来，先是西方生态学家试图以系统整体观和生态中心主义思想为基础，来构造全盘改造工业文明社会的方案，提出了"最终建立一种无等级差别的理想的生态社会"的主张。生态自治主义者对后现代社会的设想是一个在人与自然和人与社会关系上都消灭了统治、征服与压抑的绿色社会，是一个合作和谐的社会。英国学者伊恩·莫法特在《可持续发展》一书中，描述了可持续发展社会的景象，并称之为绿色社会模

① 引自《科学发展观重要论述摘编》，中央文献出版社2008年版，第72页。

式。日本经济学家在1999年提出了生态发展的共生与社会发展的共生相统一的“生态社会发展理论”。尤其是美国社会生态学者和生态社会主义学者，都设想了未来的生态社会的总体轮廓，提出了他们的生态社会观。生态社会主义理论对未来社会主义或共产主义社会发展模式的构想，就是构建一种超越资本主义和现实社会主义模式，按照生态可持续性原则，形成的人与自然、人与社会（人）、人自身和谐发展的新型社会主义社会，在这个总目标下，未来生态社会主义发展蓝图，也就是绿色社会模式。这同笔者所说的绿色社会模式，不仅是生态社会模式的形象概括，而且是“四大和谐有机整体”的生态社会的绿色概括，是完全一致的。在此，我还要特别强调的是，美国生态后现代主义的奠基人查伦·斯普瑞特克在2006年作了“生态社会的分析和展望”的演讲，指出“生态社会的选择正在高涨，并且正在成功地融入主流”，他用现实事实说明转向“生态社会的紧迫性”，还对中国给予厚望：“参与到生态社会的世界观中去，中国的社区和地区就可能在种种超越现代性的意识形态，走向绿色未来的道路上成为典范。”①

综上所述，在当代中国建设生态文明、发展绿色经济、构建和谐社会的终极目标，就是努力探索一个当今农业、工业、生态文明并存的“三元文明结构”的社会主义大国，实现中国特色社会主义文明形态超越发展，建设成为绿色经济强国、生态文明富国，在发展中国家率先把十几亿人口带进生态社会或绿色社会，即是生态（绿色）社会主义的和谐社会。这是在21世纪把我国建设成为富强民主文明和谐社会主义现代化国家的最高层次含义。

① ［美］查伦·斯普瑞特克著，张妮妮译：《生态后现代主义对中国现代化的意义》，《马克思主义与现实》2007年第2期。

六

建设生态文明、发展绿色经济、构建和谐社会的双重战略任务；这是中国的基本国情和21世纪中国特色社会主义发展的特殊规律所决定的。在人类文明发展史上，西方发达国家用了近300年时间，才实现工业化，使10亿人口进入工业社会。而我国仅用了60年就阔步进入工业化中后期，把13亿人口带进工业社会。但工业化的任务还没有最终完成，要继续进行工业文明建设。就在此进程中，我们又提出了建设生态文明的重大战略任务。这就是说，我们要遵循当今世界文明发展的普遍规律和共同思想，即人类文明发展正在进入生态时代，必须按照生态文明的要求进行工业文明建设，完成工业化的任务；发达国家是实现了工业化、建成高度发达的工业文明之后，才提出建设后工业文明，而中国特色社会主义则在建设工业文明的过程中就要正视建设生态文明问题。这如实反映了21世纪中国特色社会主义文明发展的特殊规律。社会主义中国作为世界上最大的发展中国家，必须坚持把发展作为党执政兴国的第一要务。因此，我们背负着建设工业文明、实现工业化和建设生态文明、实现生态现代化的双重战略任务；既面临着克服、消除工业文明的黑色经济形态与发展模式的黑色弊端，将其改造成为绿色经济形态，又面临着构建与生态文明发展相适应的绿色经济形态与发展模式的双重压力与双重应对。这是21世纪中国发展与经济发展的最根本的特殊性。根据这种特殊性来探索中国特色社会主义发展道路，使我们找到了"三大法宝"，它们充分体现了中国特色社会主义发展与经济发展应对双重压力和完成双重任务的时代步伐和客观进程。

正确认识和理解"三大法宝"尤其是建设生态文明与发展绿色经济同新型工业化的辩证关系，赋予新工业文明理论特质与新的实践导向，这是把中国经济切实转移到科学发展轨道上来所要解决的一个重大理论与实践问题。因为，（1）党的十六大确定的新型工业化道路，只是赋予了新工业文明的信息化内涵与信息经济的特征。新工业文明只有信息维度。这种工业化与信息化融合，只是表明工业化由大机器生产力发展到信息生产力，这是工业文明发展的新阶段。由于它缺乏生态内涵，使新型工业化在本质上仍然属于工业文明形态。(2) 工业化和信息化融合难以克服传统工业化的弊端。这种弊端在人与自然的生态关系方面，是资源短缺、环境污染、生态恶化；在人与人的社会经济关系方面，是贫富悬殊、缺乏经济社会公平。我们探索新型工业化道路以来的7年间，不仅环境污染和生态破坏日益严重，而且为富不仁、劳资对立、贫富差距也变得越来越严重。从学理上说，信息化是应当获得资源消耗低的效果，但是这7年间资源高消耗没有得到缓解。对此，不少学者认为，我国探索新型工业化道路并没改变我们在传统工业文明发展老路上前行的步伐，没有达到新型工业化和建设生态文明的一致性。(3) 只有信息维度的新型工业化的主旨，主要是对传统工业文明的弊端加以限制，不会改变工业文明整体的反人性、反生态性质和不可持续性，是不能使新型工业化直接成长为生态文明的。因此，新型工业化道路在本质上是建设工业文明的发展道路；建设生态文明，是生态文明发展道路，不能把两者混为一谈。因此，在实践中推进新工业文明同生态文明有机结合与融合发展，这必须将走新型工业化道路综合为生态文明发展道路的内在环节，使建设新工业文明纳入建设生态文明之中，使它成为中华文明由工业文明向生态文明转型的过渡性文明形态。为此，我们必须对新型工业化的理论特质与实践导向重新界定。（4）按照“三大法宝”尤其建设生态文明的新要求，赋予新型工业化生态内涵，确立新工业文明信息化维度和生态化维度的有机统一，开启新工业文明的生态视阈，为我国现代工业体系和产业结构的知识化（包括信息化）与生态化的相互协调与融合发展提供理论前提。(5)笔者曾在《生态马克思主义经济学原理》一书中提出：探索新型工业化道路，应当从一个基本点升华为两个基本点，"以信息化带动工业化，以工业化促进信息化：以生态化优化工业化，以工业化推动生态化，走出一条科技含量高、经济效益好、资源消耗低、环境污染少、人力资源优势得到充分发展的新型工业化路子。"① 因此，新工业文明不仅要大量推进信息化与工业化融合，而且要大力推进生态化与工业化融合。它不仅是实现工业化，建设高度发达工业文明的过程；而且是这种过程同信息化与生态化并行不悖且相互融合，从而推进工业文明向生态文明转型的跃迁过程。

七

加快转变经济发展方式，形成与建设生态文明、构建和谐社会相适应的绿色经济发展模式，这是21世纪现代经济发展模式的伟大革命，是生态文明与可持续经济发展理论研究的一个历史性课题，也是中国特色社会主义经济发展理论研究的一场攻坚战。首先，党的十七大明确指出，"经济增长的资源环境代价过大"，"建设生态文明；基本形成节约能源资源和保护生态环境的产业结构、增长方式、消费模式。"这表明我们建设生态文明需要由高昂代价的黑色经济发展方式向最低代价的绿色经济发展方式转变，形成最低代价的可持续的绿色经济发展模式。长期以来，我国学界对我国经济发展的创新理论模式的研究，显得十分薄弱，尤其是近年来，对建设生态文明、构建和谐社会的经济发展"模式化"问题研究，可以说还没有破题。大家知道，党的十四届五中全会制定了经济体制和增长方式两个根本转变的战略方针，时至今日，经济体制的根本转变基本实现而增长方式的转变没有实现，并且粗放型增长方式更加强化，使在工业文明发展过程

① 刘思华：《生态马克思主义经济学原理》，人民出版社2006年版，第541页。

中形成的缺乏生态内涵的经济增长方式与经济发展模式仍然处于主导地位。因此，彻底改变、超越工业文明发展的经济模式，形成生态文明发展的经济模式，这是中国特色社会主义道路的战略重点和发展思路，也是建设生态文明与构建和谐社会的极其重大的难题。我们可以说，中国现代化建设和改革开放能否取得最终成功，将取决于我们能否成功地实现工业文明发展的经济模式向生态文明发展的经济模式转变。

其次，可持续发展经济学及它的马克思主义形态的生态马克思主义经济学，全方位论证了生态是21世纪现代经济运行和经济发展中的内生变量，探讨了生态发展规律及其对经济发展和运行效率的影响，构建了最低代价生态内生经济发展模式的基本框架。绿色经济发展模式，就是这种模式的现实形态，也就是说，绿色经济发展在本质上是最低代价生态内生经济发展模式。历史与现实都表明，工业文明发展的经济模式，是“大量生产、大量消耗、大量消费、大量废弃”的不可持续的黑色经济发展模式。这种经济模式在我国工业文明发展中，形成“高开采、高投入、高消耗、高污染、低利用、低产出、低质量”的粗放型经济增长方式，这是目前我国最高代价生态外生经济发展模式的基本实现形态。因此，改革开放30年来，我国经济快速高速增长，可以说是完全被工业文明的经济发展模式所浸透。这就迫切要求我们必须创造一种与自然生态相和谐协调的科学发展模式，这已成为当今中国现代化建设的当务之急。党的十七大标志着中华文明中一个建设社会主义生态文明的新时代正在到来，建设生态文明与构建和谐社会的经济发展“模式化”，就是要形成与社会主义生态文明、和谐社会发展相适应的绿色经济模式。这就是中国特色的绿色经济发展模式，应该是超越资本主义经济模式，其本质内涵应当是最低代价的、生态内生的生态经济和谐协调可持续发展模式，即是生态自然和经济社会和谐协调可持续发展双赢发展模式。

再次，从学理上说，绿色经济是生态文明时代的崭新经济形态，从实践层面上说绿色经济是生态文明发展的全新经济模式，无论是前者还是后者，其现实的具体的实现形式，都具有多样性，其中最基本的形态，或者说主要经济技术模式，就是以低能耗、低污染、低排放为基础的低碳经济和减量化、再利用、资源化为特征的循环经济，它们都属于绿色经济范畴，都是绿色经济模式的现实体现。

八

深化经济体制改革，建立社会主义生态市场经济体制，为建设生态文明、发展绿色经济、构建和谐社会提供制度基础和体制环境。这是中国经济体制的第二次革命，即经济体制的生态革命。我国经济改革与发展，实行两个具有全局意义的根本性转变之所以呈现逆向运动，其中一个根本原因就在于，我国初步建立起的社会主义市场经济体制，未能摆脱传统计划经济体制的窠臼，仍然保留着生态与经济相脱离、人与自然不和谐的基本特征，甚至可以说，还是一个以牺牲生态环境和以牺牲大多数平民百姓的利益（包括人的生命安全与心身健康）为代价而使一部分人富起来的经济体制，它实质上是建设工业文明的经济体制。正是从这个意义上说，改革开放30年来，我国经济体制改革，基本上是沿着工业文明发展“体制化”的方向前行。所以，现行的社会主义市场经济体制克服工业文明发展那种牺牲生态环境和大多数平民百姓利益的制度与机制，显得勉为其难和无能为力。

在当今世界，无论是发达国家还是发展中国家，各国市场经济体制及运行机制，基本上是以人与自然、生态与经济相分裂与对立为特征的，使现代经济运行与发展往往不能反映生态学真理。正如一位德国学者所指出的：“迄今为止，还没有一个国家拥有围绕关注环境而组织的市场经济，德国也不例外。”① 因此，当今世界各国的现代市场经济体制尤其是发达国家的自由市场经济体制，不仅是当今有效需求不足的国际金融危机与全球资本主义经济危机的体制原因，而且更是生态资本有效供给不足的全球生态危机的体制原因。在改革开放30年间，我国坚持资源配置市场化的改革方向，从根本上改变了高度集中的计划经济体制，建立了社会主义市场经济体制，带来了空前的经济繁荣，创造了世界经济发展的奇迹，使我国物的世界大大发展，初步实现由贫穷向富裕的根本转变。但是，初步建立起的现代市场经济体制即没有克服当今世界各国的现代市场经济体制的根本缺陷，这就是没有超越人与自然、生态与经济相分裂与对立的根本特征，仍然是一种生态外生的非持续发展经济体制。这是我国现行的社会主义市场经济体制还很不完善的一个根本方面。它还存在着排斥市场经济体制与运行机制的生态要素，以及市场主体的厂商追求效用最大化、利润最大化与环境保护、生态建设与发展的尖锐矛盾；从而经济运行不能反映生态学真理，在创造物质生产力、使我国经济发展、日益富裕的同时，消灭了生态生产力，使我国生态资本有效供给不足、生态贫困越来越严重。国内外现代市场经济运行与发展正反两方面事实充分表明，中国特色的社会主义市场经济体制，应该是市场对资源配置的基础性调节作用同国家宏观调控与政府监督对经济社会的主导性调控作用相结合的政府主导型市场经济，这是一方面；另一方面，建立和完善社会主义市场经济必须内在地具有可持续发展的生态机制，使生态环境真正成为现代经济良性运行与可持续发展的内生要素与内在机制，就能表现出超越发达资本主义市场经济的制度优势。这是完善社会主义市场经济市场体制即现代市场经济体制创新的一个根本方向。

因此，符合生态文明发展的绿色经济发展、和谐社会发展要求的

---

① 吴晓东等译：《人类需要多大的世界MIPS——生态经济的有效尺度》，清华大学出版社2003年版，第146页。

经济体制，是生态与经济一体化的生态内生经济体制，这就是以生态可持续性为核心的可持续发展经济体制。它要求我们必须推进生态掠夺型的工业文明经济体制向生态发展型的生态文明经济体制转变。唯有如此，才能使我国社会主义市场经济既能反映经济学的真理，又能反映生态学真理。这是建设生态文明和构建和谐社会尤其是发展绿色经济"体制化"的正确方向和重大任务，更是完善社会主义市场经济体制的正确方向与重大任务。

早在10多年前，我在《可持续发展经济学》一书中批判了传统经济体制的根本缺陷与主要弊端，深刻论述了可持续发展经济体制的本质内涵与基本特征，提出了我国经济体制改革的本身应当实现两个根本转变：一是从传统计划经济体制向现代市场经济体制的根本转变，即建立社会主义市场经济体制：二是从现代市场经济体制向可持续发展经济体制的根本转变。这种体制的要义应是基于生态关怀和人文关怀的生态可持续性，在此基础上构建全新的生态内在现代市场经济体制，即中国特色的社会主义可持续发展经济体制，它实质上是中国特色的社会主义生态市场经济体制，是对现行的现代市场经济的现实超越与理论超越。因此，实践"三大法宝"都内在要求现行市场经济体制和运行机制，克服自身的根本缺陷，使之具有生态向度和人文向度及其统一性，真正建立起生态与经济一体化的、生态内在的可持续发展经济体制。这种经济体制才是符合生态文明发展、绿色经济发展、和谐社会发展的崭新的经济体制。这是一个新的历史跨越、新的伟大实践。在理论上，尤其在实践上，这是个21世纪中国改革与发展的难题。

九

建设生态文明、发展绿色经济、构建和谐社会，都需要一场彻底的生态革命，形成整个社会主义社会运行与发展机制的全面生态化即全面绿化。20世纪下半叶以来，发达国家的工业文明高度发达，把现代人类逼进了生态危机的深渊，现今全人类还处于大规模的生态灾难之中。它不仅吞噬着自然生态（即人身外的自然），而且毁坏着人体生态（即人自身的自然），使现存的人类生存方式具有毁灭性。这是资本主义工业文明和自由市场经济的反生态和反人性的集中表现。这种人类生存方式危机的深刻根源，就是人们经济社会活动的价值观念、行为方式、社会经济、政治文化、科学技术机制的反生态化和人性化。因此，当今人类可持续生存与全面发展，需要一场深刻的生态革命，推进人类生存与发展的生产方式和生活方式的生态化转型，实现人类生存方式的全面绿化；其关键又在于现代经济领域里必须进行一场彻底的生态革命，实现现代经济运行与发展的全面绿化。生态革命要求现代经济社会活动必须按照反映自然生态规律的自然生态原则去实现世界系统运行的生态合理性，也就内在要求经济、科技、文教、政治、社会活动等经济社会运行与发展的全面绿化，当代中国的生态革命的根本目标，就是追求生态经济社会有机整体内部机制的生态化，形成社会主义生态市场经济体制机制，使中国特色的社会主义经济社会体系运行朝着人性化与生态化的方向发展，这是科学发展观和社会主义生态文明对工业文明的时代性扬弃和实践超越。生态文明、绿色经济、和谐社会是生态化和人性化内在统一的现代文明、现代经济、现代社会。因此，实践“三大法宝”，都内在要求现代经济社会运行与发展机制的人性化与生态化，实现自然生态、社会生态和人体生态的和谐协调发展。

进行经济社会的彻底生态革命，不仅要用生态理性绿化现代经济和现代社会，更重要的是而且首先是用生态理性绿化思想观念，进行彻底的思想观念的生态革命。近年来，世界各国应对国际金融危机和气候变化的过程，正如李克强同志所说：“是人们思想革故鼎新的过程，也是世界经济创新发展的过程。”在今日之中国，实践“三大法宝”的过程，确实是中国特色社会主义创新发展的过程，是推动中国特色社会主义经济发展从要素驱动向创新驱动转变的过程，这是首先要创新思想观念。从根本上说，应当是革工业文明思想观念之故，鼎生态文明思想观念之新。然而，不要说包括当代中国在内的发展中国家，就是当代发达国家已经发展到后工业社会，进入“后工业文明时代”，但人们的价值观、财富观、发展观、实现观还停留在工业文明社会，基本处于工业文明时代。正如美国学者 H. 梅多斯所说的：“生活在今天的人们是很难理解工业革命是如何深刻改变人类思想的，因为我们自己一直都在运用工业革命的思维模式进行思考。”[①] 因而需要一场彻底的思想观念生态革命。建设生态文明、发展绿色经济、构建和谐社会，当务之急就是进行新一轮的思想解放，其主旨是思维模式的生态革命。这就是从建设工业文明观念、思想、理论的禁锢下解放出来，树立和践行建设社会主义生态文明的价值观、财富观、发展观、实现观和政绩观，才能保证中国特色社会主义经济社会运行与发展朝着生态化与人性化方向发展。

十

建设生态文明、发展循环经济、构建和谐社会的最大难题和严峻挑战，就是今日之中国“资本的逻辑”已差不多成为支配社会生活一切的逻辑。“资本的逻辑”是同“三大法宝”的“劳动的逻辑”相对立的，尤其是与生态和谐、经济和谐、社会和谐不相容。因此，如何克服、摆脱“资本的逻辑”的束缚，构建和谐生态、和谐经济、和谐社会，并推进当代中国生态经济社会有机整体和谐协调发展，这是发

① ［美］唐标勒·H. 梅多斯等著，赵旭等译：《超越极限》，上海译文出版社 2001 年版，第 231 页。

展中国特色社会主义的“歌德巴赫”猜想。

首先，马克思主义对资本主义社会的批判，就是对资本逻辑的批判。在资本主义私有制下，建设工业文明是通过发展市场经济（从总体上看，主要表现为自由市场经济）来创建资本主义工业文明。于是“资本霸权逻辑”就成为资本主义工业文明和市场经济的内在性的社会经济属性。它们就完全被资本主义制度的反人性和反自然的本质特征所浸透，使反人性和反自然成为它们的内在特质。马克思曾经强调指出，资本家是“人格化的资本”，贪婪和惟利是图是他们的本性，在他们看来，世界上没有一样东西不是为了金钱而存在，他们活着就是为了赚钱。因此，资本[①]的惟一价值取向，就是要使自身不断增殖，以赚钱为本，追求资本利益最大化，最大限度地获取经济利益，实现赚钱发财的目的。这种资本的本性支配着企业乃至整个社会生活，它们就围绕利润最大化这一核心运转，在这种“资本霸权逻辑”支配下，资本主义工业文明与市场经济发展，就必然以牺牲精神道德为代价，以牺牲生态环境为代价，以牺牲人的生命安全与心身健康为代价，尤其是掠夺自然，破坏环境，蹂躏生态，成为“资本霸权逻辑”支配、主宰自然的必然逻辑。当今发达国家资本主义文明在“资本霸权逻辑”的支配下，不仅发生金融危机与经济危机；而且是生态经济社会极不公平、不和谐、极度片面发展的现代文明。可见，资本逻辑确实是与生态文明、绿色经济、社会和谐相对立的，资本的价值取向和生态的价值取向是相对抗的。

其次，当今之中国，处于社会主义初级阶段，改革开放初步建立起社会主义市场经济，已从排斥资本变为接纳资本，甚至允许资本扩张。在我国是以公有制为主体的多种所有制并存，个体经济、民营经济、外资经济等私人资本在数量可能超过国有资产；加之私营企业家也可以入党，以赚钱为主旨的人们无疑已成为中国社会的中坚。这样

① 这里所说的资本，是指物质资本，即是马克思《资本论》中所说的资本概念。

“资本的逻辑”已差不多成为支配中国经济社会运行的主导逻辑。从我国前段时期利用资本所带来的负效应来看，出现了许多企业见利忘义、惟利是图，道德滑坡，不择手段牟取非法暴利，官商勾结，权钱交易，腐败现象日益严重。贫富差距日益扩大，生态环境日益恶化，制造出癌症村越来越多等破坏经济和谐、生态和谐、社会和谐，使我国发展陷入了“挤资源求发展”、“有发展无幸福”的困境。这是新自由主义经济学在实践中酿成的必然恶果，其罪魁祸首，就是“资本的逻辑”。2008年的山西溃坝事件和三鹿奶粉事件的罪魁祸首也正是“资本的逻辑”。因而，在我们面前出现了这样一个世界难题，中国现代化事业尤其经济发展离不开资本的扩张，发展私营资本经济，而在我国现阶段又难以消解、改变资本的本性，社会主义市场经济和工业文明，又不能克服市场经济和工业文明的反人性和反生态的特性，那么我们究竟如何破解这个难题呢？

再次，丰富和发展中国特色社会主义理论，消除马克思主义生态文明与和谐社会理论同我国工业文明发展与市场经济发展实践之间的尖锐矛盾，这就必须把建设工业文明纳入建设生态文明的轨道，探索中国特色社会主义生态文明、绿色经济、和谐社会发展道路。按照马克思主义观点，社会主义的最终目标，是要消灭私有经济，逐步克服、消除“资本霸权逻辑”。然而，今日之中国资本存在具有合理性，但不能认为只有等到资本的合理性完全丧失殆尽以后再去考虑超越资本。因此，“为了确保经济的发展和社会的稳定，国家不能让资本权力无限地张扬，而是通过国家的调节，以缓解资本与社会的对抗。”这就是说，“在现阶段，我们需要资本，但必须限制资本的霸权，这就是基本结论。”[①] 所以，我们为了建设生态文明、发展绿色经济、构建和谐社会，“我们不仅要利用资本与限制资本结合在一起，还要把

① 详见孙承叔：《真正的马克思》，人民出版社2009年版，第398—400页。

利用资本与超越资本结合在一起。”[1] 这就是我们要实行利用、改造、限制、超越资本的“八字”方针。利用资本发展经济，使物质生产力高度发展；改造资本就是利用资本绝对不能拜倒在资本的脚下而自由放任，而要逐步改变它的反人性和反生态性的负面影响；限制资本就是绝对不能任凭资本逻辑的横行霸道，不能让资本权力无限张扬，必须采取种种限制措施，把资本增殖、追求利润最大化，以“三个牺牲”为高昂代价降到最低限度；超越资本就是摆脱“资本的逻辑”束缚，逐步扬弃资本原则。只有这样，我们探索中国特色社会主义发展道路，才能实现生态和谐、经济和谐、社会和谐，使中华文明发展走向生态经济社会有机整体和谐协调可持续发展的理想境界，最终建设成为富强民主文明和谐的社会主义现代化国家。

最后，我还要指出的是，自党的十七大以来，建设生态文明问题已成为我国学术理论界的研究热点，引起多学科学者的极大兴趣，发表了大量的论文，出版了不少著作，国家社科基金也立项了多项课题。然而，令人遗憾的是，运用马克思主义的立场、观点、方法，研究生态文明理论，真正认识建设社会主义生态文明问题的学者（如像陈学明教授那样）却是少数；多数学者没有真正认识生态文明本身所特有的基本范畴、基本理论及其发展规律；甚至有些学者把西方经济学的环境污染治理思想，这种西方工业文明发展先污染后治理的理论表现，也归纳成为生态文明理论，这是把工业文明和生态文明混为一谈，在理论上是很不科学的。所以，我认为，在今日之中国，对建设生态文明理论的马克思主义研究，还是刚刚起步。因此，目前和今后加强对建设社会主义生态文明与和谐社会、发展中国特色的绿色经济及其相互关系研究，是中国特色社会主义生态经济社会发展理论研究的一场硬战。虽然说，本论丛存在着不少值得商榷之处，但它的出版，会为我国学术理论界更深层次的研究，提供有益的丰富的思想材

---

① 陈学明：《生态文明论》，重庆出版社2008年版，第63页。

料，必将推动中国特色社会主义生态经济社会理论与实践的不断探索与日益发展。

刘思华

2010年11月于湖北恩施

目 录

第一章
马克思共产主义学说的生态文明与和谐社会思想

生态文明和和谐社会思想均是马克思主义理论的重要组成部分。在马克思和恩格斯那里，虽然没有直接使用“生态文明”一词，但他们关于人与自然之间关系的大量精辟的论述，无不告诉我们其丰富的生态文明思想。马克思、恩格斯在批判继承前人，尤其是18世纪法国唯物主义与19世纪上半叶空想社会主义的基础上，对和谐社会进行了探索，马克思主义关于阶级斗争和自由人联合体的理论，实质上是一种追求和谐社会的理论。社会发展与人的发展的和谐一致、人与自然的和谐关系、人与人的和谐关系是马克思和恩格斯关于未来和谐社会的核心思想，也是马克思和恩格斯终生追求的社会理想状态。马克思和恩格斯认为，生态文明是和谐社会的题中应有之义，二者也是辩证统一的关系。马克思共产主义学说的生态文明与和谐社会思想对于建设生态文明和构建社会主义和谐社会具有重要的理论意义和现实意义。

第一节 马克思恩格斯的生态文明观

生态文明是马克思主义理论范畴。虽然马克思和恩格斯没有直接使用“生态文明”这个词，但生态文明思想却是马克思和恩格斯理论体系中的重要内容，为建设社会主义生态文明提供了根本的理论基础和方法论指导。

一、马克思恩格斯的文明观

人类对于文明的认识是一个长期的历史过程。“文明”一词的拉丁语原意为公民的、社会的、国家的，通常被用来说明存在于一定时期和一定地区的社会文化共同体。空想社会主义者傅立叶曾提出用“文明”的概念来划分人类历史。近代美国人类学家摩尔根在《古代社会》一书中把人类社会的发展分为“三个主要时代——蒙昧时代、野蛮时代和文明时代”①。在批判地继承前人相关理论成果的基础上，马克思和恩格斯有着丰富的人类文明思想。在马克思和恩格斯的著作中，“文明”一词经常出现，可以说，贯穿于马克思主义理论的创立和发展全过程。

（一）文明是社会进步程度的标志

马克思和恩格斯在《德意志意识形态》中谈到城乡分离时指出：“城乡之间的对立是随着野蛮向文明的过渡、部落制度向国家的过渡、地域局限性向民族的过渡而开始的，它贯穿着文明的全部历史直至现在。”② 在《共产党宣言》中他们认为：“资产阶级，由于一切生产工具的迅速改进，由于交通的极其便利，把一切民族甚至最野蛮的民族都卷

① 《马克思恩格斯选集》第4卷，人民出版社1995年版，第18页。
② 《马克思恩格斯选集》第1卷，人民出版社1995年版，第276页。

人到文明中来了。”① 恩格斯在《家庭、所有制和国家的起源》中充分肯定了摩尔根根据生活资料的生产来划分人类文明的基本程度，指出：“现在我们可以把摩尔根的分期概括如下：蒙昧时代是以获取现成的天然产物为主的时期；人工产品主要是用作获取天然产物的辅助工具。野蛮时代是学会畜牧和农耕的时期，是学会靠人的活动来增加天然产物生产的方法的时期。文明时代是学会对天然产物进一步加工的时期，是真正的工业和艺术的时期。”② 在这里，马克思和恩格斯把文明相对于蒙昧和野蛮，文明标志着人类社会历史的一种进步，象征着人类的解放。恩格斯又指出：“文明是实践的事情，是一种社会品质。”③ 这是对文明的本质特征的深刻揭示。根据马克思和恩格斯的理解，文明是标志着人类社会历史的一种进步及进步程度，它是与野蛮、愚昧相对的，是与私有制和阶级同时产生的。文明是认识世界和改造世界的成果的总和，是人类社会，一个国家，一个民族的经济、政治、文化等整体状态的集中体现。

（二）文明是一种过程

马克思和恩格斯认为，文明是一种社会进步，这种社会进步是建立在实践基础上的。马克思指出：“全部社会生活在本质上是实践的。”④ 正是在劳动实践的基础上，人才成其为人，才创造了人类文明。在实践的基础上，人类离动物越远，表明人化程度越高，文明也就越发展。同时，人类文明具有累积性特点，具有社会历史性。每一个时代的人们在继承前人已有文明成果的基础上不断改造和创造文化、文明，从而使文明不断得到丰富和发展。由此表明，文明是一种过程，文明的发展有一个由低级到高级发展的过程。在农业经济时代中产生的文明是一种“本来意义上的文明”⑤。从总的方面来看，这一时期促进了社会的进步和人的发展，而在对自然界的问题上，农业社会对自然界的冲击是比较明显

---

① 《马克思恩格斯选集》第1卷，人民出版社1995年版，第104页。
② 《马克思恩格斯选集》第4卷，人民出版社1995年版，第24页。
③ 《马克思恩格斯全集》第1卷，人民出版社1965年版，第666页。
④ 《马克思恩格斯选集》第1卷，人民出版社1995年版，第56页。
⑤ 《马克思恩格斯全集》第25卷，人民出版社1974年版，第119页。

的。为了扩大耕地面积，开垦荒野，砍伐树木，使植被不断遭到破坏。因此，农业文明有时也被称为“黄色文明”。资本主义社会的各种文明从产生到现在，已经有几个世纪之久。不可否认，以工业革命为标志的资产阶级工业文明的兴起，使生产力得到迅速的发展，在短短的几百年内，它所创造的物质财富超过了以往几千年创造的财富的总和的百倍以上。但是，近代西方的口号是征服自然、统治自然。当他们为了向更广的自然开采更多的财富时，就意味着西方近代人对自然的掠夺。在西方工业化之初，就已经出现了资源枯竭、环境污染等问题，这便是环境危机的最初形成。不过，当时这种危机主要是区域性的。接着，资本主义社会对大自然的统治与掠夺也达到登峰造极的地步。正如未来学家托夫勒所说的：“可以毫不夸张地说，从来没有任何一个文明，能创造出这种手段，能够不仅摧毁一个城市，而且可以毁灭整个地球。”① 在资本主义社会，由于其内在固有的矛盾，因而，它是文明与野蛮并存的。马克思指出：“每当资产阶级秩序的奴隶和被压迫者起来反对主人的时候，这种秩序的文明和正义就显示出自己的凶残面目。那时，这种文明和正义就是赤裸裸的野蛮和无法无天的报复。”② 在对自然的问题上，有人称工业文明为“灰色文明”；但更多的学者把工业文明称为“黑色文明”。因此，资本主义必然为更高的文明形态所代替。用马克思的话说：“实际上，而且对实践的唯物主义者即共产主义者说来，全部问题都在于使现存世界革命化，实际地反对和改变现状的事物。”③ 社会主义代替资本主义是人类文明历史发展的必然，人类文明的最终归宿必然是共产主义社会，正如恩格斯所言：“这一文明能够逐步发展到共产主义。”④

（三）文明是多种要素组成的系统

在马克思和恩格斯那里并没有对文明作出具体的划分，没有直接使

① ［美］托夫勒著，朱志焱等译：《第三次浪潮》，三联书店1983年版，第175—176页。

② 《马克思恩格斯选集》第3卷，人民出版社1995年版，第74页。

③ 《马克思恩格斯选集》第1卷，人民出版社1995年版，第48页。

④ 《马克思恩格斯全集》第27卷，人民出版社1972年版，第52页。

用物质文明、精神文明、政治文明和生态文明等概念，但他们多次使用了“物质生产”和“精神生产”、“物质交往”和“精神交往”、“物质生活”和“精神生活”等概念，这些概念所表达的内容可以纳入“物质文明”和“精神文明”的内涵中。在马克思和恩格斯看来，文明是在实践的基础上产生的，其中，物质生产实践是基础性的，是社会赖以存在和发展的最根本的基础，文明是不断推进、不断发展的，起决定作用的必然是社会生产力的发展。马克思和恩格斯指出：“我们首先应当确定一切人类生存的第一个前提，也就是一切历史的第一个前提，这个前提就是：人们为了能够‘创造历史’，必须能够生活。但是为了生活，首先就需要衣、食、住以及其他一些东西。因此第一个历史活动就是生产满足这些需要的资料，即生产物质生活本身。”① 马克思又指出：“物质生活的生产方式制约着整个社会生活、政治生活和精神生活的过程。”② 这从根本上说明了在人类的现实生活中物质生活的重要性。对于精神生产和精神生活的意义，马克思认为，人以自己的精神需要和精神生活的丰富与动物界区别开来，指出：“动物和自己的生命活动是直接同一的。动物不把自己同自己的生命活动区别开来。它就是自己的生命活动。人则使自己的生命活动变成自己意志的和自己意识的对象。他具有有意识的生命活动。……仅仅由于这一点，他的活动才是自由的活动。”③ 这里，有意识的生命活动、自由的活动，显然就是指人的精神生活。人的精神生活的满足，虽然要以物质生活为基础，但社会和经济发展决不能直接带来精神生活的满足。人只有在社会文化中得到精神食粮以满足精神需要。在谈到自然对于人的意义时，马克思的论述很多，如：“从实践领域说来，这些东西也是人的生活和人的活动的一部分。人在肉体上只靠这些自然产品生活，不管这些产品是以食物、燃料、衣着的形式还是以住房等等的形式表现出来。”“在实践上，人的普遍性正表现在把整个自然

① 《马克思恩格斯选集》第 1 卷，人民出版社 1995 年版，第 78—79 页。

② 《马克思恩格斯选集》第 2 卷，人民出版社 1995 年版，第 32 页。

③ 《马克思恩格斯全集》第 42 卷，人民出版社 1979 年版，第 96 页。

界——首先作为人的直接的生活资料，其次作为人的生命活动的材料、对象和工具——变成人的无机的身体。”“没有自然界，没有感性的外部世界，工人就什么也不能创造。”① 等等。这里，深刻地说明了人与自然界之间的紧密关系。

如此等等，马克思和恩格斯对物质生产、精神生活、人与自然的关系问题等都有一些精辟的论述，从这些经典论述中，我们可以看到，人类社会的四大文明包括物质文明、政治文明、精神文明、生态文明及其相互关系都已包含在马克思主义基本理论之中。

二、马克思恩格斯以人与自然和谐为核心的生态文明观

人与自然的关系是马克思主义生态文明观的核心问题。在人和自然的关系问题上，马克思和恩格斯有他们独到的见解。在《1844 年经济学哲学手稿》、《德意志意识形态》、《资本论》、《英国工人阶级状况》等著作中，马克思和恩格斯将人与自然、自然界与人类社会统一起来，并从实践唯物主义出发，基于人类历史来审视问题。综观他们的思想，可以肯定地说，人文关怀是马克思和恩格斯自然观的基本意蕴。人与自然和谐发展是生态文明建设的基本问题。马克思和恩格斯深刻揭示了人与自然的关系及其对经济和社会发展的重大影响和作用，为我们正确认识和处理人类社会和自然环境的相互关系、建设发展社会主义生态文明指明了方向。

（一）人与自然具有统一性

人是在自然和社会双重因素的作用下存在和发展自身的，对人的存在和发展内容、条件和结果的认识、理解、衡量与评价既不能离开社会环境来进行，当然也不能离开自然环境来进行。人的发展特别是人的全面发展要求处理好人与自然之间的关系，并且摆正人在自然界中的恰当

① 《马克思恩格斯全集》第 42 卷，人民出版社 1979 年版，第 92—95 页。

位置。

马克思和恩格斯首先从本体论上揭示了人与自然的统一，为正确处理人与自然的关系指明了方向。

第一，人是自然界的产物。马克思指出："人本身是自然界的产物，是在自己所处环境中并且和这一个环境一起发展起来的。"[①] 恩格斯也指出："从最初的动物中，主要由于进一步的分化而发展出了动物的无数的纲、目、科、属、种，最后发展出神经系统获得最充分发展的那种形态，即脊椎动物的形态，而在这些脊椎动物中，最后又发展出这样一种脊椎动物，在它身上自然界获得了自我意识，这就是人。"[②]

第二，人是自然存在物，具有自然属性。马克思认为："人直接地是自然存在物。""人作为自然存在物，而且作为有生命的自然存在物，一方面具有自然力、生命力，是能动的自然存在物；这些力量作为天赋和才能，作为欲望存在于人身上；另一方面，人作为自然的、肉体的、感性的、对象性的存在物，和动植物一样，是受动的、受制约的和受限制的存在物。"[③] 可以说，人首先是一个自然体。马克思形象地称自然界是人的"无机身体"。他指出："自然界，就它本身不是人的身体而言，是人的无机的身体。人靠自然界生活。这就是说，自然是人们为了不致死亡而必须与之不断交往的、人的身体。""人是自然界的一部分"[④]，作为一个自然机体，人无时无刻不在与自然界保持各种物质、能量、信息的交换，人依自然界而生活，人依自然界而创造。没有自然界，没有现实的感性的外部世界，人就什么也不能创造出来，自然界是人的生命活动的"第一资源"。恩格斯在《自然辩证法》中也有与马克思相同的思想。

这都说明了一个道理：人作为自然存在物，不能离开自然而存在。人不仅在肉体上只有依靠自然界才能生活下去，而且自然界还是人的意

① 《马克思恩格斯选集》第 3 卷，人民出版社 1995 年版，第 374—375 页。
② 《马克思恩格斯选集》第 4 卷，人民出版社 1995 年版，第 273 页。
③ 《马克思恩格斯全集》第 42 卷，人民出版社 1979 年版，第 167 页。
④ 《马克思恩格斯全集》第 42 卷，人民出版社 1979 年版，第 5 页。

识的一部分。因此，人与自然之间的关系是统一的。自然环境是人赖以产生、生存和发展的必要条件，人的一切生理性活动，以及实践活动，都离不开自然环境。

第三，把人和自然对立起来是错误的。人是自然界的产物，同时，人又是有意识的存在物。人一经产生就与自然界之间存在着一种对立统一的关系。人能动地认识自然、改造自然，并从自然界中获取自己生存和发展的物质条件和精神财富。但是，由于人类发展程度的限制，对待自然界的态度和行为就出现了合理与不合理、积极与消极、建设性与破坏性等差别，导致的结果也出现了两面。如果人类能正确地认识自然界，正确地处理好与自然界的关系，就会通过人的能动性、创造性的活动，建设更加适合人类生存与发展的优美的生态环境。反之，如果人类不能正确对待自然界，为了自己眼前利益过度地利用自然资源，自然环境不仅不能给人类生存与发展带来好处，相反地，最终会使人类受到恶劣自然环境的惩罚。

马克思指出："没有自然界，没有感性的外部世界，工人就什么也不能创造。它是工人用来实现自己的劳动，在其中展开劳动活动，由其中生产出和借以生产出自己的产品的材料。"[①] 恩格斯也告诫人类："不要过分陶醉于我们对自然界的胜利。对于每一次这样的胜利，自然界都对我们进行报复。每一次胜利，起初确实取得了我们预期的结果，但在往后和再往后却发生完全不同的、出乎预料的影响，常常把最初的结果又消除了"。恩格斯在考察古代文明衰落的原因时，举例说明人类的破坏行为导致的恶果："美索不达米亚、希腊、小亚细亚以及其他各地的居民，为了得到耕地，毁灭了森林，但是他们做梦也想不到，这些地方竟因此而成为不毛之地，因为他们使这些地方失去了森林，也就失去了水分的积聚中心和贮藏库。……"因此，恩格斯说："我们每走一步都要记住：我们统治自然界，决不像征服者统治异族人那样，决不是像站在自然界

① 《马克思恩格斯全集》第42卷，人民出版社1979年版，第92页。

之外的人似的，——相反地，我们连同我们的肉、血和头脑都是属于自然界和存在于自然之中的；我们对自然界的全部统治力量，就在于我们比其他一切生物强，能够认识和正确运用自然规律。”① 由此说明，当人们违背自然规律时一定会遭到自然界的惩罚，将人与自然对立起来是十分错误的和有害的。

第四，自然环境的优劣与人的存在和发展有十分密切的关系。自然环境是与人的生存、发展密切相关的各种自然条件的总和，包括地形、气候、山川、河流、矿藏、土壤以及动植物等。人不可能生活在虚无缥缈中，人的生存与发展总是处在一定的自然环境中。人的生存条件中，最基本的是自然条件，自然条件是人生存的基础。因此，优良的自然环境、自然资源不仅有利于人的生存，也有利于人的发展。而人与自然环境的关系处理不好，不但会影响当代人的发展，更会牺牲后代人的利益，从而丧失持续发展甚至全面发展的基础。因此，自然环境危机实质上就是整个人类自身的生存与发展危机。

人作为一个自然存在物和社会存在物，有许多需要，包括自然需要、社会需要和精神需要。作为自然存在物，必须满足人的自然需要，即在劳动中与周围的自然界进行经常性的物质和能量的交换。良好的自然环境能为人们提供丰富的物质资源，满足人们不断增长的物质需求。同时，人有享受自然美的精神需求。美是生活的要素。美丽如画的大自然为人们提供了客观的审美对象，人们在感受大自然之美的同时，会唤起隐藏在内心深处的审美情趣和美感。不仅如此，还会在大自然的熏陶下陶冶情操、愉悦身心、净化心灵。在现在极度喧闹的世界里给自己找一片宁静而优美的空间，这是何等的珍贵。同时，人们在感受大自然馈赠的同时，又会自觉意识到生态环境对于人的生存和发展的重大意义，从而对生态环境给以更多的关注、更多的爱护，从而用自己的实际行动来使人与自然更加和谐。

① 《马克思恩格斯选集》第4卷，人民出版社1995年版，第383—384页。

人成其为人有一个过程，人的发展是具体的和动态的过程，它需要一定的条件，也需要一定的载体，还需要一定的成果来说明。具体地说，一方面，人的发展过程，不仅体现在他自身的能力、素质的提高上，而且体现在他所创造的对象物即人化世界中。在人与自然的关系问题上，人的发展需要自然环境作为前提和基础，同时，外部自然界是“表现和确证他的本质力量所不可缺少的、重要的对象”，人在同自然界的交互作用中实现自己的愿望、追求和价值。因此，人的发展成果就会体现在对自然界的不断改造、对生态环境的不断改善、对生态文明的不断提高上。

因此，生态环境的好坏，反映着人类文明程度的高低，也反映了人的发展程度的高低。生态文明的建设与人的发展具有一致性。建设高度的生态文明，在某种程度上要靠促进人的全面发展才能实现。而推进人的发展进程又有赖于良好的生态环境。人的发展与自然环境的改善是相辅相成、相得益彰的。

第五，人类应当正确认识和运用自然规律，实现由必然王国向自由王国的飞跃。自然规律是自然现象固有的、本质的、必然的、稳定的联系，自然规律与社会规律一样都具有不以人的意志为转移的客观性。人不能任意改变、创造或消灭自然规律，人们认识和改造自然界，要尊重自然界的规律性。正如恩格斯所说：“我们对自然界的全部统治力量，就在于我们比其他一切生物强，能够认识和正确运用自然规律。”“事实上，我们一天天地学会更正确地理解自然规律，学会认识我们对自然界的习常过程所作的干涉所引起的较近或较远的后果。特别自本世纪自然科学大踏步前进以来，我们越来越有可能学会认识并因而控制那些至少是由我们的最常见的生产行为所引起的较远的自然后果。”①

（二）人与自然统一的实现形式

人是自然存在物，也是社会存在物，由于从事实际劳动，人在自然界的存在中本质地区别于动物，马克思指出：“自然界没有制造出任何机

① 《马克思恩格斯选集》第4卷，人民出版社1995年版，第384页。

器，没有制造出机车、铁路、电报、走锭精纺机等等。它们是人类劳动的产物，是变成了人类意志驾驭自然的器官或人类在自然界活动的器官的自然物质。它们是人类的手创造出来的人类头脑的器官；是物化的知识力量。"① 恩格斯也认为："动物仅仅利用外部自然界，简单地通过自身的存在在自然界中引起变化；而人则通过他所作出的改变来使自然界为自己的目的服务，来支配自然界。"② 而且，在马克思和恩格斯看来，社会实践是人与自然联系的中介，是人与自然关系的实现形式。在实践活动中，自然界是人们的劳动对象，是人们借以获得生产资料和生活资料的源泉。马克思鲜明地指出："整个所谓世界历史不外是人通过人的劳动而诞生的过程，是自然界对人说来的生成过程，所以，关于他通过自身而诞生，关于他的产生过程，他有直观的、不可辩驳的证明。"③ 人不是被动的单纯存在物，而是有意识、有目的、明确自身存在价值和意义的人类存在物。人能"通过自己的劳动占有外部世界，感性自然界"，④ 也能"通过自己的劳动使自然界受自己的支配"，⑤ "被抽象地孤立理解的、被固定为与人分离的自然界，对人说来也是无"⑥。人类正是在改造自然界的生产劳动中，才使人的类本质得到确认。

同时，马克思和恩格斯认为，人和自然之间的统一不是抽象的统一，而是具体的历史的统一，而且，这种统一也是通过实践来实现的。马克思指出："在人类历史中即在人类社会的产生过程中形成的自然界是人的现实的自然界；因此，通过工业——尽管以异化的形式——形成的自然界，是真正的、人类学的自然界。"⑦ 恩格斯指出："劳动和自然界在一起它才是一切财富的源泉，自然界为劳动提供材料，劳动把材料转变为

① 《马克思恩格斯全集》第46卷（下），人民出版社1980年版，第219页。
② 《马克思恩格斯选集》第4卷，人民出版社1995年版，第383页。
③ 《马克思恩格斯全集》第42卷，人民出版社1979年版，第131页。
④ 《马克思恩格斯全集》第42卷，人民出版社1979年版，第92页。
⑤ 《马克思恩格斯全集》第42卷，人民出版社1979年版，第98页。
⑥ 《马克思恩格斯全集》第42卷，人民出版社1979年版，第178页。
⑦ 《马克思恩格斯全集》第42卷，人民出版社1979年版，第128页。

财富。”① 这就表明，人的实践活动越深入、越广泛，现实的自然界与人的关联就越密切。人是通过实践活动和周围的自然发生关系的，也正是在实践活动中进一步解释和改变自然，实现了人与自然的真正的统一。马克思和恩格斯又进一步指出：“全部人类历史的第一个前提无疑是有生命的个人的存在。因此，第一个需要确认的事实就是这些个人的肉体组织以及由此产生的个人对其他自然的关系。”“任何历史记载都应当从这些自然基础以及它们在历史进程中由于人们的活动而发生的变更出发。”② 在此，马克思指明了一个事实，即作为人类活动对象的自然界对人具有优先地位和外在独立性，而人的实践是连接人与自然的基础和纽带。因此，人类在实践活动中必须尊重自然，遵循自然规律。自然界的存在固然要通过人的实践活动而得到确证，但是，实践活动这个中介并不能取代或取消自然界对于人的价值和优先地位。人类如果不能正确认识不以人们意识为转移的自然规律，必将遭受自然界的惩罚。

（三）人与自然统一的社会历史性

马克思和恩格斯认为，自然界是人与人联系的纽带。人要生存与发展就必须与自然界进行物质、能量、信息的交换，马克思指出：“自然界的人的本质只有对社会的人说来才是存在的；因为只有在社会中，自然界对人说来才是人与人联系的纽带，才是他为别人的存在和别人为他的存在，才是人的现实的生活要素；只有在社会中，自然界才是人自己的人的存在的基础。”③ 因此，马克思和恩格斯紧密结合社会历史条件、人与人之间的社会关系来分析人与自然的关系，提出“人和人之间的直接的、自然的、必然的关系是男女之间的关系。在这种自然的、类的关系中，人同自然的关系直接就是人和人之间的关系，而人和人之间的关系直接就是人同自然的关系，就是他自己的自然的规定。”④ 人与人的关系

① 《马克思恩格斯选集》第4卷，人民出版社1995年版，第373页。
② 《马克思恩格斯选集》第1卷，人民出版社1995年版，第67页。
③ 《马克思恩格斯全集》第42卷，人民出版社1979年版，第122页。
④ 《马克思恩格斯全集》第42卷，人民出版社1979年版，第119页。

和人与自然的关系是互为前提、相互作用的，他们通过人的实践活动得到体现。

马克思和恩格斯认为，人类是在一定的生产方式下从事改造自然、创造历史的活动，生产方式影响、制约着人和人类社会的发展，也制约着人与自然关系的发展。这就使得人与自然关系的发展呈现出社会历史性。在一定的社会历史阶段，人与自然界融为一体，而在不同的历史阶段，人与自然之间存在矛盾甚至尖锐的矛盾，这与社会生产方式有很大关系。然而，要解决人与自然之间的矛盾，解决生态危机，需要从根本上变革生产方式。

不同时期的生产方式不仅反映着人与自然的关系，也体现着人与人的关系。如早期英国的资本主义生产方式造成了工人恶劣的生活环境和工作环境，“曼彻斯特周围的城市是一些纯粹的工业城市，……到处弥漫着浓烟。……在这种难以想象的肮脏恶臭的环境中，在这种似乎是被故意毒化的空气中，在这种条件下生活的人们，的确不能不降到人们最低阶段。”① “伦敦的空气永远不会像乡间那样清新而充满氧气。250 万人的肺和 25 万个火炉集中在三四平方德里的地面上，消耗着极大量的氧气，……大城市的居民患慢性病的却多得多。”② 随着工业化和科学技术的进一步发展，人类社会生产力水平已经获得了极大的提高，人们的生活环境以及工作环境都得到了极大的改善。然而，在人与自然的恶劣关系的背后仍然隐藏着生产方式的作用。

总之，马克思和恩格斯关于人与自然关系问题有许多精辟的思想。这些思想表明，人和自然是一个复杂的对立统一体。他们并不主张人类统治自然，而是一贯主张实现人与自然的和谐、协调发展。在人类历史的进程中，“人类并不是以不断征服自然的方式从自然必然性中解放出

① 《马克思恩格斯全集》第 2 卷，人民出版社 1957 年版，第 342 页。

② 《马克思恩格斯全集》第 2 卷，人民出版社 1957 年版，第 380—381 页。

来，而是学会比以往更加强同自然的联系而已。”① 人与自然之间是平等共存、相互促进、协调发展的。人类既不是自然的奴隶，也不应该凌驾于自然界之上，成为“中心与主宰”。人作为自然的存在物，是自然界的一部分；自然界是人类生存发展的基础，为人类的生存发展提供所需的物质、能量和信息；自然界是人类劳动的前提和要素，是人类社会产生和发展的条件，是人与人之间的社会联系和劳动场所。人与自然的关系和人与人的关系密切相连，都受制于社会生产方式。

三、马克思恩格斯对资本主义生态危机的批判

在马克思主义思想史上，马克思和恩格斯针对资本主义生产及消费加剧了生态危机，使人被异化、被物化的现实，反思和批判了资本主义制度及其造成的人的片面发展等消极后果，提出了自己的社会理想和理想社会。

人与自然界进行物质变换是通过劳动来实现的，人们在劳动的过程中必然结成一定的社会关系，并且人与自然的关系只有通过人与社会的关系才能表现出来。因而，劳动的性质就决定了人与社会关系的性质，以及人与自然关系的性质。马克思和恩格斯认为，在前资本主义时期，人类生产的目的是获得使用价值，“需要的界限就是生产的界限”，人和自然之间维持一种原始的共生关系。而在资本主义社会里，由于资本主义生产不再是为了获得使用价值而是价值，价值增殖和积累的无限需求使资本主义生产呈无限扩大的趋势，以资本主义生产方式经营的工业和农业给人和自然都带来了严重的灾难，而资本主义自由竞争则加剧了资本家之间、产业之间和国家之间对自然资源的争相掠夺。资本主义社会人与人、人与自然、人与社会的矛盾和冲突，是其生产方式造成的必然结果。马克思指出资本主义生产方式导致了劳动的异化，而劳动的异化

① ［德］A. 施密特著，欧力同、吴仲昉译：《马克思的自然概念》，商务印书馆 1988 年版，第 4 页。

必然造成了人与自然的异化关系，也直接导致了人与人之间关系的异化。这种异化在具体事物中必然造成自然资源的枯竭，造成人类和其他物种赖以生存和发展的自然环境的破坏。马克思曾以实例来说明这一异化的实质和危害。他指出："鱼的'本质'是它的'存在'，即水。河鱼的'本质'是河水。但是，一旦这条河归工业支配，一旦它被染料和其他废料污染，河里有轮船行驶，一旦河水被引入只要把水排出去就能使鱼失去生存环境的水渠，这条河的水就不再是鱼的'本质'了，它已经成为不适合鱼生存的环境。"[①] 具体说到人的生产生活环境，马克思更是一针见血地指出："光、空气等等，甚至动物的最简单的爱清洁的习性，都不再成为人的需要了。肮脏，人的这种腐化堕落，文明的阴沟（就这个词的本义而言），成了工人的生活要素。完全违反自然的荒芜，日益腐败的自然界，成了他的生活要素。他的任何一种感觉不仅不再以人的方式存在，而且不再以非人的方式因而甚至不再以动物的方式存在。"[②] "如果社会把成百的无产者置于这样一种境地，即注定他们不可避免地遭到过早的非自然死亡……如果社会剥夺了成千人的必须的社会条件，把他们置于不能生存的境地，如果社会利用法律的铁腕强制他们处于这种条件之下，直到不可避免的结局——死亡来临为止，如果社会知道，而且知道得很清楚，这成千的人一定会成为这些条件的牺牲品，而它仍然不消除这些条件，那么，这也是一种谋杀……只不过是一种隐蔽的阴险的谋杀，没有人能够防御它。"[③] 英国社会把工人置于恶劣的生存环境中，"他们既不能保持健康，也不能活的长久；它就这样不停地一点一点地毁坏着工人的身体，过早地把他们送进坟墓……社会知道这种情况对工人的健康和生命是怎样有害，可是一点也不设法来改善。"[④] 可见，大量生产，大量耗费，严重污染，不管工人健康安全的资本主义生产方式，不

① 《马克思恩格斯全集》第 42 卷，人民出版社 1979 年版，第 369 页。
② 《马克思恩格斯全集》第 42 卷，人民出版社 1979 年版，第 133—134 页。
③ 《马克思恩格斯全集》第 2 卷，人民出版社 1957 年版，第 379—380 页。
④ 《马克思恩格斯全集》第 2 卷，人民出版社 1957 年版，第 380 页。

仅破坏了自然界，破坏了自然环境，同时也损害了人类自身的生存和发展。

在马克思和恩格斯看来，资本主义生活方式也必然导致生态危机。消费，特别是满足人类基本需要的合理的、理性的消费是应当的、必要的。在资本主义条件下，一方面，一部分人的消费需要被异化、被工具化、被当作少数人谋取私利和支配他人的工具。马克思指出："工人的需要不过是维持工人在劳动期间的生活的需要，而且只限于保持工人后代不致死绝的程度。"[①]"甚至对新鲜空气的需要在工人那里也不再成其为需要了。"[②]另一方面，人们崇尚消费主义，认为不断的消费就是对社会经济发展的贡献，个人的生命活动也只有在这种不断的消费中得到确证。然而，资本主义生产方式下那些盲目的、无节制的、畸形的异化消费则必然导致人们道德的堕落，造成对环境资源的浪费与破坏。

总之，不管是资本主义社会的生产方式还是消费方式，都会带来生态危机。所有这一切都应归结到资本主义制度的缺陷。人与自然矛盾加剧的根本原因，是以私有制为基础的资本主义制度。随着资本主义经济的发展，资本主义的基本矛盾即生产的社会性与生产资料私人占有之间的矛盾并没有得到解决，只是进一步转化为生产全球化与资本主义私人占有之间的矛盾。这种转化使生产无限性与地球有限性的矛盾产生了。马克思早已指出："决不能把使用价值看作资本家的直接目的。他的目的也不是取得一次利润，而是谋得利润的无休止的运动。"[③]正是资本家追求利润最大化的这种本性，使其生产具有无限扩大的趋势。不断扩大的物质生产，必然伴随着更多资源的消耗和更多污染物的排放，但是地球资源是有限的，自然环境对人类给它造成的污染的承受力也是有限的。这样，资本主义制度就造成了生产无限性与地球有限性的矛盾。可以说，人与自然的矛盾并不是资本主义社会独有的，但资本主义唯利是图的本

① 《马克思恩格斯全集》第42卷，人民出版社1979年版，第105页。
② 《马克思恩格斯全集》第42卷，人民出版社1979年版，第133页。
③ 《马克思恩格斯全集》第21卷，人民出版社1965年版，第185页。

性，决定了它必然带来更严重的生态环境危机。这可以从资本主义的产生和发展过程来证明。马克思和恩格斯对近代资本主义生产条件下生态环境污染成因与消除途径的分析，对当今人们解决面临的严重生态环境问题具有十分重要的指导意义。

四、马克思共产主义学说中的生态文明取向

马克思的共产主义学说是建立在对人类文明发展历史进程的深刻把握和对资本主义社会的揭露和批判的基础之上的。他们的生态文明思想深刻地体现于共产主义学说中。

首先，在资本主义社会，异化劳动是普遍存在的，在资本家看来，“人是微不足道的，而产品则是一切。”[①] 他们把“工人只当作劳动的动物，当作仅仅有最必要的肉体需要的牲畜。”[②] 资本主义的“工业生产直到现在还处于掠夺战争的状态。”[③] 恩格斯指出：“我们已经不止一次地看到，在目前的资产阶级社会中，人们就像受某种异己力量的支配一样，受自己所创造的经济关系、受自己所生产的生产资料的支配。”[④] 总之，在资本主义社会，人与人、人与自然、人与社会的矛盾和冲突是其基本矛盾、生产方式造成的结果。因此，在资本主义社会，不可能真正实现人与自然的和谐统一。

其次，只有通过社会变革，推翻资本主义制度才能实现共产主义制度和生态文明。恩格斯指出：“由于财富集中在少数人一边，而另一边的绝大多数人则一无所有，起初使得资产阶级赢得社会的和政治的统治，尔后使资产阶级和无产阶级之间发生阶级斗争，而这一阶级斗争的结局只能是资产阶级的垮台和一切阶级对立的消灭。但是，就是在这一领域

① 《马克思恩格斯全集》第42卷，人民出版社1979年版，第72页。
② 《马克思恩格斯全集》第42卷，人民出版社1979年版，第57页。
③ 《马克思恩格斯全集》第42卷，人民出版社1979年版，第60页。
④ 《马克思恩格斯选集》第3卷，人民出版社1995年版，第667—668页。

中，经过长期的、往往是痛苦的经验，经过对历史材料的比较和研究，我们也渐渐学会了认清我们的生产活动的间接的较远的社会影响，因而我们也就有可能去控制和调节这些影响。但是要实现这种调节，仅仅有认识还是不够的，为此需要对我们的直到目前为止的生产方式，以及同这种生产方式一起的我们的现今的整个社会制度实行完全的变革。"① 而且，恩格斯充分阐述了社会变革即消灭资本主义社会的变革对解决人与自然之间矛盾的重大意义。他进一步指出：实行这种社会变革后，"社会化的人，联合起来的生产者，将合理地调节他们和自然之间的物质变换，把它置于他们的共同控制之下，而不让它作为盲目的力量来统治自己；靠消耗最小的力量，在最无愧于和最适应于他们的人类本性的条件下进行这种物质变换。"② 这说明了，只有铲除资本主义生产方式以及与之相适应的整个社会制度，实现共产主义，才能实现人、自然、社会之间的和谐发展。

再次，只有共产主义才能"使自然界真正复活"、"使人和自然的矛盾真正解决"，实现人与自然的和谐共生。"这种共产主义，作为完成了的自然主义，等于人道主义，而作为完成了的人道主义，等于自然主义，它是人和自然之间，人和人之间矛盾的真正解决，是存在与本质，对象和自我确证，自由和必然，个体和类之间的斗争的真正解决。它是历史之谜的解答，而且知道自己就是这种解答。"③ "社会是人同自然界的完成了的本质的统一，是自然界的真正复活，是人的实现了的自然主义和自然界的实现了的人道主义。"④ 马克思和恩格斯明确主张"人的自然主义"与"自然的人道主义"应该统一，就是未来共产主义社会的构建也应该建立在人与自然之间、人与社会之间、人与人之间和谐共处、协调发展基础上。共产主义是人与自然界之间、人与人之间矛盾的真正解决。

① 《马克思恩格斯选集》第4卷，人民出版社1995年版，第385页。
② 《马克思恩格斯全集》第25卷，人民出版社1974年版，第926—927页。
③ 《马克思恩格斯全集》第42卷，人民出版社1979年版，第120页。
④ 《马克思恩格斯全集》第42卷，人民出版社1979年版，第122页。

最后，生态文明的建构为最终实现共产主义社会创造条件。共产主义社会是一个人与自然、人与社会、人与人之间和谐相处的社会。建设生态文明，不仅积极改善和优化人与自然的关系，更为重要的是改革现存的不合理的社会关系，实现人与人关系的和谐发展，到那时，“人以一种全面的方式，也就是说，作为一个完整的人，占有自己的全面的本质。”①

总之，马克思和恩格斯坚持唯物史观，深刻地揭示了人类社会文明发展的基本规律，指出人类的最终归宿必定是共产主义社会，同时也展望了共产主义社会生态文明的美好图景。马克思和恩格斯认为，在未来的共产主义社会将是一个真正能够实现每一个人的自由和解放的社会，指出：“代替那存在着阶级和阶级对立的资产阶级旧社会的，将是这样一个共同体，在那里，每个人的自由发展是一切人的自由发展的条件。”②在共产主义社会的真实共同体中，每个人将得到全面而自由的发展。人的全面而自由的发展是共产主义文明社会区别于其他一切文明社会的本质特征和根本标志，是人类社会发展的最高目标。

第二节　生态文明是社会主义和谐社会的本质要求

生态文明是人们正确认识和处理自然环境与人类社会相互关系的态度和方式，是人们在改造客观物质世界的同时，不断改善和优化人与自然、人与社会、人与人之间的关系，通过不断完善的制度和科技等因素，建设合理的生态运行机制和良好的生态环境所取得的优秀成果的总和，最终实现社会的全面进步和人的全面发展。人与自然的和谐是生态文明的核心所在。生态文明观是马克思主义的重要内容。生态文明是人类文明史上的一种崭新的形态。

① 《马克思恩格斯全集》第42卷，人民出版社1979年版，第120页。
② 《马克思恩格斯选集》第1卷，人民出版社1995年版，第294页。

建设生态文明是构建社会主义和谐社会的本质要求。

一、生态文明的内涵

（一）四大文明体系中的生态文明

社会文明是人类能动地探索和改造世界的实践创造的积极成果，一切文明都代表的是人类社会的进步状态，只是所指有所不同，有的代表人与物的关系，有的代表人与人的关系，当然，最终都归结为人的发展和进步。社会文明体系由物质文明、政治文明、精神文明和生态文明组成，四大文明各有其内涵和特征。生态文明代表的是人类在处理人与自然的关系方面所达到的进步状态，与物质文明、政治文明和精神文明同属社会文明体系的重要组成部分。

物质文明是在人类改造客观世界时所创造的物质成果的总和，是人类所创造的物质财富的总和，包括生产力状况、生产的规模、人们的物质生活条件等，它代表了人们改造自然、征服自然的能力和水平。政治文明是人类改造社会的政治成果的总和，是人类政治生活的基本状态，包括政治思想文明、政治制度文明、政治行为文明等。精神文明是人类在改造客观世界的过程中改造主观世界的精神成果的总和，是人类精神生产发展水平及其积极成果的表现，由思想品德和智力文化组成。生态文明作为一种新的文明形态，它具有独特的内容和存在价值。

由此可见，生态文明同物质文明、政治文明和精神文明是有区别的，但是它们之间又有着密切的联系。生态文明强调人在把握自然规律的基础上积极、能动地利用自然、改造自然，使之更好地为人类服务，在这一点上，它与物质文明是一致的。生态文明要求社会完善相应的生态规范、制定生态法规，使之发生威慑作用，让人们明确自然与人之间的本质联系，这与政治文明的要求是一致的。生态文明不仅改造人与自然的关系，而且改变现存的不合理的社会关系，使人与人的关系协调发展，从而也使人与自然协调发展，促进政治上层建筑健康发展；同时，生态文明所要求的人们不仅应该在思想观念上而且还要在行为上尊重和保护自然，在这一点上，它又是与精神文明相一致的。

现代文明应该是物质文明、政治文明、精神文明、生态文明的高度统一。从一定的意义上说，物质文明的载体是经济，政治文明的载体是制度或规范，精神文明的载体是文化与价值观。生态文明则以环境为载体，强调人在实践中应该尊重生态规律，保护自然环境，节约资源和能源，实现社会的可持续发展。生态文明最终是为了保护生态环境，实现人与自然、人与社会、人与人的和谐发展。对人类而言，自然始终是人类生存与发展的基础和前提，没有良好的自然条件，人类不可能获得持续进步的物质享受、精神享受。因此，可以说，生态文明是物质文明、政治文明和精神文明得以发展的前提和基础，也是物质文明、政治文明、精神文明的充分体现。

总之，生态文明是一种新型的社会文明观，它使人与自然融合在一起。善待自然，从而能够正确处理人与自然、人与社会、人与人的关系，最终使四大文明体系相互促进、和谐发展，实现人类文明发展质的飞跃。

（二）人类文明进程中的生态文明

人类经历了数千年的文明时代，几乎都是进步与灾难相伴随、欢乐与痛苦相交织。从原始文明，到农业文明，再到工业文明，无一例外。

现代社会是一种工业文明社会。工业文明的伟大成果已充分显现，物质财富巨大增长，人类自身的智能得到迅速发展，造就了高度发达的科学技术。马克思指出："现代工业的技术基础是革命的，而现代工业通过机器、化学过程和其他方法，使工人的职能和劳动过程的社会结合不断地随着生产的技术基础发生变革。这样他也同样不断地使社会内部的分工发生变革。不断地把大量工人和资本从一个生产部门投入到另一个生产部门。大工业的本性决定了劳动的变换、职能的变动和工人的全面流动性。"① 只要掌握了生产过程的一般原理，劳动者就能够比较顺利地

① 《马克思恩格斯全集》第23卷，人民出版社1972年版，第534页。

从一个生产部门转到另一个生产部门，或从一种操作转移到另一种操作，从而实现劳动能力多方面的变换，脑力与体力趋向结合。同时，随着社会劳动生产率的提高，社会必要劳动时间的缩短为劳动者提供了更多的可自由支配的时间，使他们有可能去接受更多的教育，在科学、技术等方面得到进一步发展。

然而，工业文明发展到今天，已经陷入难以自拔的种种危机之中。工业化对自然生态平衡和社会和谐的破坏和影响已充分暴露，人类陷入了生存环境日益恶化、社会内部激烈分化与异化的困境。近代工业文明的结果具有两面性，它既显示出了人类改造和征服自然的巨大力量，也暴露出了人的发展不足。马克思在《1844 年经济学哲学手稿》、《资本论》，恩格斯在《英国工人阶级状况》、《自然辩证法》等著作中对近代工业文明的两面性特别是负面性进行了具体的描述。

生态文明是人类社会在工业文明之后的新型文明形态。生态文明是人类社会发展过程中出现的较工业文明更先进、更高级、更伟大的文明。生态文明既是工业文明的继承，又是工业文明的发展，在工业文明和现代科学的基础上发展自己，实现人与自然、人与社会的和谐发展。

（三）多维度的生态文明

生态文明主要包括三个方面：生态意识文明、生态制度文明以及生态行为文明。生态意识文明是人们在正确对待生态环境问题上观念的一种自觉和进步，具体地体现在人类平等对待自然、保护自然、维护生态平衡的思想意识，包括生态心理、生态情感、生态道德以及生态价值观。生态意识文明要求人们在思想意识上确立生命和自然界有价值的观念，摆脱片面、狭隘的“人类中心主义”禁锢，致力于建设“尊重自然、保护自然”的观念。生态制度文明是人们为保护生态环境制定并保证实施的制度体系。它包括与生态文明建设要求相适应的法律、制度和规范，是国家为保护生态环境对公民进行的强制性要求。生态制度文明要求国家设立相应的生态保护机构，制定生态保护法律、法规，直接进行生态管理，在制度上对环境保护给予硬性的保障。生态行为文明是在一定的生态文明意识指导下，人们在社会生产实践中自觉保护环境的活动，体现着人类保护生态环境行为的高度自觉。

其实，生态文明就是生态观念、生态制度规范与生态行为三者之间相互联系、相互作用，达到辩证统一。建设生态文明也应是生态文明意识建设、生态文明制度建设以及生态文明行为建设三个层面的统一，从内核到中介再到具体实施，环环相扣。生态文明既要求人在处理与自然之间的关系时增强生态观念，提高人与自然的和谐程度；又要求国家设立相应的环保机构，出台法律法规，提供制度的硬性保障；也要求市场经济中各行为主体在经济运行的各个环节自觉遵守生态文明规范，努力维护人与自然之间良好的和谐关系。正如胡锦涛同志在党的十七大报告中指出的："建设生态文明，基本形成节约能源资源和保护生态环境的产业结构、增长方式、消费模式"，正确解决人和自然的矛盾，实施可持续发展战略，为人的全面发展提供更加有利的条件。

二、马克思恩格斯的和谐社会思想

和谐是一个关系状态范畴，主要是指事物协调、均衡、有序的发展状态。社会是由诸多要素相互关联组成的共同体，和谐社会是指社会共同体内各种要素处于相互依存、相互协调、相互促进的状态。实现和谐社会是人类不懈追求的理想目标。和谐社会也是马克思主义的一个基本观点，是马克思和恩格斯根据人类社会客观发展规律和揭露批判阶级社会，特别是资本主义社会造成人的异化、人的畸形发展和不自由发展，以及在批判继承19世纪欧洲空想社会主义的全面发展理论的基础上提出来的。他们从社会生产、分工与私有制的角度入手，科学地揭示了实现和谐社会和人的全面发展的必然性。

（一）和谐社会是共产主义社会的本质特征

马克思和恩格斯认为，资本主义社会，发展了科学技术，创造了巨大的生产力，开拓了世界市场，开创了世界历史等等，资本主义社会的发展为人类社会的和谐发展创造了条件，“资产阶级在它的不到一百年的阶级统治中所创造的生产力，比过去一切世代创造的全部生产力还要多，还要大。”[①] 而且它在某些方面、在一定范围内和程度上也可以做到“和谐”。虽然如此，资本主义社会不可能真正建立和谐社会，根本的原因是它具有深刻的不可调和的内在矛盾。因为资本主义私有制及其异化劳动创造了全面异化的世界。从根本上讲，从长远看，它不可能建立起全面和谐的社会。

在共产主义社会里，由于物质生活资料极大地丰富，消灭了私有制、剥削、异化劳动，劳动效率大大提高，以及人们享有充足的自由时间，等等，这些都为和谐社会和人的全面发展提供了具体条件。因此，马克思认为：“以交换价值为基础的生产便会崩溃，直接的物质生产过程本身也就摆脱了贫困和对抗的形式。个性得到自由发展……”[②] 也就是说，人类只有在共产主义社会，才能实现真正的社会和谐和人的全面发展。

马克思和恩格斯认为，社会和谐是社会发展和人的发展的理想状态和终极目标，并且是共产主义社会的本质特征。在马克思看来，只有在共产主义社会，人类实现了从必然王国到自由王国的飞跃，于是“人终于成为自己的社会结合的主人，从而也就成为自然界的主人，成为自身的主人——自由的人。”[③] 共产主义“是存在和本质、对象化和自我确证、自由和必然、个体和类之间的斗争的真正解决。”[④] 只有在共产主义社会，社会和谐和人的全面发展才能成为真正的现实。马克思和恩格斯指出：未来的共产主义社会，将是“个人的独创的和自由的发展不再是一句空话的唯一的社会。”[⑤] 由于强调人的自由发展，马克思将未来社会称为“自由王国”，在这个社会中，人的活动真正成了“自由的生活活动”。

---

① 《马克思恩格斯选集》第1卷，人民出版社1995年版，第277页。
② 《马克思恩格斯全集》第46卷（下），人民出版社1980年版，第218页。
③ 《马克思恩格斯选集》第3卷，人民出版社1995年版，第760页。
④ 《马克思恩格斯全集》第42卷，人民出版社1979年版，第120页。
⑤ 《马克思恩格斯全集》第3卷，人民出版社1960年版，第516页。

（二）真正的和谐社会是每个人的自由而全面发展的社会

早在《1844年经济学哲学手稿》中，马克思就指出："共产主义是私有财产即人的自我异化的积极扬弃，因而是通过人并且为了人而对人的本质的真正占有。"[①] 这说明，在共产主义社会里，人对自己本质的占有不仅是对"物"的占有，而是"以一种全面的方式，也就是说，作为一个完整的人，占有自己的全面的本质"[②]。这实质上讲的就是每个人的自由和全面发展。自此之后，马克思和恩格斯只要讲到社会主义和共产主义社会，他们必讲人的自由和全面的发展。这在《德意志意识形态》、《共产党宣言》、《资本论》及其《1857—1858年经济学手稿》等著作中都是如此。例如在《共产党宣言》中他们指出："代替那存在着阶级和阶级对立的资产阶级旧社会的，将是这样一个联合体，在那里，每个人的自由发展是一切人的自由发展的条件。"[③] 在《资本论》中，马克思宣布共产主义社会是比资本主义"更高级的、以每个人全面而自由发展为原则的社会形式"[④]。在《1857—1858年经济学手稿》中，马克思认为共产主义是人类社会发展的"第三个阶段"，这个阶段的特征是"建立在个人全面发展和他们的共同的社会生产能力成为他们的社会财富这一基础上的自由个性"[⑤]。在《给"祖国纪事"杂志编辑部的信》中，他指出："以便最后都达到在保证社会劳动生产力极高度发展的同时又保证每个生产者个人最全面的发展的这样一种经济形态。"[⑥] 只有建立在全社会占有生产资料、生产力高度发达、物质文化生活水平较高基础上的共产主义社会才能真正实现人的全面发展。对于未来的共产主义社会，马克思通常只论及其历史必然性和根本特征，很少描述其具体状况。但在《德意志意识形态》中，却对该社会中人的活动情形做出了如下生动的

① 《马克思恩格斯全集》第42卷，人民出版社1979年版，第120页。
② 《马克思恩格斯全集》第42卷，人民出版社1979年版，第123页。
③ 《马克思恩格斯选集》第1卷，人民出版社1995年版，第294页。
④ 《马克思恩格斯全集》第23卷，人民出版社1972年版，第649页。
⑤ 《马克思恩格斯全集》第46卷（上），人民出版社1979年版，第104页。
⑥ 《马克思恩格斯选集》第3卷，人民出版社1995年版，第342页。

描述："在共产主义社会里，任何人都没有特殊的活动范围，而是都可以在任何部门内发展，社会调节着整个生产，因而使我有可能随自己的兴趣今天干这事，明天干那事，上午打猎，下午捕鱼，傍晚从事畜牧，晚饭后从事批判，这样就不会使我老是一个猎人、渔夫、牧人或批判者。"①

（三）未来和谐社会是人与自然之间、人与人之间的矛盾的真正解决

马克思和恩格斯认为，未来和谐社会要在人和自然之间、人与社会之间、人和人之间建立起一种和谐相处的关系。就人与自然的和谐关系来说，马克思强调人与自然在实践基础上的统一。一方面，"人是自然界的一部分"②，自然界是人的生命来源，是人生存和发展的前提和基础。没有自然界，人不能生存，更谈不上创造力。因此，人不能脱离自然界而存在；另一方面，人成其为人有一个过程，人的发展需要一定的条件，也需要一定的载体，还需要一定的成果来说明。具体地说，人的发展过程，不仅体现在他自身的能力、素质的提高上，而且体现在他所创造的对象物即人化世界中。也就是说，外部自然界是"表现和确证他的本质力量所不可缺少的、重要的对象"，人在同自然界的交互作用中实现自己的愿望、追求和价值。在未来的和谐社会，人们不仅按照客观的尺度或规律来生产，而且"处处都把内在的尺度运用到对象上去"，因而"人也按照美的规律来建造"。③ 这样，人与自然之间的矛盾得到了真正的解决，人们在改造自然界时，会受到自然界的恩赐，从而也从中感受到人的本质力量的彰显。

就人与人之间的关系而言，由于在和谐社会里，消灭了私有制，建立了公有制，生产力水平和科学技术水平都得到了巨大发展，人们的思想观念、道德品质有了极大的提高，人和人之间的矛盾和对立就从根本上得到了解决。恩格斯认为："在这个组织中，一方面，任何个人都不能

---

① 《马克思恩格斯选集》第1卷，人民出版社1995年版，第85页。
② 《马克思恩格斯全集》第42卷，人民出版社1979年版，第5页。
③ 《马克思恩格斯全集》第42卷，人民出版社1979年版，第97页。

把自己在生产劳动这个人类生存的自然条件中所应参加的部分推到别人身上；另一方面，生产劳动给每一个人提供全面发展和表现自己全部的即体力和脑力的能力的机会，这样，生产劳动就不再是奴役人的手段，而成了解放人的手段，因此，生产劳动就从一种负担变成一种快乐。”① 而且，在这样的社会里，所有人都能获得符合社会发展需要的个人发展条件，同时，每个人的全面发展又促进了全社会一切人的发展，个人发展是他人发展的条件，他人发展为个人发展创造了机会，个人利益与他人利益以及整个社会的利益达到了和谐完美的统一。

（四）和谐社会实现需要条件

历史上早有一些思想派别倡导社会和谐，有的描绘了具体情景，有的提出了远大目标，并建立了相应的理论体系，但是他们的理论没有找到实现这种目标的正确道路和现实力量。如19世纪的三大空想社会主义者就把人类解放的希望寄托在少数人的身上，带有乌托邦的性质。因而不可能真正找到实现人的解放、全面发展以及社会和谐的条件和现实力量。马克思主义不同于其他思想之点就在于使社会和谐的理想建立在现实的基础之上。马克思指出：“彻底的革命、全人类的解放并不是乌托邦式的空想”，而是需要现实的客观条件。

马克思和恩格斯在《德意志意识形态》中指出：“只有在现实的世界中并使用现实的手段才能实现真正的解放……当人们还不能使自己的吃喝住穿在质和量方面得到充分保证的时候，人们就根本不能获得解放。‘解放’是一种历史活动，不是思想活动，‘解放’是由历史的关系，是由工业状况、商业状况、农业状况、交往状况促成的。”② 他们又进一步指出：“共产主义对我们来说不是应当确立的状况，不是现实应当与之相适应的理想。我们所称为共产主义的是那种消灭现存状况的现实的运动。这个运动的条件是由现有的前提产生的。”③ 即是说，未来的和谐社会的

① 《马克思恩格斯选集》第3卷，人民出版社1995年版，第644页。

② 《马克思恩格斯选集》第1卷，人民出版社1995年版，第74—75页。

③ 《马克思恩格斯选集》第1卷，人民出版社1995年版，第87页。

实现需要建立在现实的客观基础之上，需要一系列的前提条件。这和空想社会主义有着根本的不同。未来的和谐社会是一种理想目标，但不是脱离现实基础，而是在现实的运动之中。而且马克思和恩格斯提出了一系列实现理想目标的前提条件。如，实现“生产力的巨大增长和高度发展”；“推翻资产阶级的统治，由无产阶级夺取政权”；“废除资产阶级的所有制”，建立共产主义的所有制；实现“世界交往”等等。

首先，和谐社会是以生产力的巨大增长和高度发展为前提的。“随着新生产力的获得，人们改变自己的生产方式，随着生产方式即谋生的方式的改变，人们也就会改变自己的一切社会关系。”① 这深刻地表明，生产力是社会发展和人的发展的最终决定力量。社会生产力发展了，人们的物质生活就会日益改善，物质文明程度就能不断提高。“生产力的这种发展……之所以是绝对必需的实际前提，还因为如果没有这种发展，那就只会有贫穷、极端贫困的普遍化；而在极端贫困的情况下，必须重新开始争夺必需品的斗争，全部陈腐污浊的东西又要死灰复燃。”② 总之，只有生产力的充分发展、物质财富的极大丰富，才能为阶级和阶级差别的消灭创造物质基础，才能为人的全面发展提供充分的物质财富，社会才能实行“各尽所能，按需分配”，才能达到真正和谐的共产主义社会。

其次，和谐社会是以无产阶级革命夺取政权为前提的。在《德意志意识形态》中，马克思和恩格斯指出：“革命之所以必需，不仅因为没有任何其他的办法能推翻统治阶级，而且还因为推翻统治阶级的那个阶级只有在革命中抛掉自己身上的一切陈旧的肮脏的东西，才能建立社会的新基础。”后来又讲到，“至于不可避免的共产主义革命就更不用说了，因为它本身就是个人自由发展的共同条件。”在《共产党宣言》中他们进一步指出：“工人革命的第一步就是使无产阶级上升为统治阶级，争得民主。无产阶级将利用自己的政治统治，一步一步地夺取资产阶级的全部资本，把一切生产工具集中在国家即组织成为统治阶级的无产阶

① 《马克思恩格斯选集》第1卷，人民出版社1995年版，第142页。
② 《马克思恩格斯选集》第1卷，人民出版社1995年版，第86页。

级手里，并且尽可能快地增加生产力的总量。”由此可见，马克思主义者认为，无产阶级要求解放和自由，不能依靠别人，更不能依靠上帝，而只能靠自己。必须通过无产阶级革命，夺取政权，消灭私有制，建立起自己的政权。

再次，和谐社会是以废除资产阶级的所有制为前提的。生产力高度发展必然要求生产资料社会占有。资本主义生产关系曾极大地促进了生产力的发展，却又与发展着的生产力越来越不相适应，表现为社会化生产与资本主义私人占有之间的矛盾。社会化生产力的本性以日益增长的威力要求摆脱它作为资本的那种属性，要求在事实上承认它作为社会生产力的那种性质，即高度发展的社会化生产要求实现生产资料的社会占有。当资本主义私有制成为生产力发展的桎梏的时候，社会革命的时代就要到来，资产阶级私有制就要被废除。“共产主义的特征并不是要废除一般的所有制，而是要废除资产阶级的所有制。”“废除私有制甚至是工业发展所必然引起的改造整个社会制度的最简明扼要的概括。”① 未来社会与资本主义制度“具有决定意义的差别当然在于，在实行全部生产资料公有制（先是单个国家实行）的基础上组织生产。”② 因此，“共产党人可以把自己的理论概括为一句话：消灭私有制。”③ 马克思主义的最终目的就是要解放全人类、实现和谐社会，这就要克服异化，废除资本对劳动的统治，私有制对无产阶级的统治，物对人的统治，盲目的、异己的力量对社会历史的统治。

最后，和谐社会是以和谐交往为前提的。和谐交往应是一种和谐状态、理想状态的交往，是在更加广阔范围内交往主体双方平等的、自由的交往，真正实现社会的全面进步与人的全面发展。其一，和谐交往是普遍交往。从交往的范围来看，随着社会发展，社会交往由近地走向全球，先后出现了血缘交往、地缘交往、民族交往和世界交往等交往发展

① 《马克思恩格斯选集》第 1 卷，人民出版社 1995 年版，第 273 页。
② 《马克思恩格斯全集》第 37 卷，人民出版社 1971 年版，第 443 页。
③ 《马克思恩格斯选集》第 1 卷，人民出版社 1995 年版，第 286 页。

的不同阶段。近代社会以来，随着商品经济、市场经济的发展，社会交往以民族交往和世界交往为主导形式。和谐交往一定要体现交往的普遍性。随着社会的不断进步，人类社会关系不断丰富，而任何社会关系都只能通过人们彼此交往接触才能建立起来。人总是在一定的社会关系中生存和发展着，“社会关系实际上决定着一个人能够发展到什么程度。”① 为了形成丰富的社会关系一定要使交往普遍化。其二，和谐交往是平等交往。和谐交往应当遵循平等、互利、信用的原则。在交往实践中主体与客体处于平等地位，要遵循平等原则，平等待人、平等竞争、权利平等、义务平等，并做到互利互惠、诚实守信。其三，和谐交往是自由交往。和谐交往是理想的交往、真正的交往，是自由人的联合，体现了人对自己生命本质的全面占有，也体现了人对交往关系的自由占有。马克思指出：共产主义“是以生产力的普遍发展和与此相联系的世界交往为前提的。”② 马克思不仅强调生产是社会发展的最高标准，而且把交往看做是衡量社会发展进步的重要纬度；不仅肯定物质生产的基础性作用，还重视物质交往和精神交往在社会的横向拓展与纵向演进中的推动作用。

三、生态文明与社会主义和谐社会建设

新世纪以来，党的重要文献中都强调了生态文明建设和构建社会主义和谐社会的内容。如党的十六大报告明确指出：“促进人类与自然的和谐，推动整个社会走上生产发展、生活富裕、生态良好的文明发展道路。”十六届三中全会《关于完善社会主义市场经济若干问题的决定》中提出：“坚持以人为本，树立全面、协调、可持续的科学发展观，促进经济社会和人的全面发展。”十六届四中全会上进一步明确提出：“努力构建社会主义和谐社会，实现人、社会和自然的和谐发展”，并且把“构造社会主义和谐社会能力”作为我们党应该提高的五大执政能力和

① 《马克思恩格斯全集》第3卷，人民出版社1960年版，第295页。
② 《马克思恩格斯选集》第1卷，人民出版社1995年版，第86页。

总体目标之一。在十六届六中全会上通过了《中共中央关于构建社会主义和谐社会若干重大问题的决定》。党的十七大报告明确指出："社会和谐是中国特色社会主义的本质属性"，"构建社会主义和谐社会是贯穿中国特色社会主义事业全过程的长期历史任务，是在发展的基础上正确处理各种社会矛盾的历史过程和社会结果"。这些都体现了我们党对人类社会发展规律、现代化建设规律和党的执政规律认识的深化，也表明我们党对社会主义的认识以及对人类社会文明发展的认识达到了一个新的高度。

就一般意义而言，社会主义和谐社会是"全体人民各尽其能、各得其所而又和谐相处的社会"。在现阶段我国，构建社会主义和谐社会，具体地说，就是建设一种民主法治、公平正义、诚信友爱、充满活力、安定有序、人与自然和谐相处的社会。社会主义和谐社会的内涵十分丰富，涉及经济、政治、文化、社会、生态等方面，是一个全面系统的和谐体系，包括人与自然的和谐、人与社会的和谐、人与人的和谐、人与自身的和谐，其中，人与自然的和谐不仅是和谐社会的重要组成部分，而且是和谐社会构建和发展的基础。因为，经济的发展和社会的进步都离不开自然。生态文明建设与社会主义和谐社会的构建相互依赖、相互促进、相辅相成，二者在理论和实践上具有高度的一致性。

社会主义和谐社会建设是一个伟大而艰难的过程，需要在社会实践中逐步进行，需要在实践中创造更多更好的条件。现阶段，加强生态文明建设和构建社会主义和谐社会有其时代紧迫性。众所周知，20世纪至今，全球生态环境遭到严重破坏，人类遭到自然严厉的"惩罚"和"报复"，工业文明的迅猛发展，其"双刃剑"的作用明显暴露，人与自然的冲突随之加剧。全球如此，我国也难以幸免。

随着我国改革开放和现代化进程的不断加快，人们越来越感到现代化进程并非只是一个经济增长、技术进步的过程。如同世界范围内存在着日益严重的生态危机一样，在我国社会主义建设中，也发生了生态环境被严重破坏的事件。

一方面，我们党一直注重生态环境的重要性，把生态环境的保护与中国社会主义现代化建设的实际紧密结合起来，在集中力量谋求经济发展的同时，仍然保持对社会经济发展、人的发展和自然之间关系的清醒认识。1979 年邓小平同志就提出了“加快经济发展，保护生态环境”辩证统一的思路。1990 年邓小平同志又指出要把“自然环境保护”问题列为关系全局发展与跨世纪发展的六大战略问题之一。[①] 此后，党和国家把经济发展与环境保护作为社会主义现代化建设的重大问题来抓。1992 年我国签署了两个环境问题国际公约。1994 年编制出实施可持续发展战略的《中国 21 世纪议程》。1995 年 9 月党的十四届五中全会通过了《中共中央关于制定国民经济和社会发展“九五”计划和 2010 年远景目标的建议》，第一次把可持续发展作为重要指导方针。1997 年党的十五大再次重申“我国是人口多、资源相对不足的国家，在现代化建设中必须实施可持续发展战略”，第一次把可持续发展战略写入党的代表大会文件。长期以来，我们党注重生态文明建设，将生态环境问题置于现代化建设的战略地位来抓，取得了一定的效果。

另一方面，在现代化建设过程中，我国面临着生态环境的巨大压力。我国人口众多，人均资源相对短缺，科技水平不高，经济基础比较薄弱。而且，中国属于现代化后发国家，在发展过程中遭遇全球环境压力，遭遇“生态殖民主义”的侵略。因此，我国保护生态环境方面的任务很艰巨。

马克思主义生态文明理论是建设社会主义和谐社会的重要指南。生态文明是人们正确认识和处理人、社会与自然相互关系的理念、态度以及生活方式，它是对工业文明的扬弃。建立人与自然和谐共处的新的社会文明，必将从根本上改变人类的生存方式、生产方式、消费方式、生活方式、思维方式。21 世纪，如何走出一条人、社会与自然和谐发展的道路是人类面临的共同课题。人类共同努力，加强对生态环境问题的反思，加强国际社会合作，力争走人的发展与社会进步总体协调的可持续

① 《邓小平文选》第 3 卷，人民出版社 1993 年版，第 363 页。

发展道路。在新的历史时期，我们党在中国特色社会主义道路的探索中，提出了建设社会主义和谐社会的奋斗目标，并在党的文献中首次提出"生态文明"这一新概念，与物质文明、政治文明和精神文明并列，这不仅是对中国特色社会主义道路和人类新文明观的丰富和发展，而且必然对我国生态文明建设和社会主义和谐社会建设实践有重大指导意义。

包括物质文明、政治文明、精神文明、生态文明在内的社会文明体系的提出和丰富具有重要价值。这不仅是对全球及我国生态环境问题简单的回应，也是对人类文明发展规律不断深化的认识，对社会主义发展规律的进一步认识。同时，这也是我国建设社会主义和谐社会的具体措施和关键内容。

第三节　建设生态文明是对自然和人的发展危机的理智回归

从20世纪60年代以来，全球性生态环境问题日益加剧。粮食短缺、资源枯竭、环境污染、生态失衡，严重威胁着人类的生存与发展，成为全球共同关注的话题。如此严峻的生存威胁迫使人们不得不反思传统的自然观、生存观、发展观等。从一定意义上说，生态危机是文化危机，是工业文明危机，是人的生存和发展的危机。在人与自然之间矛盾不断加剧的态势下，人们呼唤着人类生态环境意识的觉醒和人类生态环境道德的提升，渴望着生态环境文化理念和价值观的重塑，跨越人类工业文明的功过是非，建设生态文明，有效地克服当下严重的生态危机和人的发展危机，实现人类在社会进步和人的发展问题上的理智回归。

一、生态危机与人的发展危机的由来

在漫长的人类社会历史中，人类文明进程大致经历了初始文明、农

业文明和工业文明三个阶段。在这一进程中，人类同自然的关系也相应地经历了由最初的自然神崇拜，到对自然局部性的开发与利用，再到对自然全局性的肆意征服与破坏，人类生态危机和人自身发展危机就不断加剧了。

(一) 初始文明时期，人类的自然神崇拜

在社会发展的早期阶段即在原始社会，生产力发展水平极其低下，人类十分软弱，人们利用工具改造自然的活动刚刚展开，人们对自然的驾驭能力非常有限，自然条件制约甚至威胁着人类的生存。在强大的自然力量面前，人们感到自己渺小、无能为力，并因此导致了自然崇拜观念的产生，恩格斯说："人们最初怎样脱离动物界（就狭义而言），他们就怎样进入历史：他们还是半动物，是野蛮的，在自然力量面前还无能为力，还不认识他们自己的力量；所以他们像动物一样贫困，而且生产能力也未必比动物强。"① 这个时期，人们虽然意识到自然界是一种异己的力量，却没有也不可能意识到可以凭借自己的能力去改造利用这种力量。所以，马克思说："自然界起初是作为一种完全异己的、有无限威力的和不可制服的力量与人们对立的，人们同它的关系完全像动物同它的关系一样，人们就像牲畜一样服从它的权力，因而，这是对自然界的一种纯粹动物式的意识（自然宗教）。"② L. 布留尔也说过："在原始人的集体表象中，每个存在物，每件东西，每种自然现象，都不是我们认为的那样。我们在它们身上见到的差不多一切东西，都是原始人所不予注意的或视为无关紧要的。然而在它们身上原始人却见到了许多我们意想不到的东西。例如，对属于图腾社会的原始人来说，任何动物、任何植物、任何客体，即使像星球、太阳和月亮那样的客体，都构成图腾的一部分，都有它们自己的等和亚等。"③

而且，由于人的智力及能力十分低下，思想愚昧，缺乏独立的自我

① 《马克思恩格斯选集》第3卷，人民出版社1995年版，第522页。

② 《马克思恩格斯选集》第1卷，人民出版社1995年版，第81—82页。

③ ［法］L. 布留尔著，丁由译：《原始思维》，商务印书馆1995年版，第28页。

意识，为了满足生存的需要，人类不得不结成群体而共同从事劳动，形成部落生产力和与此相适应的部落交往形式。历史学表明，原始部落中的成员不是独立自主的主体，不具有独立的个性。原始人只有对部落的隶属才能享有生存的物质基础，这体现为一种人的依赖关系。那时人以血缘为纽带结成群体，依赖自然界来谋求生存，所以人的需要具有明显的自然性特征。人只能依赖群体与自然在狭小的空间内发生联系，此时体现了人的群体性和人对自然的依赖性。人的自觉意识低下，还不能摆脱自然的神秘力量的束缚，转而崇拜自然的神威，祈求神的力量来实现自身的利益。

同时，在原始社会，社会分工还未形成或发展起来，人们只能从事简单的劳动。这种劳动还没有出现脑力劳动与体力劳动的分离，还没有体力和脑力的分工出现，物质生产活动同求知活动、艺术活动和社会交往活动以朴素自然的形式融合在个人活动中。原始社会的教育还没有从生产过程中分离出来，没有专门的教育机构和专职教育人员，教育是在生产过程中和人们的日常生活中进行的。原始人获得了蒙昧、野蛮状态下的“全面”发展。马克思说：“在发展的前期阶段，单个人显得比较全面，那正是因为他还没有造成自己的丰富的关系”，“留恋那种原始的丰富，是可笑的，相信必须停留在那种完全空虚之中，也是可笑的”。[①]总之，在原始社会，由于生产力水平极其低下，导致了严重的人的依赖关系和自然神崇拜。可以说，在原始文明时期，人类对自然界是被动、依赖、服从的，自然是人类的主宰和支配者。而此时，人与自然之间的关系基本上是和谐的。

（二）农业文明时期，人类对自然局部性的开发与利用

到了奴隶社会，随着生产力的发展和剩余产品的出现，一部分人脱离了体力劳动，从事生产管理、国家事务和文化科学活动，使社会出现了脑力劳动和体力劳动的分工。这样，教育也从生产劳动中分离出来，

① 《马克思恩格斯全集》第46卷（上），人民出版社1979年版，第109页。

并逐步形成了专门的教育机构——学校，教育内容也比原始社会的教育内容丰富。这是历史发展的一个进步。随着社会生产、生活经验的积累，奴隶社会创造了灿烂的文化，人类的智力、体力和社会交往关系得到了一定程度的发展。在封建社会，随着铁农器的普遍使用和畜力耕作的推广，社会生产力有了更大的提高。由此，人类进入一个新的文明时代。

较之以往，人和自然的关系也在这个时期悄然发生了变化。一方面，人类一改在原始文明时期对于自然的纯粹屈从状态，人们突然发现自然原来也并非那么神秘，神秘到不可解释，也并非那么强大，强大到不可抗拒。人类在对自然规律进行一定解释的基础上尝试着开始改变自然。人们开始了对野生动物的驯化和对植物的栽培，进而出现了耕作业和畜牧业的劳动分工。另一方面，也正是在这个时期，人类开始破坏自然。所以说，人类对自然的破坏真正起始于农业文明时期。恩格斯在《自然辩证法》中曾经说过，文明是一个对抗的过程，这个过程以其至今为止的形式使土地贫瘠，使森林荒芜，使土壤不能产生其最初的产品，并使气候恶化。土地荒芜和温度升高以及气候的干燥，似乎是耕种的后果。

由于耕作业的发展，人们需要不断地改变和利用自然，随之也就产生了相应的环境问题。大量砍伐森林、破坏植被引起了严重的水土流失、土地沙化，造成了严重的自然环境恶化，致使良田沃野逐渐沦为荒漠沙丘，许多早期农业极发达的地方，或是已经消失，或是已经中断了很长时间。恩格斯在《自然辩证法》中举出了很多事例来说明生态破坏的恶果，“美索不达米亚、希腊、小亚细亚以及其他各地的居民，为了想得到耕地，把森林都砍完了，但是他们做梦也想不到，这些地方今天竟因此成为不毛之地，因为他们使这些地方失去了森林，也就失去了水份的积聚中心和贮藏库。阿尔卑斯山的意大利人，当他们在南坡上把在山北坡得到精心保护的那同一种枞树林砍光用尽时，没有预料到，这样一来，他们就把本地区的高山畜牧业的根基毁掉了；他们更没有预料到，他们这样做，竟使山泉在一年中的大部分时间内枯竭了，同时在雨季又使更加凶猛的洪水倾泻到平原上。在欧洲传播栽种马铃薯的人，并不知道他们随同这种含粉的块茎一起把瘰疬症也传播进来了。”[①]

（三）工业文明时期，人类对自然全面的征服与破坏

在资本主义社会，以大机器为标志的生产和科技获得了空前的发展，人类社会进入了“蒸汽机时代”。资本主义社会机器大工业发展，由于大工业生产本身的革命性，为社会发展和人的发展奠定了客观物质基础。在大工业生产条件下，生产和科学技术的发展日新月异，产业部门不断兴替，从而“承认工人尽可能多方面的发展是社会生产力的普遍规律”[②]。于是，“用那种把不同社会职能当作相互交替的活动方式的全面发展的个人，来代替只是承认一种社会局部的职能局部个人”[③] 成为大工业生产生死攸关的问题。

然而，在资本主义社会，由于无法摆脱商品货币关系的支配，市场经济在人与人的联系中以金钱关系取代了自然的联系，把对人身的依赖转变为对物的依赖。社会关系已从自然人身上剥离出来，体现为货币商品的物化形式，人与人之间通过物与物的联系发生关系，人的价值、地位也就不再表现为血统、出身等自然禀赋，而是决定于对于财富的物化关系。这就是马克思所说的“以物的依赖性为基础的人的独立性”的基本内涵。人身依赖变为物的依赖，也就是人身支配为物的支配所取代、超经济统治为金钱统治所取代。人变成了物的奴隶、金钱的附属物。

在资本主义社会形态下，一方面，欧洲工业革命以来，随着科学技术的发展，人类认识自然、改造自然的能力增强，人们在自然面前感到了自己前所未有的强大力量。另一方面，由于这时社会的全面关系以人的片面关系为基础，社会的多方面需求以人的片面需求为代价，社会的全面生产能力以人的片面能力为条件。人们对自然界的需求和欲望不断膨胀，特别是奢侈消费欲望的膨胀，肆意地从自然界获得或者掠夺物质生活资料。人与自然的关系日益恶化，造成了日益严重的生态破坏和环

---

① 《马克思恩格斯选集》第4卷，人民出版社1995年版，第383页。
② 《马克思恩格斯全集》第23卷，人民出版社1972年版，第534页。
③ 《马克思恩格斯全集》第23卷，人民出版社1972年版，第535页。

境污染。人类在展示自己征服力量的同时，却忽视了这种征服力对自然界的破坏作用。世界发达国家在工业化过程中对自然无节制的“征服”和“改造”，已经先期造成了生态环境的严重破坏。而发展中国家面对激烈的市场竞争，为了发展国内经济，为了不成为发达国家的附庸，迫切希望发展经济，提高经济发展水平，这本来是一个国家发展的强大动力。但是，由于过分追求经济发展速度，无暇过多关注生态问题，使得经济增长与自然资源消耗之间的比例关系严重失衡，进一步恶化了本已被发达国家破坏的生态环境。其实，马克思和恩格斯很早就指明：“所有已经或者正在经历这种过程的国家，或多或少都有这样的情况。地力耗损——如在美国；森林消失——如在英国和法国，目前在德国和美国也是如此；气候改变、江河淤浅在俄国大概比其他任何地方都厉害。”① 特别是20世纪60年代以来，当代资本主义的发展使人与自然的矛盾日益尖锐。垄断资产阶级无限追求超额利润，导致全球经济和政治危机加剧，生态危机也日益严重。西方发达国家推行“生态殖民主义”，造成不发达国家和地区的生态环境恶化，也造成了世界范围内的全球生态危机。马克思曾告诫我们说：“不以伟大的自然规律为依据的人类计划，只会带来灾难。”② 恩格斯也指出：“如果说人靠科学和创造天才征服了自然力，那么自然力也对人进行报复，按他利用自然力的程度使他服从一种真正的专制，而不管社会组织怎样。”③ 生态危机日益严重，使得人的生存和发展状况进一步恶化，这是现代社会面临的尖锐而难以解决的问题。

生态危机与人的发展危机相伴而生，相关而存。从环境问题产生的历史中可以看出，生态环境问题在本质上是人类自身的问题，生态危机实质上是人的危机。同时，生态危机也使得人类产生了强烈的危机感。为此，人类有必要反思当前的全球生态问题，以有利于这一问题得到根本解决。

---

① 《马克思恩格斯全集》第38卷，人民出版社1972年版，第365页。

② 《马克思恩格斯全集》第31卷，人民出版社1972年版，第251页。

③ 《马克思恩格斯选集》第3卷，人民出版社1995年版，第225页。

二、对不断加剧的生态危机的反思

究其原因，第一，在人与自然关系认识上的错误。从根本上讲，人与自然之间矛盾的出现是由人们错误的利益观导致的，是由人类自己的错误行为和思想观念造成的，可以说，它是社会发展不充分以及人的片面发展的必然结果。马克思说自然界是人的“无机身体”，应该说，人与自然和谐的关系是人类发展的必备条件。然而，近代以来，现代科学技术的发展使人类认识自然和改造自然的能力发生了质的变化。人类在收获着成功喜悦的同时，也逐步把自己当做中心，对自然界采取了日益增多的破坏性的行为方式，结果导致自然环境的破坏和生态系统失去平衡，使人与自然的关系日益恶化，最终不仅损害了当代人的整体利益，而且使子孙后代的生存空间越来越小，生存环境越来越恶化。“人类利用自然力的性质的转变已经带来了两个相互联系的灾难性的后果：广泛威胁着一切有机生命的供养基础，生物圈的生态平衡，以及不断扩大的人类对于一个统一的全球环境的激烈的斗争。每一灾难或两者都会造成这个星球现在形成的一切生物生命的毁灭或剧烈的变化。”① 人与自然之间本来应该平等共存、协调发展。人作为自然存在物，是自然界的一部分；自然界是人类生命的源泉，为人类的生产生活提供必需的物质、能量和信息；自然界是人类劳动的前提和要素，是人类社会产生和发展的条件，是人与人之间联系和劳动的场所。人类要维持自身的生存和发展，就不可能跳出自然界而独立存在。然而，我们需要看到，自然资源是有限的，人类不能无节制地索取自然资源或肆意破坏，否则就会产生严重的生态危机。

第二，工业文明的特性使然。发达国家在其工业化进程中奉行新古典经济学的企业利润最大化原则，并未把自然资源和生态环境作为影响

① ［加］威廉·莱斯著，岳长龄、李建华译：《自然的控制》，重庆出版社1993年版，第7页。

社会经济发展的因素考虑在内。生产者受市场机制追求最大化利润的驱使，往往会对像资源、能源等这些公共资源、公共物品、公共财富采取强制性占有或掠夺式的使用。与此同时，由于缺乏有效的监管，市场机制自身并不能提供制度规范，经常会出现对资源的盲目竞争，从而导致生态环境外部负效应的产生。

在经济运行过程中，单纯追求经济增长符合近现代工业文明的基本原则，工业文明强调的是最大生产、最大消费和最大效率。工业文明只强调生产，把生产本身当做实现生产指标、国民生产总值、经济增长率的工具，而不考虑生产的目的和价值。而且，工业生产为了达到最大效率，所有其他的东西都可以牺牲。因此，人类变成了毫无人情味的机器，社会就像荒漠一样冷漠无情。总之，“认为生产越来越好的这种最大生产崇拜，以最大效率为绝对条件的价值观，和在可能范围内开发一切东西的这种没有价值基准的追求，结果产生只强调非人格性的机械自我扩展法则。人类按照上述机械性价值和目标行动，无法不沦落为无能的存在、无价值的存在。”①

工业社会经济的特征是高开采、低利用、高排放。正是工业社会的这种盲目追求企业利润最大化而忽视社会成本和不合理的线性经济发展模式，引发了人类生存环境的日趋恶化。事实证明，发达资本主义国家在过去几百年的工业化道路上，生产力成倍地增长，废气、废水、废渣也成倍地排放，造成了严重的环境问题。发达国家在经济全球化过程中，对世界资源的全球性掠夺，它们把本国工业经济的发展建立在对发展中国家资源的掠夺上。的确，广大的发展中国家由于经济落后、人口众多，目前要保证世界80%人口的温饱和生存尚有困难，谈何考虑子孙后代的发展。

第三，推行“生态殖民主义”的恶果。当前，随着生产力水平的不断发展、综合国力的不断提高，发达国家已经意识到了生态环境对于国

---

① ［韩］赵永植著，清玉等译：《重建人类社会》，东方出版社1995年版，第10页。

民生存与发展的重要性，也相应的在本国采取了一系列应对、解决生态环境问题的政策措施。但这并不能阻碍他们唯利是图的本性，于是他们开始向第三世界国家推行“生态殖民主义”，而且愈演愈烈。因此，全面、系统地看待当前生态危机需要采取一种全球视野，特别是注意发达资本主义国家与发展中国家的矛盾，这样做有利于更深刻地揭露全球生态危机的实质，提出更合理的解决生态问题的途径或方法。

其实，生态环境问题是人与自然的关系问题，更是人类生存和发展的机会问题，应该得到各民族国家密切关注。究其原因在于，伴随着全球化浪潮的推进，生态危机已经将全人类捆绑在一起，“自然界的行为是没有国界的”①。而且，要达到经济社会发展与人口、环境、资源相互协调，既能满足当代人的发展需要，又能为后代人的生存发展铺平道路，人类要学会用生态文明取代工业时代的黑色文明。在今天，保护还是破坏生态环境应该成为评判国家、集团和个人的行为是否合理的重要标准。

第四，片面的社会发展观的影响。人们对社会发展本质和目的的认识经历了一个不断深化的过程。传统社会发展观认为整个社会发展的根本目的是经济增长，直接地导致了实践上社会发展价值取向的严重偏离。在实际生活中，社会发展明显地表现出与人的发展的对立，“物的世界的增值同人的世界的贬值成正比”②。由此，社会发展出现了“主体的空场”，如阿尔图塞就视社会发展为“无主体的过程”。二次世界大战后，世界上许多国家推行以经济、国民生产总值的高速增长为主要目的的发展方针。

结果，当代人类还没来得及为经济和科技的极大发展而欢呼，就陷入了多重困境之中。一方面是生产力和科技巨大的发展、社会财富快速的积累、物质生活富裕；而另一方面是人们严重的价值混乱与人性迷失、严重的精神危机、严重的贫富分化、严重的环境能源危机等。发达国家如此，发展中国家也不例外。20世纪中叶，一些发展中国家在获得民族

① ［日］池田大作等：《21世纪的警钟》，中国国际广播出版社1988年版，第45页。
② 《马克思恩格斯全集》第42卷，人民出版社1979年版，第90页。

独立后，迫切想改变落后的面貌，产生了追求经济增长的迫切愿望，它们把法兰克福学派的“工业文明观”的社会发展观作为自己的理论导向。在社会生产生活中只追求高速度的经济增长，将此作为衡量发展的唯一指标和尺度。沃尔特·罗斯托、威廉·刘易斯等早期发展经济学家都认为，贫穷国家之所以贫穷是因为“经济馅饼不够大，现在的关键的问题是必须把蛋糕做大些”，罗森斯坦·罗丹则提出了发展中国家要有超常发展的全面“大推进”战略，如此等等。然而严酷的现实迫使人们不得不对已有的各种社会发展思想与战略进行反思。

通过反思，人们逐渐认识到，经济增长并不必然带给人们福音，它可能引发分配不公、两极分化、社会腐败、政治动荡、生态危机。国际社会称这种现象为“有增长无发展”，甚至称为“恶的增长”。社会发展价值取向的偏离，使人与自然、社会及自身的协调关系严重失衡，产生了“人类困境”和“生存危机”。这就是现实生活中的人的发展问题。过去，我们谈发展，总是忽略人的发展状况，把人只是当作实现经济增长的工具和手段。而正是这种把单纯的经济增长或国民生产总值作为衡量社会发展唯一标准的做法，加剧了人与自然、人与社会、人与他人的矛盾，人类为此付出了沉重的代价。严酷的现实及人类的反思说明传统的以经济增长为唯一目标的社会发展模式已走到了尽头。它昭示我们，人类的发展、社会的进步，只有在人与世界的相对平衡关系中才能实现。否则只能让人类自身陷入生存发展困境。走出“人类困境”、“生存危机”的根本出路就在于“人的革命”。人们要超越传统的社会发展模式，复归马克思主义的生态文明观和社会发展观。

三、建设生态文明是对生态和人的发展危机的理智回归

全球生态环境恶化已成为一个超越国家、民族、社会政治制度和经济制度，超越宗教、文化和意识形态并涉及所有人的利益的全球性问题。人类对自然界过度的索取在许多方面已经超过了生态系统的自我修复能

力，具有不可还原性。资源的匮乏和日益衰竭、气候的恶化和日益加剧的环境污染已经严重威胁人的生存和发展，成为影响人的全面发展的重要的自然因素和社会因素。这是人类没有得到全面发展的表现和结果，是人类对生态环境、对人与自然的关系没有足够的认识所导致的实践问题。因此，生态环境犹如一面镜子，清晰地折射出人类文明的状况。生态文明与人类文明具有一致性。

人的发展是一个漫长的历史过程，因为不同的时空条件、不同的社会历史背景，使之呈现出不同的历史阶段。然而，现代社会，随着生产力的不断发展，也使得生态环境不断恶化，人与自然之间矛盾不断加剧。要促进人的全面发展，除了要进一步发展社会生产力、促进世界交往等途径之外，还要建设生态文明。建设生态文明，实现对生态危机和人的发展危机的有效遏制，达到社会理想状态的更高层次的复归。

第一，建设生态文明务必认清全球生态危机的现实状况。当前，人与自然的矛盾表现为人口爆炸、环境污染、资源短缺等。人既是物质生活资料的生产者，同时又是消费者，人口增长过快，超出了自然和社会的承受力，必然会导致资源的紧张和环境的破坏。1950 年至 2009 年，世界由 25 亿人口增至约 70 亿人口，增长速度越来越快，而且当今世界人口的增长很不平衡，出现了“富裕地区的人口减少，贫穷地区的人口增加”的反常局面。发展中国家和地区的人口高增长率使其占有世界的绝大多数人口。由于贫困人口增加，导致了资源过度开发、生态失衡与环境污染、粮食短缺等严重问题。罗马俱乐部的研究报告中指出，全球资源将在 100 年内枯竭，地球生态系统将全面瓦解，地球不再适合于人类居住。这种推测具有多大的科学性姑且不谈，但至少表明，资源面临严重破坏和短缺局面，资源危机必将使人类的生存与发展受到进一步威胁。同时，不少发展中国家，特别是撒哈拉以南的非洲国家，由于生产力水平低下、农业落后、抵御大自然的能力差，粮食产量远远赶不上人口的增长，饥荒不断，出现了大批难民，造成了现实的生存危机。

就世界范围而言，粮食短缺、资源枯竭、环境污染、生态失衡严重，在全球范围内是普遍存在的，并具有全球性的规模。它不仅影响发展中国家，也影响发达国家；不仅影响社会经济、政治和文化的发展，也影响人类的身体健康和发展。如空气污染、饮用水污染等危害着人类的健康。空气污染导致肺癌、慢性肺病；有毒工业、农业和生活废物对地下水和地面水资源的污染，使地球上有10亿以上的人缺乏安全饮用水的供应。工业生产过程排放的有毒气体导致大气臭氧层破坏，危害人类健康。环境中各种放射性物质或有毒的化学物质导致各种前所未有的疾病的产生。总之，环境污染使人类面临新的健康危机。现在，肿瘤成为人类头号杀手，古老传染病结核病也卷土重来。可以说，污染正在地球上特别是在最贫苦的人们中展开一场悄无声息的“大屠杀”。

就中国而言，资源、生态环境不断恶化。古老的中国正在向工业化、现代化迈进。与西方工业化相比，我们今天所面临的任务更艰巨复杂。我们不但要完成工业化和现代化的任务，而且面临着后工业社会将要解决的任务。我们不但有经济上的沉重压力，而且已经有环境、生态方面的压力。长期以来，我国的经济增长方式是数量扩张型，经济的高增长主要靠资源的高投入、高消耗。新中国成立60多年来，我国的国民生产总值增长了十几倍，而矿产资源的消耗增长了40多倍。我国作为耕地、水、矿产、森林和能源等重要资源人均占有量都比较低的国家，可持续发展正成为日益紧迫的问题。另外，我国的环境质量总体上处于恶化状态，由于人口密集，过度开采自然资源，致使人与自然的矛盾日益激化。据记载，20世纪50年代到80年代中期，我国长江流域森林覆盖率由22%减少到10%，水土流失面积由占流域面积的20.2%上升到占41%，致使河床、湖底越淤越高。2009年最新统计又显示，我国六成城市缺水，一半地下水遭污染。总之，从我国整个社会状况来看，经济发展了，环境却恶化了，人们的生活质量并没有真正提高。当然，在现代社会里，生态环境恶化已经成为一个超越国家、民族、社会制度、文化和意识形态的全球性问题，它已至关全球所有人的利益。资源的匮乏、生态环境的恶化已经严重威胁着人类的生存和发展，成为影响人的全面发展的重要的自然因素和社会因素。这些问题在我国现阶段同样存在。

第二，建设生态文明务必认清生态危机的根源和实质。生态环境危机给人类的生存和发展造成了极大的危害，引起了人类的极大关注。人们对人与自然之间矛盾产生的根源及实质提出了各种不同的解释。其实，从根本上讲，人与自然之间矛盾的出现是由人们错误的逐利思想观念导致的。应该说，人与自然的矛盾问题的核心是人的问题。美国哲学家格里芬说过："我们时代严重的全球问题——从核武器的威胁和有毒化学物质的危害到饥饿、贫困和环境恶化，到对地球赖以生存的体系的破坏——凡此种种都是几个世纪以前才开始统治世界的西方工业思想体系所产生的直接后果。"① 具体说来，传统的片面经济增长观是导致生态环境危机的重要思想根源。二战后，无论是发达国家还是发展中国家，都采取多种措施刺激经济增长、增加国民生产总值，因为"他们以为，经济的增长可以治愈贫穷、失业、债务、通货膨胀、赤字、污染、匮乏、人口爆炸、犯罪、离婚和吸毒。简言之，经济增长既是灵丹妙药，又是至高至善。"②

片面地追求经济增长与人们对生态环境资源的认识有很大关系。人们认为经济增长所需的原材料是用不完的，生产和生活所遗留的废弃物也是自然界能够消化的。可以说，对自然界的过度开发利用，表现出人性的贪婪，是人没有全面发展的表现。片面的经济增长观造成资源浪费、环境恶化、生态失衡、人口爆炸、贫富两极分化等多重危机，加剧了人与自然、人与社会、人与人的矛盾，人类为此付出了沉重的代价。

当然，如果要从全球范围内找原因，当前存在的人与自然之间尖锐的矛盾，其主要责任应在于以美国为首的西方发达资本主义国家，其根本原因是资本主义制度。马克思早已指出：资本将"金钱视为一切事物

① ［美］大卫·雷·格里芬编，马季方译：《后现代科学——科学魅力的再现》，中央编译出版社1995年版，第154页。

② ［美］大卫·雷·格里芬编，马季方译：《后现代科学——科学魅力的再现》，中央编译出版社1995年版，第165页。

的普遍价值”，“剥夺了整个世界——人类世界和自然世界——本身的价值。”[①]“资本主义生产方式以人对自然的支配为前提。”[②]“资本剥削土地，剥削空气，从而剥削生命的维持和发展的权利。”[③]事实也如此，不断扩大的物质生产，必然伴随着更多资源的消耗和更多污染物的排放。因此，人与自然关系中的矛盾问题主要是由于社会发展与人的发展不足引起的，其实质是人类利益的矛盾问题，是人片面发展的结果。

第三，建设生态文明务必落实经济社会的可持续发展战略。片面地追求经济增长是时代的产物。随着社会的发展和人的发展，这一发展观模式应该得以改变。人类要根本转变其思维方式，因为地球是有限的，资源是有限的，而且地球吸收污染的能力也是有限的，人们不应只顾及自己眼前的利益而忽视长远利益以及后代人的需求，因此，在生产、生活和消费上都要强调整体性、协调性和可持续性。人们在开发大自然时要考虑到地球资源的有限性以及生态环境的承受力。“可持续发展观”与传统的片面地追求经济增长有着根本区别，认为经济社会发展不能以浪费资源和破坏环境为代价，不能以损害人的生存和发展为代价，而是要以人为中心，努力实现人与自然和谐相处、经济社会发展与人的全面发展高度统一的良好局面。江泽民同志指出：“促进人和自然的协调与和谐，使人们在优美的生态环境中工作和生活。坚持实施可持续发展战略，正确处理经济发展同人口、资源、环境的关系，改善生态环境和美化生活环境，改善公共设施和社会福利设施。努力开创生产发展、生活富裕和生态良好的文明发展道路。”[④]在此，江泽民同志认为，在社会主义初级阶段必须“坚持实施可持续发展战略”，通过“实施可持续发展战略”来解决人与自然的关系，推进人的全面发展。将人的全面发展与生态文明紧密联系起来，极大地拓展了马克思主义关于人的全面发展的思想。

---

① 《马克思恩格斯全集》第1卷，人民出版社1956年版，第448页。

② 《马克思恩格斯全集》第23卷，人民出版社1972年版，第651页。

③ 《马克思恩格斯全集》第25卷，人民出版社1974年版，第872页。

④ 《江泽民文选》第3卷，人民出版社2006年版，第295页。

总之，生态环境问题，本质上体现了人的生产、生活方式问题。如果人不合理地生产、生活，就会引起环境的恶化和资源的危机，给人自身及子孙后代的发展也必然会造成无法弥补的危害。在现代社会里，人们要实现生产、生活方式的根本变革，要注重生产效益和人们生活质量的提高，特别要注重人的精神生活水平的提高。自然界不仅是人的生存之本，美的大自然也一定会给人美的享受，人能在其中陶冶情操，愉悦身心，感悟生存之本、生活之道，为人的全面发展开辟更加宽阔的空间。因此，高度的生态文明是促进人的全面发展的物质条件和重要保证。这就要求人们变革其不合理的思维方式、生活方式和生产方式，并且在实践中正确处理经济发展同人口、资源、环境的关系，正如胡锦涛同志在党的十七大报告中指出的："建设生态文明，基本形成节约能源资源和保护生态环境的产业结构、增长方式、消费模式"，正确解决人和自然的矛盾，消除生态危机，实施可持续发展战略，为人的全面发展提供更加有利的条件。

第二章 马克思人的全面发展理论与当代意义

第一节 马克思人的自由全面发展理论的科学内涵和基本特征

一、马克思人的自由全面发展理论的萌芽

近年来，国内外不少学者都在不断引用马克思关于人的自由全面发展的论述，但在内涵的理解上各色各样，分歧颇大。笔者认为有的理解不够全面，也有的是错误的。而正确地理解马克思人的自由全面发展理论的内涵，对我们全面领会和掌握马克思的经济学说，以及建立生态文明视角下人的发展理论有着十分重要的意义。因此，有必要对马克思人的自由全面发展的内涵做深入、扎实的研究。

同时笔者认为，理解马克思人的自由全面发展理论（学说）的内涵，应该从马克思人的全面自由发展理论的萌芽梳理起。

马克思人的全面发展理论的萌芽时期，大约自马克思写作《博士论

文》及其《关于伊壁鸠鲁哲学的笔记》开始，至发表《评弗里德里希·李斯特的著作》为止。可见著作和论文主要有：《关于伊壁鸠鲁哲学的笔记》、《博士论文》、《社会大陆改革运动的进展》、《詹姆斯·穆勒〈政治经济学原理〉一书摘要》、《1844 年经济学哲学手稿》、《神圣家族》、《在爱北斐特的演说》和《评弗里德里希·李斯特的著作》等。在这些著作和论文中，马克思、恩格斯虽然都还没有正式使用“人的全面发展”这个概念，但是关于人的全面发展的思想已见端倪，已经开始萌芽和酝酿。因此，这些著作和论文对我们正确地理解马克思、恩格斯关于人的全面发展理论的形成具有重要的意义，有必要给予足够的重视。

在《关于伊壁鸠鲁哲学的笔记》和《博士论文》中，人的全面发展思想的萌芽表现在青年马克思特别注意伊壁鸠鲁关于自由问题的观点，高度赞扬了他关于精神和自由独立的主张。如马克思说：“伊壁鸠鲁几乎不加掩饰地说，在宣称自然是自由的时候，他重视的只是意识的自由。”① 马克思之所以高度重视伊壁鸠鲁哲学中关于精神和自由独立的主张，是因为伊壁鸠鲁哲学给他的理论观点，给他关于自由的学说提供了基础。特别值得我们注意的是，在这个时期，马克思已经把自由理解为人与人的全面交往、人对周围环境的改造斗争，以及认为哲学的根本任务在于创造世界②。“对于伊壁鸠鲁宇宙观的方法来说，具有代表性的是创造世界的问题，……因为它表明，在这种哲学中精神是如何创造世界的，这种哲学与世界的关系是怎样的，哲学的精神和创造的潜力是怎样的。”③ 马克思还指出：“伊壁鸠鲁并不满足于自己提供关于世界的改造这一概念；他亲自上演这出戏，他为自己把刚才所做的一切具体化，说实在的，只是这时在他那里才开始世界的创造。”④ 可见，在马克思早年的《关于伊壁鸠鲁哲学的笔记》和《博士论文》中，马克思通过对伊壁鸠鲁哲学的评价，阐

① 《马克思恩格斯全集》第 40 卷，人民出版社 1982 年版，第 49 页。
② 余文烈：《试论马克思科学实践观的形成》，《哲学研究》1983 年第 3 期。
③ 《马克思恩格斯全集》第 40 卷，人民出版社 1982 年版，第 53 页。
④ 《马克思恩格斯全集》第 40 卷，人民出版社 1982 年版，第 55 页。

述了人具有对世界的改造和创造的能力，以及人的意识应该自由。

恩格斯《社会大陆的改革运动的进展》一文，也体现了马克思、恩格斯人的全面发展思想的萌芽，主要表现在对傅立叶的自由劳动理论做了充分的赞扬和肯定。恩格斯指出："傅立叶第一个确立了社会哲学的伟大原理，这就是：因为每个人天生就爱好或者喜欢某种劳动，所以这些个人爱好的全部总和就必然会形成一种能满足整个社会需要的力量。从这个原理可以得出这样一个结论：如果每个人的爱好都能得到满足，每个人都能做自己愿意做的事情，那么，即使没有现代社会制度所采取的那种强制手段，也同样可以满足一切人的需要。……在合理的制度下，当每个人都能根据自己的兴趣工作的时候，劳动就能恢复它的本来面目，成为一种享受。"①

通过恩格斯对傅立叶自由劳动理论的阐述、肯定，我们可以看出，这一时期的恩格斯已经充分认识并肯定了，人和人之间天生就有不同的兴趣和爱好；应该充分地发展每个人的兴趣和爱好，从而使人在劳动中感到享受。而每个人的兴趣和爱好，在某种程度（意义）上，也就是体现每个人的专长（才能）。因此，从某种意义上说，充分地发展每个人的兴趣、爱好，也就是充分地发展每个人的专长（才能）。不过，这一时期的恩格斯虽然认识到人天生有不同的兴趣和爱好，并应充分得到发展，但是整个说来，这一时期他对人具有的巨大潜能，以及人的才能需要全面的发展还未认识。或者说，这一时期的恩格斯虽已朦胧地有了人的才能需要充分发展这样的感觉，但还远未能产生关于人的才能充分、全面发展的思想。这是因为，这一时期恩格斯还未开始对资产阶级政治经济学进行全面的批判研究，这种批判研究是在半年以后才开始的。这一时期对恩格斯思想有深刻影响的是三大空想社会主义者，特别是傅立叶、欧文的空想社会主义。不过，他既然有了每个人的兴趣和爱好都应该得到充分发展的思想，那么离提出"人的全面发展"的思想也就不远了。恩格斯对空想社会主义的批判和继承，为他以后对资产阶级政治经

① 《马克思恩格斯全集》第1卷，人民出版社1956年版，第578页。

济学，即那种颂扬资本主义私有制统治的政治经济学的批判作了准备，也为他以后产生人的全面发展的思想做了充分的准备。这个时期，马克思在恩格斯的天才著作《政治经济学批判大纲》的影响下，对政治经济学发生了兴趣，开始对政治经济学进行系统的研究。《詹姆斯·穆勒〈政治经济学原理〉一书摘要》就是这个时候写的，是他一开始研究政治经济学的成果之一。通过对政治经济学的研究，马克思初步认识到，在分工下，劳动使人片面地、畸形地发展，人活着只是为了谋取生活资料，这种劳动使人痛苦，而不是感到生活的乐趣。而在未来的社会里，由于消灭了分工，由于作为人进行生产，人就在劳动中感受到乐趣。如他说："假定我们作为人进行生产。在这种情况下，我们每个人在自己的生产过程中就双重地肯定了自己和另一个人：我在我的生产中物化了我的个性和个性的特点，因此我既在活动时享受了个人的生命表现，又在对产品的直观中……感受到个人的乐趣。"① 不过，此时马克思对分工的理解还是很肤浅的，比较朦胧的，他还没有区分生产部门内的分工和社会内部的分工，旧式分工这个概念的产生，还是在此以后。

然而，马克思在《詹姆斯·穆勒〈政治经济学原理〉一书摘要》这篇著作中产生的这一思想（私有制和分工使人片面地、畸形地发展，未来社会应消灭这些），在其整个思想的发展中，特别是对以后形成人的自由全面发展的理论，却是非常重要的，有着不可低估的重要意义。它表明，此时的马克思已在探索和思考人为什么会出现畸形的发展，怎样才能使人不畸形、片面地发展。同时也已经充分显示了，马克思即将对这一问题展开深入的研究和进一步探索。果然不错，很快，马克思就在《1844 年经济学哲学手稿》中，对这一问题展开了更进一步的研究和探索。

《1844 年经济学哲学手稿》虽然是一部不成熟的著作，但是，由于在这部著作里，马克思第一次试图从唯物主义和共产主义立场出发，对

① 《马克思恩格斯全集》第 42 卷，人民出版社 1979 年版，第 37 页。

资本主义经济制度和资产阶级经济学进行批判性考察，对自己的哲学、经济学观点和共产主义思想作综合的阐述，所以这部著作又是马克思主义科学世界观形成阶段的一部重要的著作。同样，由于在这部著作中，马克思从批判资产阶级国民经济学出发，把异化劳动作为中心内容，深入研究了工人片面发展和非人生活的各种形式和后果，从而使这部著作成为马克思人的全面发展理论萌芽时期的一部特别的不可忽视的重要著作。在这部著作里，关于人的全面发展思想的萌芽主要表现在以下两个方面：

首先，提出了造成人的片面发展的原因主要是分工和私有制。马克思认为，分工虽然提高劳动的生产力，增进社会财富，促使社会日益精致，同时却使工人才能贫困，被贬低为机器。“一方面随着分工的扩大，另一方面随着资本的积累，工人日益完全依赖于劳动，依赖于一定的极其片面的、机器般的劳动。”① 工人在精神上和肉体上被贬低为机器，变成为抽象的活动的胃，越来越片面化和从属化。这样，劳动对工人来说，就变成了外在的东西。工人在自己的劳动中不是肯定自己，而是否定自己；不是感到幸福，而是感到不幸；不是自由地发挥自己的体力和智力，而是使自己在肉体上受折磨，精神上遭摧残。“因此，工人只有在劳动之外才感到自在，而在劳动中则感到不自在，在不劳动时觉得舒畅，而在劳动时就觉得不舒畅。”②

其次，针对人的片面的、畸形的发展，马克思指出：“人类的特性恰恰就是自由自觉的活动。”③ “动物的生产是片面的，而人的生产是全面的。”④ “已经产生的社会，创造着具有人的本质的这种全部丰富性的人，创造着具有丰富的、全面而深刻的感觉的人作为这个社会的恒久的现实。”⑤ 这是马克思关于人的“自由全面”的论述见之于文字的第一次。

---

① 《马克思恩格斯全集》第42卷，人民出版社1979年版，第52页。
② 《马克思恩格斯全集》第42卷，人民出版社1979年版，第93—94页。
③ 《马克思恩格斯全集》第42卷，人民出版社1979年版，第96页。
④ 《马克思恩格斯全集》第42卷，人民出版社1979年版，第96—97页。
⑤ 《马克思恩格斯全集》第42卷，人民出版社1979年版，第126—127页。

从这几段话里，我们可以看出，马克思这时已经有了这样的思想，他认为具有丰富性的、自由全面的人，才符合人的特性；人的生产应该是全面的，而不应该是片面的，只有动物的生产才是片面的。不过，在《1844年经济学哲学手稿》中，马克思关于人的“全面”性的表述虽然还是粗浅的，许多地方使用的还是费尔巴哈、黑格尔的语言，但已明显带有人的发展经济学思想的痕迹。同时，结合上述引用的几段话在原著中的上下文来看，这里的“全面”已经接近了“人的全面发展”的意思，是指：人不光能生产自己所直接需要的，而且能生产别人需要的，能生产整个自然界，能按照任何一个尺度来进行生产，能按照美的规律来改造自然界、创造世界，所以人的生产是全面的①。显然，这个“全面”包含了人有巨大的潜能、人有巨大的创造力的意思。当然，这里的“全面”和以后马克思、恩格斯提出的“人的全面发展”，在概念上是有很大差别的，在内容上也是有很大差距的。不过，马克思既然已经有了人的“全面”性的思想，那么离形成“人的全面发展”的思想也就不远了。事实也正是这样。

这以后不久的1844年9—11月，马克思和恩格斯合写了《神圣家族》一书。在这部书中，马克思指出：人只有“表现本身真正个性的积极力量才得到自由”②。每个人都应有“必要的社会活动场所来显露他的重要的生命力”③。从这段话中可以看出，此时的马克思已朦胧地提出了，要使每个人的生命力得到显示，才能（潜能）得到充分发挥和发展，必须为每一个人提供社会活动场所。而提供社会活动场所，实际上包含着这样的意思，即必须消灭旧的分工，使人不断改变工作岗位，不片面化，以及使每个人的工作符合每个人的爱好、兴趣。这一思想，在间隔3个月后发表的恩格斯的《爱北斐特的演说》和马克思的《评弗里德里希·李斯特的著作》中得到了更进一步的表现，表述得更加清楚。

① 《马克思恩格斯全集》第42卷，人民出版社1979年版，第97页。
② 《马克思恩格斯全集》第2卷，人民出版社1957年版，第167页。
③ 《马克思恩格斯全集》第2卷，人民出版社1957年版，第167页。

在《爱北斐特的演说》中，恩格斯指出："为所有的人创造生活条件，以便每个人都能自由地发展人的本性。"① 在《评弗里德里希·李斯特的著作》一文中，马克思通过揭露批判资产者对工人发展他们才能不关心，而间接提出了人必须发展他们的一切才能，发挥他们的一切能力。这里，已经清楚地表明马克思、恩格斯离形成人的全面发展的思想已越来越接近了。

由上所述，可以看出，马克思、恩格斯关于人的全面发展思想的萌芽的产生，其途径（或称来源）是不大一样的。马克思先是从古希腊哲学和德国古典哲学那里吸收了关于人的自由意识思想的合理成分，从而思想得到了启发；恩格斯则是受三大空想社会主义者，特别是傅立叶自由劳动理论的影响和对资产阶级政治经济学的初步研究，以及对英国等国家的工人贫困状况的考察，从而产生了人的全面发展的思想的萌芽。以后，特别是由于马克思通过莱茵报和德法年鉴对工人状况和资本主义社会上层建筑弊病的初步了解，以及在恩格斯的影响下，对资产阶级政治经济学进行了深入研究。从而逐步萌芽了人的全面发展的思想。特别应该值得我们高度重视的是，马克思、恩格斯关于人的全面发展思想的产生，一开始就是针对资本主义社会下人的片面的畸形的发展而提出的，是为了寻找一条解决人的片面、畸形发展的途径而产生的。正是由于这一点，才使这一思想萌芽具有强大的生命力，为以后发展成为一个完整、科学的理论奠立了基础。

二、马克思人的自由全面发展理论的形成

马克思、恩格斯人的全面发展理论经由萌芽时期逐步进入了形成时期。这个形成时期，整个又可分为初步形成时期和完整形成时期。

初步形成时期，是从 1845 年春至 1847 年，以《德意志意识形

① 《马克思恩格斯全集》第 42 卷，人民出版社 1979 年版，第 262 页。

态》为开始和主要标志，《共产主义原理》和《共产党宣言》是它的继续和补充。在这三部著作里，马克思、恩格斯正式提出了“人的全面发展”这个科学的概念，并对人的全面发展问题作了比较详尽、深刻的论述。但是，他们的论述又还很不全面、很不完善，有些地方还是不很科学的，浪漫主义的色彩还很浓。这也正是我们将这一时期，即1845—1847年，作为马克思、恩格斯人的全面发展理论初步形成时期的理由。

《共产党宣言》之后，又经过1847—1850年工人运动的革命实践和1850年以后马克思对政治经济学长达17年之久的深入系统的潜心研究，以及对资本主义制度整个过程的深入剖析，马克思、恩格斯人的全面发展的理论，在马克思主义的百科全书、马克思最伟大的作品——《资本论》，及其为写作《资本论》而准备的第一个手稿《1857—1858年经济学手稿》中，最终才得到了完整的形成。在《资本论》及其《1857—1858年经济学手稿》中，关于“人的全面发展”的论述，虽然和其他著作一样，比较零散，但是内容极其丰富，论述异常之多，也比较精辟和深刻。

把从《德意志意识形态》至《资本论》中关于人的全面发展的一系列论述归纳起来，可以看出，马克思、恩格斯关于人的全面发展问题的确已经建立了一个完整的理论体系，成为马克思主义伟大真理的一个重要组成部分。

（一）人的全面发展的科学含义

最早在《德意志意识形态》和《共产主义原理》中，马克思、恩格斯对人的全面发展的含义作了探索和论述，集中起来有这样两个方面：

一是在未来的社会里，任何人都没有特定的活动范围，没有固定的职业，每个人都可以随自己的心愿在任何部门内发展，都能通晓整个的生产系统①。

① 《马克思恩格斯全集》第37卷，人民出版社1971年版，第460页。

二是社会主义、共产主义下的人的全面发展，是指“社会全体成员的才能得到全面的发展”①。即是说，是让每个人都全面地发展，而不是仅让少数人（如画家等）发展自己的才能。社会主义既让画家等的才能得到充分的发展，更应创造条件，使广大人民的才能得到充分的发展。“劳动组织根本没有像桑乔所想象的那样认为每个人应当完成拉斐尔的作品，他们只是认为，每一个有拉斐尔的才能的人都应当有不受阻碍地发展的可能”②。马克思、恩格斯之所以主张不仅要让个别人的才能得到充分的发展，更应创造条件让广大人民的才能得到充分的发展，这是因为，在他们看来：在资本主义社会（乃至存在着分工的社会里），会绘画的人，是由于分工以及由分工产生的人们所受教育的条件造成的。“由于分工，艺术天才完全集中在个别人身上，因而广大群众的艺术天才受到压抑”③。人和人之间天赋上的差别并不太大，只要有一定的社会环境（条件），“每个人都能成为出色的画家”，同时也“决不排斥每一个人也成为独创的画家的可能性”④。因此，所谓人的全面发展，同时也是让每一个人的才能都得到全面的发展。

由此，我们可以看出，在《德意志意识形态》和《共产主义原理》里，马克思、恩格斯关于人的全面发展的含义的论述，总的来说还是科学的。但是，关于含义的第一个方面，某些表述上还很抽象、不具体和不甚清楚，特别是有些地方浪漫主义的色彩还很浓。如他们说：在未来的社会里，“有可能随每个人自己的心愿，今天干这事，明天干那事。上午打猎，下午捕鱼，傍晚从事畜牧，晚饭后从事批判”⑤。这就未免太浪漫主义了。它说明《德意志意识形态》中，马克思和恩格斯受空想社会主义的影响还很深，思想中的空想社会主义的成分还很多。马克思在这里构画的图景，是一幅与傅立叶的观点非常相似的图景。傅立叶在它的

① 《马克思恩格斯全集》第4卷，人民出版社1958年版，第71页。
② 《马克思恩格斯全集》第3卷，人民出版社1960年版，第458—459页。
③ 《马克思恩格斯全集》第3卷，人民出版社1960年版，第37页。
④ 《马克思恩格斯全集》第3卷，人民出版社1960年版，第37页。
⑤ 《马克思恩格斯全集》第3卷，人民出版社1960年版，第37页。

书中作了如下的描写："每个人都可以在一天之内从事 7—8 种喜爱的工作，工作是短短一会，最多是一个半小时到两小时……"①。后来，马克思就曾驳斥了这种把劳动看成不过是一种娱乐、一种消遣的观点。如他说，在未来的社会里，"劳动会成为吸引人的劳动，成为个人的自我实现，但是这绝不是说，劳动不过是一种消遣，就像傅立叶完全以一个浪漫女郎的方式极其天真地理解的那样。真正自由的劳动，例如作曲，同时也是非常严肃、极其紧张的事情。"②

这一缺陷，在以后的《资本论》及其《1857—1858 年经济学手稿》中得到了克服。在《资本论》及其手稿中，马克思对人的全面发展的含义，较之《德意志意识形态》和《共产主义原理》有了更加科学、具体的表述。他除了充分坚持和肯定了《德意志意识形态》中关于人的全面发展是指每个社会成员的才能都得到全面发展外，还进一步指出："全面发展的人，就是"把不同的社会职能，当作互相交替的活动方式的人。"③ 以后，在法文版《资本论》中，马克思又更加明确地指出："全面发展的个人……，也就是用能够适应极其不同的劳动需求并且在交替变换的职能中只是使自己先天和后天的各种能力得到自由发展的个人来代替局部生产职能的痛苦的承担者。"④ 马克思、恩格斯还指出：人的全面发展对劳动（物质）生产力和整个社会的发展有巨大的作用，并且在一定的条件下和一定的时期里，是物质生产力能否进一步大发展的决定因素，"建立在资本基础上的生产发展本身要求造就全面发展的人，只有这样的人才能使资本主义生产的进一步发展成为可能，这是一种客观趋势。"⑤ 他们还指出，当今人类社会已经发展到这样的地步，"物质生产力的限制，取决于物质生产对于个人的完整发展的关系"，"在这个转变中，表现为生产和财富的宏大基础的，……是社会个人的发展"。"真正

① 《傅立叶选集》第 3 卷，商务印书馆 2004 年版，第 126—127 页、第 156—157 页。
② 《马克思恩格斯全集》第 46 卷（下），人民出版社 1980 年版，第 113 页。
③ 《马克思恩格斯全集》第 23 卷，人民出版社 1972 年版，第 534 页。
④ 《资本论》法文版，第 1 卷，中国社会科学出版社 1983 年版，第 500 页。
⑤ 《马克思恩格斯全集》第 46 卷（上），人民出版社 1979 年版，第 486 页。

的财富就是所有个人的发达的生产力。”①

至此，我们可以看出，马克思、恩格斯人的全面发展的含义，实际上包括了四个层次（四层含义）：

第一个层次，即最基本的层次，是指人能够适应不同的劳动需求，把不同的社会职能当作互相交替的活动方式。而这一点，显然又是和旧式分工的消灭紧密相连的。这就是说，第一个层次（基本的层次）里，无疑包含着旧式分工的废除（消灭）。

由此，进一步引申到它的第二个层次，即在交替变换的职能中，人的先天和后天的各种能力得到了自由的发展。人们由于将不同的社会职能，当作互相交替的活动方式，从而在这种交替变换的职能中，必然使人们的各种能力——先天能力（潜能）和后天能力，都得到自由充分的发展。正如马克思指出的：“全面的活动，才能使我们的一切天赋（潜能）得到充分的发挥”②，“从全部才能的自由发展中”必然产生“创造性的生活表现”③。而由于人们具备了一定的创造力，能把不同的社会职能当作互相交替活动的方式，从而人所具有的“沉睡的潜能”，就能得到挖掘和发挥。这就是说，人的自由全面发展正是人的创造力得以产生的源泉，潜能得到挖掘的手段。

第一、第二个层次，基本上是从具体形态——全面发展的个人的形态上说的。这个定义的第三个层次即第三层含义则是指社会全体成员的才能得到全面发展，是从广阔的意义（形态）上说的，也是第一层次的引申和目标。由于消灭了旧式分工，由于社会为人的潜能的挖掘、发挥和创造，提供了自由发展和创造力产生的环境，结果不再是个别人的才能得到自由全面的发展，而必然（也应该）是全体社会成员的才能得到自由全面的发展。所以，这个层次，比第一、二层次具有更广阔的意义。

这个定义的第四个层次，是由前三个层次的进一步引申而来的，是

① 《马克思恩格斯全集》第46卷（下），人民出版社1980年版，第222页。
② 《马克思恩格斯全集》第3卷，人民出版社1960年版，第286页。
③ 《马克思恩格斯全集》第3卷，人民出版社1960年版，第286页。

指个体和社会的和谐统一发展。而个体和社会和谐发展的标志就是：人的自由全面发展不仅是经济和社会发展的手段，更是经济和社会发展的目的和指导。人的自由全面发展的程度决定着经济和社会发展的程度。人从诞生之日起就不是抽象、孤立的个体，而是在社会中存在的个体。社会在人的劳动过程中创造并不断发展着，这是人的本质的外在表现，是人类发展水平的客观标志；同时，特定的社会条件作为每一时代的人们存在的基础和前提，既促进了个体的发展，又制约着个体的发展。因此，人的发展和社会的发展不仅是同步的，而且是同一问题的两个侧面，二者互为因果，互为条件。因为人的发展，要以社会的发展作为条件，而社会和经济的发展要以人的自由全面发展为目的、目标。总之，人的全面发展，必须在改造社会、促进社会发展的实践活动中才能实现，也必然在这一过程中才展现出来。个体和社会的发展正处于这样对立统一的矛盾运动之中：每一时代的个体在特定的社会中受到教育，获得发展，这种发展水平受到社会条件的推动和制约；但人的发展又不是消极、被动的，而是自觉、能动的，每一时代的人们总是通过无数个体创造性的实践活动不断超越着社会条件的制约和束缚，从而一方面使社会得到改造和发展，以适应和促进人的自由全面发展，另一方面使人类个体本身得到自由全面发展，从而使个体和社会达到和谐发展。

上述四个层次，就是《资本论》及其手稿中关于人的全面发展的完整、精确的定义，也是到目前为止，我们在马克思、恩格斯的著作中所能见到的最明确、具体、科学的定义。这个定义的四个层次，以第一层次为基础和主线，构成了一个严密的系统，互相联系，缺一不可。缺少其中任何一个层次，这个定义就是不完整的、不科学的、片面的。而且，这个定义的最基本的层次，只能是消灭旧式分工，“把不同社会职能当作互相交替的活动方式”，而不能是其他。

有的同志认为：挖掘、发挥人的潜能，是马克思、恩格斯人的全面发展含义的最基本层次。他们认为，人的“全面”发展的第一层含义（第一个规定），是唤醒自然历史进程中，人被赋予的各种潜能素质，使之获得最充分的发展，所谓一切潜能最充分的发展，在马克思对全面发展的解说中处于最基本的层次，并将社会全体成员的才能得到全面的发展排除在这个定义之外。我认为这显然是不符合马克思、恩格斯原意的，是很值得商榷的。

为了更充分地说明这一点，我们有必要在此重温一下恩格斯在《反杜林论》里的两段论述。（如前所述，恩格斯在马克思、恩格斯人的全面发展思想的萌芽时期就起着重要的作用。因此，在探讨马克思、恩格斯人的全面发展概念含义的时候，对恩格斯的论述，我们必须给予高度的重视。）恩格斯曾明确指出：在存在着旧式分工的资本主义社会里，不仅是工人，即使是从事创造性脑力劳动、人所具有的潜能得到了很好发挥的人，和从事上层建筑的职业的脑力劳动的人，也都因分工而被自己活动的工具所奴役，成为片面发展的人。“律师为他的所僵化的法律观点所奴役，这种观点作为独立的力量支配着他；一切‘有教养的等级’都为各式各样的地方局限性和片面性所奴役，为他们自己的肉体上和精神上的近视所奴役，为他们由于受专门教育和终身束缚于这一专门技能本身而造成的畸形发展所奴役”。因此，那种“无需从根本上改变旧的生产方式，首先是无需废除旧的分工”，只要“注意到……自然状况和个人能力”，就一切都解决了的观点，显然是十分幼稚的①。恩格斯紧接着指出：因为依照这种观点做的结果，必然是“整批的人依旧为生产某一物品所奴役，整批的‘居民’依旧被要求就业于一个生产部门，而人类却依旧和从前一样，分成一定数目的不同的畸形发展的‘经济变种’，就像现存的‘推小车者’和‘建筑师’一样。社会应该成为全部生产资料的主人，从而让每一个人依旧做自己生产资料的奴隶，而仅仅有选择那一种生产资料的权利。”② 可见，如果我们将人的潜能的发挥，作为马克思、恩格斯人的全面发展含义的主要和最基本的层次，那么就会得出，在存在着旧式分工的资本主义社会里，乃至在此之前的封建社会、奴隶

① 《马克思恩格斯全集》第3卷，人民出版社1960年版，第331页。
② 《马克思恩格斯全集》第3卷，人民出版社1960年版，第336页。

社会里，都已经有了自由全面发展的人。因为，在那些社会里，无疑也有着一些潜能和创造性精神得到了很好挖掘、发挥的人。这样，就必然使人的全面发展和社会形态，和旧式分工的消灭，和社会主义、共产主义，都没有联系了，它可以在任何社会形态下出现。这无疑从根本上抹杀了马克思、恩格斯提出的人的全面发展这个概念的革命性、科学性和特定的含义，是不能不与马克思、恩格斯的原意相违背的。

另外，我们不同意将人的潜能的发挥作为马克思、恩格斯人的全面发展含义的主要层次，还因为这样理解不符合事物发展的逻辑顺序。就事物发展的逻辑顺序来说，应该是先有人的活动，先有发展环境的诞生和存在，随之才能有人的创造力的涌现，潜能的挖掘、发挥。这才是辩证唯物主义和历史唯物主义的观点。当人们将不同的社会职能当作互相交替的活动，消灭了旧式分工，就迫使和需要人必须具备一定的创造力。当社会为绝大多数人诞生和提供了人的自由发展的环境，绝大多数人就可能使自己潜能和创造力得到充分的挖掘和发挥。这就是说，自由发展的社会环境和当人们把不同的社会职能当作互相交替的活动方式，正是人的创造力和潜能得以产生和得到发挥的最好源泉。正如马克思所指出："从全部才能的自由发展中，必然产生'创造性的生活表现'"①。由于人们把不同的社会职能当作互相交替的活动方式，人们也就产生了一定的创造力，从而人所具有的"沉睡着的潜能"②就必然随之得到发挥和挖掘。也正如马克思所说的：只有"全面的活动，才能使我们的一切天赋（潜能）得到充分的发挥"③。

可见，创造性精神和人的潜能（先天能力）的发挥，是不能作为马克思、恩格斯人的全面发展含义的主要和最基本层次的，马克思、恩格斯人的全面发展概念的最主要、最基本的层次，只能是废除旧式分工，把不同的社会职能当作互相交替的活动方式。

---

① 《马克思恩格斯全集》第3卷，人民出版社1960年版，第248页。
② 《马克思恩格斯全集》第23卷，人民出版社1972年版，第202页。
③ 《马克思恩格斯全集》第3卷，人民出版社1960年版，第286页。

(二) 人的全面发展是历史的过程和历史的产物

在马克思、恩格斯人的全面发展理论初步形成时期的《共产主义原理》里，恩格斯就曾深刻地认识到，人的全面发展是大工业和科学技术发展的必然结果和趋势。如恩格斯指出："生产的社会管理不能由现在这种人来进行，因为他们每个人都只隶属于某一生产部门，受它束缚，听它剥削，在这里，每一个人都只能发展自己能力的一方面而偏废其他各方面，只熟悉整个生产中的某一个部门或者某一部分。就是现在的工业也渐渐不能使用这样的人了。由整个社会共同地和有计划地来经营的工业，就更加需要各方面都有能力的人。"① 恩格斯还指出："当一切专门发展一旦停止，个人对普遍性的要求以及全面发展的趋势就开始显露出来。"②

不过，在那时，无论是恩格斯还是马克思，都还没有从整个人类历史发展的角度来考察人的全面发展，都还没有认识到人的全面发展是个历史的过程和历史的产物。这一认识的飞跃是在《资本论》及其《1857—1858年经济学手稿》中完成的。

《资本论》的第一手稿中，马克思正式提出："全面发展的个人——他们的社会关系作为他们自己的共同的关系，……不是自然的产物，而是历史的产物"③，它的出现是个历史的过程。

在人类发展的早期，单个人表现出一种原始的全面性，那是因为人的生产能力只是在狭窄的范围内和孤立的地点上发展着，他还没有造成自己丰富的关系，并且这种关系也没有作为独立于他之外的社会权力和社会关系同他自己相对立。这种原始的全面性与人类的蒙昧和野蛮相伴随，是生产力水平低下的标志。

到了资本主义社会，资本主义制度是否定环节的最高峰。一方面，资本家作为价值增殖狂热的追求者，他们毫无顾忌地强迫人类为生产而

① 《马克思恩格斯全集》第4卷，人民出版社1958年版，第370页。
② 《马克思恩格斯全集》第4卷，人民出版社1958年版，第172页。
③ 《马克思恩格斯全集》第46卷（上），人民出版社1979年版，第109页。

进行生产，去发展社会生产力，去创造剩余价值。另一方面，资本主义的生产方式，将人的“原始的全面性”否定得一干二净，它在形成普遍的社会物质交换和全面的社会关系的同时，将整个工人阶级变成了机器的附庸，将资本家阶级变成了金钱的奴隶，总之都是异化为片面的人。正如马克思指出的：“手工制造业的分工，使一个完全的人终生为一个部分操作所吞并。”[①] 随着生产力的发展，手工制造业的分工又生产出了机器。但是，机器大工业的资本主义形式，更可怕地再生产出了那种分工，使工人变成了一个部分机器的有本人意识的附属物。这就暴露了资本主义发展的限制：它虽然力求全面地发展生产力；但是，又把人这个生产力的主体推向片面的发展，“资本在具有无限度地提高生产力趋势的同时，又在怎样的程度上使主要生产力，即人本身片面化，受到限制等等。”[②]

然而，也只有资本主义的生产条件，能够为一个把每一个人都有完全的和自由的发展作为根本原则的高级社会形态，形成现实的基础。人类的才能的发展，虽然在开始时要靠牺牲多数的个人，甚至靠牺牲整个阶级，但是最终会克服这种对抗，而同每个个人全面发展相一致，“产生出个人关系和个人能力的普遍性和全面性”[③]。这是因为，大工业的发展，要求“工人有全面的流动性”，“不断从一个生产部门投到另一个生产部门”[④]。生产力的普遍发展和世界交往的普遍性，客观上成了个人全面发展的基础，而个人从这个基础出发的实际发展是对上述限制的不断消灭。工人阶级日益意识到这一限制，并利用资本本身来消灭资本，排除这种限制。资本再也不能控制它自身产生的巨大生产力，从而也不能阻止人类向自由全面发展的历史进程迈进。与资本的意愿相反，在它的自身的运动中，为个人的自由全面发展，为社会主义一代新人的形成，创造了一系列必要的客观条件，这充分说明了，人的自由全面发展是一

① 《资本论》第1卷，人民出版社1963年版，第522页。
② 《马克思恩格斯全集》第46卷（上），人民出版社1979年版，第410页。
③ 《马克思恩格斯全集》第46卷（上），人民出版社1979年版，第109页。
④ 《资本论》第1卷，人民出版社1963年版，第525页。

个历史的过程和历史的产物。这样，就使个人的自由全面的发展不再是空想社会主义笔下的海市蜃楼，而是整个人类社会逻辑发展的必然趋势，必然的结果。

（三）人的全面发展和社会主义、共产主义的关系

人的全面发展和未来理想的社会——社会主义、共产主义有什么关系呢？早在《德意志意识形态》和《共产党宣言》中，马克思、恩格斯就对这一重大问题，进行了严肃、认真地思考，并得出了这样的结论：人的全面发展是社会主义和共产主义的一个重要特征和主要内容。恩格斯在《反杜林论》这部著作中，曾明确地将《共产党宣言》等著作称为“社会主义著作”。可见这一时期，马克思和恩格斯说的共产主义同时也包括社会主义。《共产党宣言》中说：“任何人的职责、使命、任务，就是全面地发展自己的一切能力，其中也包括思维的能力。”① “根据共产主义原则组织起来的社会，将使自己的成员能够全面地发挥他们各方面的才能。”②“代替那存在着阶级和阶级对立的资产阶级社会的，将是这样一个联合体，在那里，每个人的自由发展是一切人自由发展的条件。”③ 他们还指出：让人全面的发展是社会主义革命在废除生产资料私有制以后的主要结果之一。“使社会全体成员的才能得到全面的发展——这一切都是废除私有制的主要结果。”④

在《资本论》及其手稿中，马克思不仅更为详尽、深刻，更为科学地阐述了人的全面发展是社会主义、共产主义的一个重要特征和主要内容，而且还把能否实行人的全面发展作为衡量是资本主义还是社会主义、共产主义的一个重要标准。马克思认为，社会主义和资本主义是两种不同的社会制度，有着根本的区别。区别之一就在于：一个是最大限度地浪费个人的全面发展，一是为个人的自由全面发展提供条件，使每个人

① 《马克思恩格斯全集》第3卷，人民出版社1960年版，第330页。
② 《马克思恩格斯选集》第1卷，人民出版社1972年版，第223页。
③ 《马克思恩格斯选集》第1卷，人民出版社1972年版，第273页。
④ 《马克思恩格斯全集》，第4卷，人民出版社1958年版，第371页。

都能自由全面发展。马克思说：资本主义“对人，对活劳动的浪费，都大大超过了任何别的生产方式，它不仅浪费血和肉，而且也浪费神经和大脑。在这个直接处于人类社会实行自觉改造以前的历史时期，实际上只是用最大限度地浪费个人发展的办法，来保证和实现人类本身的发展。”① 而社会主义、共产主义却相反。社会主义、共产主义“是以每个人的全面而自由的发展为基本原则的社会形式”②，是“自由人的联合体”③。因此，社会主义、共产主义下应该使“各种关系适应于‘人的全面发展’这个规律的正常实现”④。如社会主义和共产主义生产的目的，一个很重要的一点，应该是促进人的全面的发展，生产出他的全面性。同样，建设高度的物质文明和精神文明，就是要使人过着像人一样的生活，使人在物质、文化、精神各方面得到丰富的发展。而全面发展的人正是具有高度文明的人，正是和人的最丰富的发展相一致的。可见，人的全面发展在社会主义、共产主义中的地位，不能不是社会主义、共产主义的重要特征和主要内容。

（四）关于人的全面发展必须具备和已经具备的客观条件

人必须全面的发展，这是客观趋势。但是，这并不是说，实行人的全面发展，就不需要一定的前提条件了。马克思、恩格斯认为：要使人能全面的发展，又必须具备一定的前提条件。还在《德意志意识形态》、《共产主义原理》和《共产党宣言》里，他们就初步认为，实行人的才能的全面发展，必须具备三个前提条件：

首先，必须建立在一定的生产力发展的基础上。马克思、恩格斯认为：人的全面发展，取决于个人间的联系，而这种个人间的联系，必须建立在一定的经济前提之下，即建立在一定的“生产力的基础上”⑤。

① 《资本论》第3卷，人民出版社1975年版，第105页。
② 《资本论》第1卷，人民出版社1963年版，第649页。
③ 《资本论》第1卷，人民出版社1963年版，第95页。
④ 《资本论》第1卷，人民出版社1963年版，第527页。
⑤ 《马克思恩格斯全集》第3卷，人民出版社1960年版，第516页。

"这样一来，现在的情况就变成了这样，个人必须占有现在的生产力总和。"① 占有生产力的总和，显然包含有以一定的生产力为基础。他们还指出："个人的全面发展只有到外部世界对个人才能的实际发展所起的推动作用为个人本身所驾驭的时候，才不再是理想、职责等等。"② 可以看出，此时马克思、恩格斯关于这方面的论述虽然还很笼统，但已经有了人的全面发展必须建立在一定的生产力发展基础上的思想。

其次，必须推翻资本主义私有制才能达到。"只有在集体中，个人才能获得全面发展其才能的手段。""在这个集体中个人是作为个人参加的。它是个人的这样的一种联合，……这种联合把个人的自由发展和运动的条件置于他们的控制之下。"③ 这里，马克思、恩格斯一再指出的联合集体，实际上是指"自由人的联合体"，而所谓"自由人的联合体"就是，"在那里，每个人的自由发展是一切人的自由发展的条件"④。就是社会要为人的自由全面发展提供自由发展的环境和自由发展的条件。

第三，必须消灭旧式分工。马克思、恩格斯在《德意志意识形态》和《共产主义原理》中，从各个不同的方面和角度论述了分工问题，得出了在共产主义关系的基础上分工将消失，每个人都将全面发展的结论。他们指出：未来社会"现在这种分工也将完全消失"⑤。"通过消除旧的分工，……交换工种，……使社会全体成员的才能得到全面的发展。"⑥ 他们同时还指出：分工的消灭也必须有一个前提，即"只有交往和生产力已经发展到这样普遍的程度，以致私有制和分工变成了它们的桎梏的时候，分工才会消灭。"⑦ 可见，马克思、恩格斯关于消灭分工和人的才能得到全面发展的思想，是建立在生产力和生产关系矛盾运动的历史唯

---

① 《马克思恩格斯全集》第3卷，人民出版社1960年版，第76页。
② 《马克思恩格斯全集》第3卷，人民出版社1960年版，第330页。
③ 《马克思恩格斯全集》第3卷，人民出版社1960年版，第84—85页。
④ 《马克思恩格斯全集》第1卷，人民出版社1972年版，第273页。
⑤ 《马克思恩格斯全集》第4卷，人民出版社1958年版，第370页。
⑥ 《马克思恩格斯全集》第4卷，人民出版社1958年版，第371页。
⑦ 《马克思恩格斯全集》第3卷，人民出版社1960年版，第516页。

物论的观点之上的，是通过创立历史唯物论而随之得出的科学结论。

由上所见，在《德意志意识形态》和《共产党宣言》里，马克思、恩格斯关于实行人的全面发展必须具备的客观条件的论述虽然很深刻，但又还是很不全面的，主要表现在对大工业的发展造成的高度的劳动生产率、职能的科学化、生产和交换的普遍性这个主要的前提条件还未能充分认识。

在《资本论》中，马克思的认识更进了一步，不仅肯定了《德意志意识形态》等著作中提出的人的全面发展必须具备的客观前提条件，而且还通过大量的分析和论证，为我们揭示了人的全面发展已经具备的客观经济条件和可能性。

马克思根据近代大工业的发展，认为实行人的全面发展已经具备的客观经济条件主要表现在以下几个方面：

一是市场的扩大和交往的普遍性为人的自由全面发展提供了可能性。全面发展的个人必须具有物质和精神的全面需要和消费，由于生产力的发展、市场的扩大和交往的普遍性，使之在社会主义下成为可能。如马克思指出："生产力或一般财富从趋势和可能性来看的普遍发展成了基础，同样，交往的普遍性，从而世界市场成了基础。这种基础是个人全面发展的可能性……"[①]"交往大大发展，交换活动量增大，市场扩大，同时进行的劳动具有全面性……"[②]

二是大工业的发展，使自由劳动时间增多，从而为个人全面发展创造了条件。随着大工业和科学技术的飞速发展，财富的尺度已不再是劳动时间，而是可以自由支配的时间。那时，与此相适应的，由于给所有的人腾出了时间和创造了手段，个人会在艺术、科学等方面得到发展。因此，自由时间实际上是指个人得到充分发展的时间，而个人的充分发展又作为最大的生产力反作用于劳动生产力。正如马克思所指出的："在必要劳动时间之外，为整个社会和社会的每个成员创造大量可以自由支

① 《马克思恩格斯全集》第46卷（下），人民出版社1980年版，第36页。
② 《马克思恩格斯全集》第46卷（下），人民出版社1980年版，第268页。

配的时间（即为个人发展充分的生产力，因而也为社会发展充分的生产力创造广阔的余地）。”① 如果不是这样，还仍然是以劳动时间作为财富的尺度，这只能表明财富本身是建立在贫困的基础上的。

三是大工业的发展使新兴工业不断兴起，劳动变换加速，从而要求人必须全面的发展。由于大工业的技术基础本身是革命的，机器、化学过程及其他各种方法的发展，使劳动者的职能、劳动过程和社会结合，随同生产的技术基础而不断发生着革命。因此，它必然使社会内部的分工不断发生革命，使大量的资本和大群的工人不断从一个生产部门投到另一个生产部门，从而“要求劳动有变更，职能有流动，工人有全面的流动性”②。这样人的全面发展也就成为必须和可能。马克思当时就曾认为：“人的全面发展”在资本主义下“已成为一个生死攸关的问题”。③

（五）人的全面发展对社会发展，特别是对物质生产力的巨大反作用

人的全面发展虽然必须建立在消灭分工、消灭私有制以及一定的生产力发展的基础上，但反过来，人的全面发展也必然对社会的发展，特别是对物质生产力的发展起巨大的反作用。在《德意志意识形态》和《共产党宣言》里，马克思、恩格斯只能初步地认为人的全面发展有两个作用：一是人的自由全面发展是消灭私有制的条件（前提）。“私有制只有在个人得到全面发展的条件下才能消灭，因为现存的交往形式和生产力是全面的，所以只有全面发展的个人才能占有它们，即才可能使它们变成自己的自由的生活活动。”④ 二是人的全面发展是阶级消灭的前提。“这样一来，根据共产主义原理组织起来的社会，将使自己的成员能够全面地发挥他们各方面的才能，而同时各个不同的阶级也就必然消失。”⑤ 可见，当时他们关于人的全面发展的作用的认识还是很粗浅的、很不全面的，对人的自由全面发展对生产力有巨大的促进作用这重要的

① 《马克思恩格斯全集》第46卷（下），人民出版社1980年版，第268页。
② 《资本论》第1卷，人民出版社1963年版，第525页。
③ 《马克思恩格斯全集》第23卷，人民出版社1972年版，第534页。
④ 《马克思恩格斯全集》第3卷，人民出版社1960年版，第516页。
⑤ 《马克思恩格斯全集》第4卷，人民出版社1958年版，第371页。

一点，以及人的自由全面发展是经济和社会发展的目的和方向，还未充分认识到。

在《资本论》中马克思克服了这一缺点，指出了：人的全面发展对劳动（物质）生产力有巨大的促进作用，并且在一定的条件下，一定的时期内，是物质生产力能否进一步大发展的决定因素。如马克思指出："建立在资本基础上的生产发展本身要求造就全面发展的人，只有这样的人才能使资本主义生产的进一步发展成为可能，这是一种客观趋势。"[①]这就是说，资本主义生产的发展，已经使人的全面发展成为生产进一步发展的"一个条件"。社会主义时期，一方面由于能创造条件让全体劳动者都全面发展，所以能进一步解放生产力，促进生产力的更快发展；另一方面，劳动者能否全面的发展，同样决定着社会主义时期物质生产力能否更进一步的发展。

在社会主义社会、共产主义社会，"物质生产力的限制取决于物质生产对于个人的完整发展的关系……"[②]"在这个转变中，表现为生产和财富的宏大基石的，……是社会个人的发展。"[③]社会主义下大量的物质财富，只不过是人的才能的发展，"人的创造天赋的发挥"[④]。这就告诉了我们：在社会主义下，大工业也同样有它激烈变动的本身，已经把能否造就全面发展的人，能否让劳动者多方面发展，当作生死存亡的问题；在社会主义下，个人的全面发展，是生产和财富的宏大基石，是真正的财富，是生产力的最高发展。"真正的财富就是所有个人的发达的生产力。"[⑤]社会主义时期，社会生活过程和经济发展应该按照个人自由全面发展的需要实行改造，而个人的这种发展，不仅将作为一种最伟大的生产力反过来影响劳动生产力，而且是经济和社会发展的目的和目标。

---

① 《马克思恩格斯全集》第46卷（上），人民出版社1979年版，第486页。
② 《马克思恩格斯全集》第46卷（下），人民出版社1980年版，第127页。
③ 《马克思恩格斯全集》第46卷（下），人民出版社1980年版，第218页。
④ 《马克思恩格斯全集》第46卷（上），人民出版社1979年版，第486页。
⑤ 《马克思恩格斯全集》第46卷（下），人民出版社1980年版，第222页。

（六）人的全面发展和教育的密切关系

在《德意志意识形态》、《共产主义原理》中，马克思、恩格斯就认识到，人的全面发展和教育有密切的关系，教育是培养和造就全面发展的人的重要途径。如恩格斯指出："教育可使年轻人很快就能够熟悉整个生产系统，它可使他们根据社会的需要或他们的爱好，轮流从一个生产部门转到另一个生产部门。因此，教育就会使他们摆脱现在这种分工为每个人造成的片面性。"[①] 但是，他们那时对教育具体怎样培养和造就全面发展的人没有论述，说明对这一问题的思考还是不充分的。《资本论》中，这一问题得到了解决，马克思对教育具体怎样培养人的全面发展，做了具体、深刻的论述。如马克思指出：培养全面发展的人，要从少年儿童做起。[②] 这是因为，少年儿童时期是人的一生中身心（包括脑力）发展的关键时期，从少年儿童起就实行全面发展的教育，不仅可以促进学生智力的发展，有利于开发智力资源，而且可以促成理论和实际的结合，学到比较完全的知识。

马克思还指出：要造就出全面发展的人，就必须大力发展工艺学校、农业学校和职业学校。"工艺学校和农业学校是这种变革过程在大工业基础上自然发展起来的一个要素；职业学校是另一个要素，在这种学校里，工人的子女受到一些有关工艺和各种生产工具的实际操作的教育。如果说，工厂法作为从资本那里争取来的最初的微小让步，只是把初步教育同工厂劳动结合起来，那么毫无疑问，工人阶级在不可避免地夺取政权之后，将使理论和实践的工艺教育在工人学校中占据应有的位置。"[③] 这样就使农业学校、工艺学校、职业学校成为教育纵向结构的一个重要组成部分，从而使教育成为了现代社会生产的一个越来越重要的必备要素。马克思关于在未来社会的生产中，要大力发展农业学校、工艺学校、职业学校的思想，已经被现代生产和现代教育、未来教育证明是一个科学

① 《马克思恩格斯全集》第4卷，人民出版社1958年版，第37页。
② 《马克思恩格斯全集》第23卷，人民出版社1972年版，第529—530页。
③ 《马克思恩格斯全集》第23卷，人民出版社1972年版，第535页。

的真理，是了不起的预见。以我国为例，2009 年，全国成人中等专业学校 1883 所，招生 86.89 万人，比上年增加 31.06 万人；在校生 160.99 万人，比上年增加 40.34 万人。全国技工学校 3077 所，招生 156.75 万人，在校生 415.32 万人，比上年增加 16.47 万人；毕业生 115.53 万人，比上年增加 5.96 万人。北京市 2003 年中等职业学校在校生 26 万人。2001 年以来北京市在升学学生中职业高中学生占主体，2001 年 66%、2002 年 60%、2003 年 56%。中专学生升学人数逐渐增多，2001 年 31%、2002 年 37%、2003 年 42%。成人中专学生升学人数很少，与成人中专的学生数相符。

三、人的自由全面发展理论：马克思政治经济学对西方经济学的重大超越

由上所述，人的全面自由发展是马克思政治经济学说的重要组成部分，是马克思经济学说的中心问题，是马克思、恩格斯整个经济思想的出发点与归宿。笔者一直坚持认为，在人的全面发展问题上马克思政治经济学远远超越了西方经济学。现在我更加坚持这一观点。

笔者认为马克思经济学在人的发展问题上对西方经济学的重大超越，主要表现在以下几点：

1. 无论是古典学派还是以后的福利学派、预期学派等，虽然也强调人的自由发展，但是这种发展是建立在旧式分工基础上的，以维护旧式分工为前提的，而马克思的人的全面发展理论，强调人的发展必须要打破旧式分工，建立新式分工，从而深刻揭示和把握了未来。

2. 古典学派从维护自由竞争的市场经济出发，虽然也强调人应该自由地发展，但是对人的自由发展的内涵是模糊的。他们没有下科学的定义。他们更多地强调人的政治的自由，人应有天赋自由的权利，但对人的自由发展的内涵并没有下定义，特别是经济学定义。而马克思通过长期对政治经济学和经济学说史、通过对早期资本主义造成人的片面发展

的研究，高瞻远瞩地提出了人的全面发展的理论及该理论的本质、科学内涵：随着市场经济和科技飞速发展的需要，必然要求人能够适应不同的劳动需求。他们能把不同的社会职能当作互相交替的活动方式，在自由选择、交替变换的职能中使人的先天和后天的各种能力得到自由的发展。从而把人的自由全面发展既牢固地建立在政治基础上，又牢固地建立在经济基础上。一百多年前马克思所揭示的这一特征，恰恰是今天知识经济时代的特征。

3. 西方经济学把人的自由发展作为手段，而目的是为了追求利润最大化。马克思提出人的全面发展理论，与西方经济学相反，把人的自由全面发展作为目的，而不是手段。自由竞争、追求效益乃至市场经济只是手段，人的自由全面发展才是目的。

4. 新旧古典学派包括预期学派、弗伦堡学派、哈耶克学派，虽然强调人的发展，但着重更多的是强调资本创造价值，按资本要素分配价值。在他们的创造价值里，人的才能、智慧、创造力并不占有重要和主要的地位，占主要和重要地位的是资本、劳动、土地要素，特别是资本要素，因而相应地在分配上提出了三位一体的分配方式。在新旧古典学派的分配公式里，同样，人的才能、智慧、创造力并不占有主要和重要位置，占主要和重要位置的是按资本要素分配。而马克思提出并形成了人的全面发展理论，既坚持丰富了劳动价值论，又发展了劳动价值论，在马克思的价值论中人的才能、智慧、创造力、复杂劳动占重要和主要地位，因而在他的分配模式中，人的才能、智慧、创造力在分配中也相应地占有重要和主要地位。马克思既强调人的才能、智慧创造价值，又强调人的才能、智慧、创造力也参与价值分配，在价值分配中有重要特殊地位，这是新旧古典学派所没有的，也无法达到的。这就不能不使我们佩服，一百多年前的马克思由于提出和形成了人的全面发展理论，从而使他的价值论和分配论超越新旧古典学派，达到当今时代——知识经济时代的高度。我们不能不承认一百多年前的马克思所提出的人的全面发展理论思想已经被当今知识经济时代所证实，并日益在世界各国变成现实。发达国家正日益由传统的物质资本积累转到以人的智力提高为主的人力资本积累，正日益抛弃主要依靠资本创造价值，主要按资本分配，而转向知识创造价值，主要按才能、智慧、知识、创造力分配。传统工业社会中，占主导地位的生产资料所有制正转化为知识经济所有制内几权相统一为主的所有制形式。这一趋势正在日益影响不发达国家，就是佐证。

5. 凯恩斯经济学及其学派从克服财富分配不均，遏制乃至消灭资本坐收利息，消灭坐收利息阶级的伦理经济思想——价值观出发，反对古典学派自由竞争的自由市场经济理论，主张政府干预经济，提出了以政府调节（财政调节为主，货币政策为辅），扩大政府对经济的作用和权力，大幅度降低利率、增加税收、增加政府投资和政府对投资的干预，以创造需求、创造消费的一系列理论，阻碍了人的自由选择和发展，阻碍了经济自由。因而只有短短二三十年就导致了该理论的全面危机。而马克思经济学提出的人的自由全面发展的伦理经济价值标准及其科学理论内涵，既坚持人的自由选择、自由发展，又鲜明地表明了马克思经济学不是政府干预的经济学，而是自由选择的经济学，这不能不是对凯恩斯经济学的一大超越。

6. 无论是古典学派、新古典学派、凯恩斯的国家宏观经济调控理论，还是法兰克福学派，以及刘易斯的发展经济学理论、罗宾逊的经济增长理论，这几大学派的理论在理论观点上尽管有很大不同，甚至根本对立，但有一点是共同的，他们的发展观，都是单纯经济增长观，追求物质财富的高度增加。例如，古典学派的代表亚当·斯密认为通过不断增加资本积累就可以不断增加国家的物质财富，实现经济增长和社会发展，新古典学派继承了这一观点。凯恩斯学派虽然反对古典学派，但它的国家宏观调控理论仍限于经济范围，仍然是一种单纯追求经济增长的发展观。法兰克福学派提出了工业文明观，它把工业增长作为衡量经济发展的唯一尺度。其后的刘易斯的发展经济学理论和罗宾逊的经济增长理论的基点无一不是实现经济增长，其理论视角仍限于经济领域。上述这些学派代表人物的所有研究，都普遍忽视了经济增长、经济发展与自然资源价值、生态环境以及与人的发展的密切的关系，从而在使人类创造了历史上前所未有的经济发展奇迹的同时，也造成了人类长期极大的破坏和危害。唯有马克思高瞻远瞩，早在130多年前通过对人的全面发展理论的研究，在《资本论》及其他一系列著作中大篇幅、大段地，甚至在许多地方整节地论述了自然资源的作用、人和自然的相互关系、人的自由全面发展的理论。我们认为，马克思对自然资源在人类社会发展中作用的论述以及恩格斯关于人类对自然界特别是资本主义对自然界的破坏以及后果的阐述，充分证明了合理地保护自然资源对人类社会发展及可持续发展的重要性。马克思一系列关于人的自由全面发展和人和自然物质变换关系的论述，十分明显，包含着丰富的以人的发展为目的、以人为本的可持续发展经济思想，远远超越上述西方经济学各流派。也早于以自由看待发展的诺贝尔经济学奖获得者阿马蒂亚·森130多年。特别是130年前马克思通过他的潜心研究和论述，不仅早已为以人为本的可持续发展思想提供了科学的理论基础，而且早已为我们揭示了以人为本的可持续经济发展的内涵、作用、重大意义等。因此，马克思当之无愧应该是以人的发展为目的可持续发展理论学说的奠基人和最伟大的贡献者。我们必须还历史以本来面目，客观公正地看待并承认这一点，这才是科学的态度。使人类社会持续发展，使人和自然和谐发展共存，从而使人得到全面自由的发展，正是马克思毕生追求的。消灭剥削或称消灭阶级剥削并不是马克思主义思想的全部。马克思理论占主导的应该是他的合理利用保护自然资源，人和自然和谐共存、发展，人得到充分自由全面发展的可持续发展思想。而正是这一点恰恰被我们长期忽视了，而我们忽视的这一点正是马克思经济学超越西方经济学重要所在之一。

总之，一百多年前，马克思始终把对人的自由全面发展的研究，作为他创立的经济学的主要关注对象和主要核心之一，提出了人的自由全面发展的理论，并对人的自由全面发展从概念、内容，从经济学的层面上做了科学系统的界定和科学的论述。这正是马克思经济学超越西方经济学，始终有着强大魅力的主要原因所在。

第二节　三大经济社会形态（三种人类文明形态）与人的发展的一致性

本节具体论述人的自由全面发展的基础和前提之一的社会经济形态（即人类文明形态）的问题。人的发展必须建立在一定的社会经济基础之上，以一定的社会经济形态为前提。因此，有必要深入探讨社会经济形态的科学概念，社会经济形态与人类活动的关系，以及三大经济形态下人的发展的主要特征。

一、社会经济形态的科学概念

"社会经济形态"概念是马克思提出来的。在马克思之前，资产阶级经济学家只是提出了"一般社会"概念，他们从"一般社会"概念出发，把资本主义制度"天然"化；进而以此谈论一般社会的特征、目的、实质，以及人类不变的天性等等。而马克思的研究方法正好与此相反，他是径直研究一个具体的社会发展阶段，为此，提出"社会经济形态"的概念与资产阶级经济学家的"一般社会"相对立。"经济"二字，集中反映了一种社会形态的基本特征和质的规定性。因此，所谓社会经济形态，就是与一定的生产力性质和水平（其中主要是与人的发展）相适应的，并有政治的和思想的社会上层建筑竖立其上的社会经济关系、社会经济结构。它是人类活动的经济的社会形式。具体来说，它就是以人的能力的特征和经济生产技术的特征相结合所划分的社会形态。

马克思在《〈政治经济学批判〉序言中》中，对社会发展形态作了如下概括："大体说来，亚细亚的、古代的、封建的和现代资产阶级的生产方式可以看做是社会经济形态演进的几个时代。”① 再加上未来共产主义社会形态，实际上构成了马克思五种社会经济形态理论。马克思五种社会经济形态理论划分的依据，是以生产资料与劳动者结合的不同形式为特征的。

除了五形态图式外，马克思还以社会生产的不同技术形式为依据，将社会发展划分为四种经济时代。马克思指出：“各种经济时代的区别，不在于生产什么，而是在于怎样生产，用什么劳动资料生产。”② 这是所说的“怎样生产”，是指采用什么样的工艺技术进行生产，即社会生产的技术形式是怎样的。因此，从社会生产的技术形式和性质的角度，马克思把社会经济时代划分为石器时代、青铜器时代、铁器时代和机器时代。机器时代，则是自资本主义工业革命完成以后社会生产所具有的典型特征，这一时代包括资本主义社会和共产主义社会（低级阶段和高级阶段）两大社会形态。

马克思关于社会形态的划分，除了五形态图式和四种经济时代形态图式外，还有三形态图式。马克思说：“人的依赖关系（起初完全是自然发生的），是最初的社会形态，在这种形态下，人的生产能力只是在狭窄的范围内和孤立的地点上发展。以物的依赖性为基础的人的独立性，是第二大形态，在这种形态下，才形成普遍的社会物质变换，全面的关系，多方面的需求以及全面的能力的体系。建立在个人全面发展和他们共同的社会生产能力成为他们的社会财富这一基础上的自由个性，是第三个阶段，第二个阶段为第三个阶段创造条件。”③ 从马克思的整个思路来看，三形态图式包含以下要点：

第一，是从“人的个体发展的角度”，即从个人对社会环境的控制程度和自由度，以及个人和社会联系的特点来划分的。形态一是人与人直接联系，个人受社会环境摆布，个体没有独立性。形态二是人与人通

① 《马克思恩格斯全集》第2卷，人民出版社1972年版，第83页。
② 《马克思恩格斯全集》第23卷，人民出版社1972年版，第204页。
③ 《马克思恩格斯全集》第46卷（上），人民出版社1979年版，第104页。

过商品交换建立间接的社会联系，个人摆脱各种身份规定的束缚，获得形式上的独立性；但个人仍然受物支配。形态三是人与人自由组合，个人获得了完全的独立，人们能够自觉地驾驭社会生活过程，支配社会环境。

第二，是以个体之间建立社会联系的形式为标志来划分的。劳动是物质产品生产的基本要素之一。在现实生活中，劳动总是表现为一种个体的或者集体的个别劳动。各种不同的、具体的个别劳动，生产出各种不同的产品。各种个别劳动必须通过一定的方式方法结合和联系起来，才能形成社会生产过程，才能转化为社会劳动。个别劳动之间借以进行社会结合和联系的方式和方法，则是各个生产者之间生产交往的形式，即社会内部物质和劳动交换活动所采取的基本形式。由于个别劳动之间进行社会结合和联系的方式方法不同，物质生产的社会形式也就区分为不同的类型，马克思以此为出发点，将社会经济发展的自然历史过程划分为自然经济、商品经济、自由经济（即产品经济）三大社会经济形态或三大阶段。

第三，时间跨度大，并且三种社会形态的基础是三种基本经济形式。形态一包括从人类社会形成到封建社会结束这一漫长历史时期，它是以自然经济为基础；形态二虽然对应于资本主义社会，但实际上指的是整个商品经济时代，它是以商品经济为基础；形态三对应于共产主义社会，是以自由劳动和自由经济为基础。

从上面的论述，我们可以看出马克思的三形态图式、五形态图式和四种经济时代的形态图式，都有着各自的特点，特别是三形态图式是一个包含着不同内容的新的社会发展理论，为我们展现了一幅人个体发展史的图画，有必要引起我们足够的重视。

二、社会经济形态与人类活动能力

如前所述，三大形态图式是一个包含着崭新内容的新的社会发展理论。因此，我们有必要重点研究三大形态图式中的社会经济形态与人类活动能力是什么关系，具体地说也就是，探讨三大形态图式中社会经济形态发展、进化的主要动力和决定因素。

马克思主义有一个很重要的思想：人类活动的社会形式，包括经济的社会形式即经济关系在内，是人们自己生产出来的，即是人类活动能力的结果。所谓人类活动能力，就是人类区别于其他生命体的能力，区别于其他动物能力的最根本的能力。这个能力同时也就是人类改造世界的能力，并且体现着人类认识世界、创造世界的能力。在人类的一切活动能力中，物质生产活动是最核心的活动，物质生产能力又是最核心的能力，人类社会就是在以物质生产为核心的活动中，依托着物质生产能力的发展而发展的。

马克思说："随着新的生产力的获得，人们便改变自己的生产方式，而随着生产方式的改变，他们便改变所有不过是这一特定生产方式的必然关系的经济关系。"① 社会经济形态的形成和发展并不是杂乱无章的，不是没有依据的，而是通过生产方式，以人的生产能力的状况为最终依据的。可以说，每一种社会经济形态的发展，都是与人类生产能力的发展情况相同的。

首先，每一种社会经济形态的发展，都要以每一时代人的能力的发展为前提和条件。具体说就是，由于人类在认识社会和改造社会中不断学习，不断地调整自己，使自己适应社会的发展，从而使自身不断得到了发展。特定的社会条件往往是每一时代的人们存在的基础和前提。在这个基础和前提上，人们由于发挥着自己主体的能动性，从而能够不断地突破社会条件的制约，改变客观环境，发展自己，同时也推动了社会的发展。因此，人的发展和社会的发展往往是同步的。这种同步，主要不是人的发展受制约于社会，以社会的发展作为前提；而是社会的发展受制约于人的发展，必须以人得到了发展为前提。人们从事生产的目的，

---

① 《马克思恩格斯选集》第4卷，人民出版社1972年版，第322页。

往往是为了使自己得到生存和发展，然而其结果，总是一方面使自己得到了发展，另一方面间接地促进和推动了社会的发展。这是因为人是一种最伟大的生产力，人全面发展了，就会反过来促进和推动物质生产力以更快更猛的速度向前发展。人和社会之间的辩证法就表现在：社会向人提出了发展的要求，然而，人得不到发展，社会也就得不到发展；人发展了，社会也就发展。人发展有多快，发展到什么程度，社会也就发展有多快，也就发展到那种程度。人及其能力与才能，是一切社会发展的决定性因素，特别是在未来社会的发展中，人本身素质的发展对社会发展所起的决定性作用将更加明显和突出。

其次，人的劳动是有目的的创造性活动，正是它使人不仅能认识世界，而且能创造世界（其中包括改变社会经济形态，创造条件促进社会经济形态的变革、发展）。马克思说："自由的意识活动是人类的族类的特征。""有意识的生活活动直接地把人类和动物的生活活动区别着。恰恰只因其如此，他才是一个族类的存在。换言之，正因为他是一个族类的存在，所以他只是一个有意识的存在，这就是说，他自己的生活对他是对象。正因为这个理由所以他的活动是自由的活动。"[①] 马克思还指出：真正人的劳动区别于动物性劳动的地方，除了人能够制造工具外，一个重要的规定在于人的劳动是有目的的创造性活动，动物的"劳动"则是不自觉的本能行为。蜜蜂建筑蜂房的本领可能使人间的建筑师感到惭愧，但是最蹩脚的建筑师也比最灵巧的蜜蜂高明，因为他在用"蜂蜡"建筑"蜂房"之前，就已经在自己的头脑中把它建成了。人不仅在劳动中改造自然物质形态，而且还在产品中实现自我。所以，更确切地说，人的本质规定就是自由的有意识的创造性劳动。人的发展从根本上说，就是要实现人的劳动本质，即把劳动由必然的、外在的活动，变成自觉的、内在的、作为目的本身的活动。一言以蔽之，就是要实现劳动的自由或自由的创造性劳动。

---

① 马克思著，何思敬译：《1844年经济学哲学手稿》，人民出版社1957年版，第58页。

在劳动中，人既改造自然界又改造自身。为了通过劳动来改造自然界，在人类同外部自然环境的关系上获得自由，个人就必须联合起来，结成社会，以群的力量面对自然界。群，即社会共同体，既是个人在自然界面前获得自由的中介，又成为人在人面前失去自由的制约因素；社会愈发展，人类改造自然的力量愈强大，自由问题就愈加不是人对自然环境的问题，而是人对社会环境的问题了。因此，个人与社会的矛盾是现实的自由与必然的矛盾点，个体同社会的关系是整个人类社会发展的核心。例如，每一代人在开始活动时都碰到一种既定的社会关系或既定的社会形式为前提来开展自己的活动，发展自己的活动能力，发挥自己的潜能。然而，这种社会关系或社会形式，又都是人活动的结果，都是人自己创造的，有的甚至是数代人共同活动形成的合力的结果。每代人对社会关系或社会形式能做哪些改变，都是由社会关系或社会形式先前的历史发展以及社会生产力已经具有的性质和水平决定的。人们不但不能自由选择自己生活于其中的社会形式，而且不能凭空自由地创造社会关系或社会形式。马克思说："新的生产力和生产关系不是从无中发展起来的；也不是从空中，不是从自己产生自己的那种观念的母胎中发展起来的，而是在现有的生产发展过程内部，和流传下来的传统的所有制关系内部，并且与它们相对立而发展起来的。如果说，在完成的资产阶级体制中，每一种经济关系都以具有资产阶级经济形式的另一种经济关系为前提，从而每一种设定的东西同时就是前提，那么任何有机体制的情况都是这样。"① 这就告诉了我们，人们经过实践、探索、较量以后，相互关系究竟稳定在哪一点上，是由生产方式决定的，而最终则是由生产能力的性质和水平决定的。生产关系达到稳定状态的那个点的位置，必须与生产方式和生产能力相适应。人们的实践、探索、较量所起的作用，就是不断地晃动生产关系，以使它能够追随着生产方式和生产能力的变化而变化。

三大形态理论以个人同社会环境的关系，具体说也就是以个人与社

① 《马克思恩格斯全集》第46卷（上），人民出版社1979年版，第235页。

会是否和谐、个人在社会环境中是否自由的问题为中心，以个别劳动与社会总劳动的关系为着眼点，以个体在社会中的自由程度为区分社会形态的标志，这就抓住了社会发展的本质。因此，三形态图式对于我们认识社会发展过程有着更重要的意义。总之，社会经济形态的发展是由人类活动（生产）能力的发展决定的，它体现人的发展的不同阶段。人的活动能力的发展，既是社会经济形态发展、进化的动力和决定因素，又是社会经济形态发展变化的主要标志。这是我们理解社会经济形态之所以发展变化的一把钥匙。我们只有以人类的活动能力、人的发展为着眼点，才能正确理解马克思的社会经济形态理论，解开社会经济形态之所以不断发展变化、经历的三阶段之谜。

三、原始自然经济形态下人的发展的“圆满”丰富性

原始自然经济形态是人类社会发展的第一种形态，其时间跨度囊括近代商品经济形成之前的整个历史时代。由于原始自然经济形态这一历史时代时间跨度大，在某些方面前后又呈现着不同的特征，因此，我认为，可将这一历史时代细分为原始自然经济形态的早期和原始自然经济形态的后期。

（一）原始自然经济形态的早期人的发展特征

在原始自然经济时代的早期，没有社会分工，各种不同的具体劳动统一在一个主体上。因此，人的活动是表现为一种天然融合体。由于人类的生活需要是多样的，满足需要的生产劳动种类也是多样的，在农业形成的同时，人类也从事手工业、建筑业和艺术等其他多种多样的活动。正如马克思所说的：“最初，农业劳动和手工业劳动是分不开的，后者包含在前者中。农业民族、家庭公社或家庭的剩余劳动和剩余产品，既包含农业劳动，也包含工业劳动。二者是同时并行的。狩猎、捕鱼、耕种没有相应的工具是不行的。纺和织等等当初是农业中的副业。”① 不仅如

① 马克思：《资本论》第3卷，人民出版社1975年版，第713页。

此，生产生活资料的活动还同求知活动、艺术活动、战争活动、社会活动等等，以一种素朴自然的形式，融合在个体活动中。例如，据古希腊作家普鲁塔克记述：斯巴达人平时的生活，反对奢侈，崇尚简朴，追求生活本身的快乐，房屋和门窗都是自己直接用斧头和锯子做成的，不加修饰。并且，“只要不是在进行军事远征，他们的全部时间就被歌舞、宴饮、节庆、狩猎、锻炼身体和社交谈话占有了。”“人类早期……其工作与游戏都很难截然划分的。因为一个普通的野蛮人，除非其他的人联合起来伴以歌曲，是不能继续工作的。”① 另外，虽然那时生活资料的生产水平是低下的，然而，“即使在那些只需找到、发现这些东西的地方，也很快就要求个人做出努力，付出劳动（如狩猎、捕鱼、游牧），要求主体生产出（也就是发展）某些才能。”② 这之中就蕴涵有后来称之为科学发现和发明的胚芽。正如丁·斯温所指出的：“人类所制的最初的工具纯粹是实用的，但是当人们为获得生活仅有的必需品而从事的辛苦工作得到闲暇时，他便开始把工具加上了装饰。”③ 这实际上是不知不觉地进行艺术创作。而在那些对原始人的全部生活起着重大作用的歌舞活动中，每个人既为艺术家，又为欣赏者。由于这一切活动都必须协同合作才能进行，参与这些活动，即参与社会交往。

总之，在原始自然经济形态的早期，每个人既是物质产品的生产者，又是精神产品的生产者；既是文明财富的创造者，又是文明财富的受用者；既是社会义务的履行者，又是社会权利的体现者；人的发展呈现着一种“圆满的境界”。这里的原因，一方面是由于早期社会生产力的低下决定了任何一个具有活动能力的人都不能把获取生存资料的活动推诿给别人；另一方面，直接共同体的性质决定了每一个社会成员都须参加上述的多样活动。

（二）原始自然经济形态的后期人的发展特征

在原始自然经济形态的后期，随着生产力的增长，社会拥有了剩余

① L. 桑戴克：《世界文化史》，中华书局1948年版，第34页。
② 《马克思恩格斯全集》第46卷（上），人民出版1979年版，第492页。
③ 丁·斯温：《世界文化史》，开明书店1947年版，第32页。

产品，少量社会成员就从整个人群中游离出来，公共事务的管理和艺术、宗教、教育等活动成为他们的专门领地。这便开始了人类物质活动和精神活动的最初分离（同时也是阶级的产生）。

物质活动和精神活动的分工，是整个历史中最具决定意义的分工，它揭开了由某一特殊阶级垄断人的精神发展和社会发展，而将其他阶级排斥于发展之外的历史序幕。不过，马克思认为，在分离的起始阶段，它对人的原始完整性的肢解尚不十分严重。因为在整个自然经济形态中，自给自足的生活方式使劳动者的活动始终保有一种不发达的“完满”，单个人必须生产自己生活资料和生产工具的全部或大部，必须熟悉生产的全过程，通晓多种劳动技能。例如，自然经济形态后期的典型范例之一的中国自耕农家庭经济，就充分说明了这一点。中国自耕农家庭经济的基本形式是以一家一户为生产单位和消费单位，农业和家庭手工业相结合，男耕女织，以织助耕。农户在自己的耕地上种植谷物，收获后自己碾磨、储存，供日常食用，多余的粮食则用于酿酒。在住宅附近，每户人家都有些园圃种植各种蔬菜、果树，供家庭食用。同时，多数家庭都饲养猪、家禽、牛或马，牛马作为农业耕作和运输动力，猪、羊、家禽提供肉食。住宅是家庭自己修建的窑洞和房屋，所有建筑材料（包括木材、石料等）也都是自己就地采伐的。烧饭和取暖的能源是从山上砍伐的薪柴、庄稼秸秆和牲畜粪便。人们的衣着、被褥大都是自家种植的棉花或羊毛加工的。这些家庭所需的大部分生活资料，都是自己生产的。若干个自经自足的小家庭定居在一起，组成一个对外界封闭的村庄。村庄各户的联结纽带主要是宗法关系，往往是一个同姓家族繁衍的结果。这种自给自足的村庄经济，在中国历史上延续几千年，直到新中国成立前还存在。又如，自然经济后期的另一个典型范例是西欧中世纪的领土庄园经济，也完全是自给自足的经济单位，不仅经营农业，生产农民和封建主所需要的全部食物，而且同时经营各种手工业，纺织麻布和生产羊毛，制造生产工具，从森林中取得木材和燃料等等。正如恩格斯所说：“在中世纪的社会里，特别是在最初几世纪，生产基本上是为了供自己消费。它主要只是满足生产者及其家属的需要。……因此，在这里没有交换，产品也不具有商品的性质。农民家庭差不多生产了自己所需要的一切：食物、用具和衣服。”①

通过以上原始自然经济形态后期两个典型范例，我们可以看出：原始自然经济形态的后期，生产的目的表面上是创造实物形态的使用价值，满足直接劳动者家庭和生产资料所有者的消费需要，为生活而生产。实际上，这一切都是为人而生产，以维持和再生产人本身为目的，促进人的发展是当时生产的崇高的、唯一的目的。正如马克思所说：“在古代人那里，财富不表现为生产的目的，……人们研究的问题总是哪一种所有制形式会造就最好的国家公民。”“根据古代的观点，人，不管是处在怎样狭隘的、民族的、宗教的、政治的规定上，毕竟始终表现为生产的目的。”②

另外，还要指出一点，在原始自然经济形态的后期，虽然，这时专门的精神劳动领域已出现，脑力劳动和体力劳动已经出现了一些分离。专门的精神劳动领域高悬在广大劳动阶层的头上，为他们所难步入。但是，人的活动的物质因素和精神因素的分离还尚未深入到劳动活动本身。劳动时，独立的农民或手工业者所发挥（虽然是小规模的）的知识、判断力和意志，是人的多样自然潜能在一定的历史条件下可以社会地显现出来的形式。这种小规模的发挥与人的潜能的丰富程度是不相符的，但比没有发挥要好。

综上所述可见，在原始自然经济形态的两个阶段（早期和后期），人的活动本身自始至终都是呈现着一种浑然综合性，人与对象条件呈现着一种自然一体性，人的发展呈现着一种“圆满境界”，但那是有限的（局限中的）圆满。因此，马克思把这一时期人的发展状况，称作“原始的丰富”。“在发展的早期阶段，单个人显得比较全面，那正是因为他还没有造就自己丰富的关系，并且还没有使这种关系作为独立于他自身

① 《马克思恩格斯选集》第3卷，人民出版社1972年版，第429—430页。
② 《马克思恩格斯全集》第46卷（上），人民出版社1979年版，第485—486页。

之外的社会权力和社会关系同他自己相对立。”“在这里，无论个人还是社会，都不能想象会有自由而充分的发展。”①

四、交换关系形态下人的发展的片面性

交换关系形态是人类社会发展的第二种形态，主要是指资本主义社会。它的主要特征，是以商品经济为基础的物的依赖关系。这一形态是随着大工业机器体系的出现和分工、协作的迅速发展，以及生产日益社会化而实现的。

与自然经济形态下根本的不同在于，交换关系形态下的生产不是为了生产者自身需要而生产，而是为市场而生产。随着市场的扩大，生产社会化的程度也日益提高，于是出现了这样一种生产方式：每个生产者都是独立地从事生产和经营，在他们之间存在着全面的依赖关系，每个人的生产依赖于其他一切人的生产，同样，他的产品变为他自己的生活资料，也要依赖于其他一切人的消费。这一切意味着原始圆满境界的碎裂和结束，原始社会经济形态的那些基本关系的解体。这一过程是一个宏伟而又痛苦的过程，是伴随着“血”与“火”的资本原始积累来实现的。它一方面通过对小生产者的生产资料的剥夺，把农奴从封建庄园的土地上、从对农奴主的人身依附关系中解放出来，把手工业者从对行会的依赖中解放出来，成为人格独立的“自由”劳动者；另一方面又把这些生产资料集中到新兴资产阶级手中，由他作为商品生产者对工人进行剩余价值的剥削。因此，马克思曾愤怒地揭露资本原始积累的实质：“所谓原始积累只不过是生产者和生产资料分离的历史过程。……而对他们的这种剥夺的历史是用血与火的文字载入文字编年史的。”②

于是，出现了一方是挣脱了人身奴役，“自由”得除自己劳动能力以外便一无所有的劳动者，另一方是占有劳动条件却不从事劳动的资本

① 《马克思恩格斯全集》第46卷（上），人民出版社1979年版，第109、485页。

② 《马克思恩格斯选集》第2卷，人民出版社1972年版，第221页。

家。自此以后，劳动同自然之间的变换必须通过人格化的劳动条件才能进行——在人类的活动和人类活动的对象之间插入了一个社会产生的隔离力量。在这个交换关系的形态里，无论是资本家还是工人都获得了“人的独立性”，并且这种独立性相对于自然经济下的“人的依赖关系”来说是真实的，因为它意味着生产者有了独立的人格，能独立自主地与市场发生关系并且能够到处自由流动。这一切“造成了在西方现代化中起着巨大作用的发展的多样性、才能的多样性和社会关系的丰富性”①。

由于生产者有了独立性，因此资本主义社会里生产力获得了巨大的发展。但是，从另一角度看，资本主义社会生产力的巨大发展是以劳动者片面畸形的发展为代价的。在这个交换关系形态的资本主义社会里，人的发展由“圆满的丰富”倒退到了人的片面、畸形的发展。资本主义虽然形成了巨大的生产力，但是它在形成普遍的社会物质交换和全面的社会关系的同时，将整个工人阶级变成了机器的附庸，将资本家阶级变成了金钱的奴隶。总之，都异化为片面的人。这就暴露了资本主义的限制，它一方面力求全面发展生产力，另一方面又把人这个生产力的主体推向片面的发展。如果说，在资本主义的以手工工具为基础的工场手工业时期，劳动者的体力和智力还结合在一起的话，而到了机器生产时期，劳动者的体力和智力则进一步分开了。这是因为，在资本主义私有制生产关系中，掌握着生产资料的资本家采用机器生产的目的，是为了获取尽可能多的剩余价值，而不是直接用来满足人民的物质文化需要，促进人的发展。因而资本家认为能使劳动者终身固定在一种操作下、一种工作上，终身服侍一台机器，不得不依赖工厂和资本家，对于他获得更多的利润是较为有利的。所以，在资本主义机器大工业时期，劳动者被固定化的专业分工束缚，成为固定化专业分工的奴隶，成为机器的奴隶。马克思说：“资本在具有无限度地提高生产力趋势的同时，又在怎样的程度上使主要生产力，即人本身片面化，受到限制等等”。“在近代生产的

① 《列宁全集》第1卷，人民出版社1963年版，第391页。

细密分工中，每个人固定于一种操作，终身只需重复同样的动作，运用他机体功能的某一局部（手的或腿的，头的或肩的）。单个人现在成了结构严密的生产机体上的‘一个器官’。”① 到这时，人连“个体本身也被分割开来”了。这样，古代人“把人说成是人身体的一个片断这种荒谬的寓言就实现了”②。

不仅如此，在交换关系形态下的资本主义社会里，分工的发展还使劳动者大脑僵化、退化，人的本身具有的巨大的潜能，包括潜在的想象力、判断力、分析力、观察力，以及潜在的思考力等，都受到严重的压抑，而无法发挥、施展、挖掘。人变得越来越愚钝了，不仅在肉体上而且在精神上也变成了畸形物。劳动者的劳动变成了单调乏味的、令人厌恶的活动。正如马克思所指出的：“劳动产生了美，但是给劳动者生产了畸形。劳动用机器来代替自己，但这样就使一部分劳动者倒退到野蛮的劳动上去，并且使另一部分变成机器。劳动生产了精神（智慧），然而替劳动者生产了无知、痴癫。”③ “劳动对劳动者是外在的，即不属于他的本质，因此，他在他的劳动中并不肯定自己，反而否定自己，并不感到幸福，反而感到不幸，并不展开自由的肉体和精神的劲力，反而使他的肉体受到苦行，并使他的精神陷于荒废。”④

另外，在交换关系形态下的资本主义社会里，劳动者的片面发展还表现在手段和目的的分裂。如前所述，在原始的自然经济形态里，取得劳动果实及财富，固然是重要的，然而比劳动的果实更为重要的，是人在劳动中的不断发展着的力量，是人的自我创造和升华。取得财富只是手段，而人和人的发展始终是生产的目的。但是，交换关系形态下的资本主义社会，却将劳动的手段变成目的，劳动的目的则沦为手段。它在人的自我实现和自我实现的条件之间造成了彻底的分离，劳动者仅仅只

① 《马克思恩格斯全集》第46卷（上），人民出版社1979年版，第410页。
② 《马克思恩格斯全集》第23卷，人民出版社1972年版，第387、389页。
③ 马克思著，何思敬译：《1844年经济学哲学手稿》，人民出版社1957年版，第54页。
④ 马克思著，何思敬译：《1844年经济学哲学手稿》，人民出版社1957年版，第55页。

是为了换取生活资料而去劳动，维持肉体的生存和取得物质财富却成了终极目的。两者之间本末倒置、相互脱节，由此带来了劳动者劳动的热情、人格、尊严和价值的丧失。“劳动者生产得越多，他就不得不消费得越少。他越多创造价值，他就越加丧失价值、失去品格，他的生产品越齐整，则劳动者越不齐整，他的对象越文明，劳动者则越沦为野蛮，劳动越有实力则劳动者越成为无力，劳动越有精神则劳动者越加失去精神而成为自然奴隶。”“物质的世界越是变成价值，则人类的世界越是在正比关系中失掉价值。”①

五、自主经济形态下人的全面发展

自主经济形态，或称自由经济形态，是未来的或现在刚处于萌生状态的社会形态。对于它的研究，我们主要是依据马克思关于对未来社会及对未来社会经济形态的预测。

交换关系形态下的分工使人的活动变得愈加片面，因而，人只能是片面的畸形的发展。然而，它又反过来使每个人的需要变得愈加全面。也就是说，由于资本主义迫使人类互相交换一切活动和产品，从而导致了前所未有的普遍社会关系的产生。在这个时代，再也没有可以不依赖同他人交往而能生活的人。正如马克思指出：“人类才能的这种发展，虽然在开始时要靠牺牲多数的个人，甚至牺牲整个阶级，但是最终会克服这种对抗，而同每个人全面发展相一致。”② 科学形态的“生产力和社会关系——这二者是社会的个人发展的不同方面”，虽然“对于资本来说仅仅表现为手段，……但是，实际上它们是炸毁这个基础的物质条件。”③

对于人的发展来说，资本主义生产力的巨大发展而带来的社会剩余

① 马克思著，何思敬译：《1844年经济学哲学手稿》，人民出版社1957年版，第52、54页。
② 《马克思恩格斯全集》第46卷（上），人民出版社1979年版，第410页。
③ 《马克思恩格斯全集》第46卷（下），人民出版社1980年版，第219页。

劳动的剧增，透露出了一个具有决定性意义的信息，社会现在拥有的生产能力已无需让其成员在谋取生存的活动上花费很多时间。“资本的伟大历史方面就是创造这种剩余劳动，即从单纯使用价值的观点，从单纯生存的观点来看的多余劳动……为发展丰富的个性创造出物质要素……”①一旦废除了对剩余劳动的资本主义占有，巨量剩余劳动就化为未来社会成员发展的物质条件和充足的自由时间。而自由时间的产生，实质上是人类对自身动物性生存的超越，如果没有自由时间的游离，也就意味着人类永远束缚于满足生存需要、受外在目的支配的必然王国之中，也就不可能有真正的人类史。

自由时间在量和质上的变化、发展，是社会生产力在各个阶段上的尺度和标志，社会愈进步，就愈能从社会必要劳动时间中游离出更多的自由时间。自主社会经济形态下的人享有充足的自由时间，就等于享有了充分发展和发挥自己的一切爱好、兴趣和才能的广阔空间。因此，对自由时间的追求，是自主社会经济形态下（社会主义和共产主义）的全体成员的共同愿望和目标。正如马克思指出：“个性得到自由发展，因此，并不是为了获得剩余劳动而缩减必要劳动时间，而是直接把社会必要劳动缩减到最低限度，那时，与此相适应，由于给所有的人腾出了时间和创造了手段，个人会在艺术、科学等等方面得到发展。”② 可见，在自主经济形态里，自由时间量的增加和质的提高，标志着历史主体自由的扩大，从而使劳动者自己作为人的本质不断得到确证。人们的全部社会活动目的，归结为一点，就是最大限度地缩短社会必要劳动时间，延长自由时间。自由时间的延长，同时意味着人们受教育、学习科学文化时间的增加，也即为劳动者发展智力提供必备的时间条件，即如马克思所说“在精神上掌握自然的时间”。

除了自由时间的增多为人的全面发展提供了一方面的条件外，在自主经济形态的社会里，人得到全面发展的一个很重要和主要的标志是劳

① 《马克思恩格斯全集》第46卷（上），人民出版社1979年版，第287页。
② 《马克思恩格斯全集》第46卷（下），人民出版社1980年版，第218、219页。

动本身得到了升华，也就是说生产劳动本身也发生了质的变化。

马克思指出：要使物质生产劳动发生实质性的变化，使物质生产劳动摆脱它的繁重枯燥的性质，变成人的体力智力真正自由的发挥，就必须一要劳动具有社会性，二要劳动具有科学性，三要劳动具有主体性。这就是说，劳动者不是作为单纯的自然力使用，而是作为通晓科学文化知识、支配着自然力量的能动主体出现在生产过程中。它表现为："是一般的劳动，是这样的人的紧张活动，这种人不是用一定方式刻板训练出来的自然力，而是一个主体，这种主体不是以纯粹自然的、自然形成的形式出现在生产过程中，而是作为支配一切自然力的那种活动出现在生产过程中。"① 劳动者不是当作活的生产工具，依照某种固定的形式铸造出来，永远限定在狭隘分工的位置上，而是作为驾驭着一切自然力，即既懂得按照内在的尺度又懂得按照自然界一切物种的尺度来进行生产的积极主体。劳动告别了它的传统形态，变成如同作曲家作曲那样性质的"真正自由的劳动"。在这种性质的劳动中，人运用的不仅是肉体的力量，而且发挥着精神的力量，不仅表现出对自然的理性知解力，而且表现为对美的感悟力和创造力。因此，人不再是把劳动当作外在生存的必需，而是作为主体的内在冲动予以积极地实现。人在劳动中感到的将不再是辛劳乏味，而是创造的乐趣，是对他的全面性、普遍性和创造性的卓越证实。"因而个性的劳动也不再表现为劳动，而表现为活动本身的充分发展。"②

一方面是自由时间的充沛，另一方面是劳动本身的升华，这两方面的综合，促使人的全部生活活动成为完整的自主活动，人类由必然王国进入到自由王国。正如马克思说的："事实上，自由王国只是在由必需和外在目的规定要做的劳动终止的地方才开始，因而按照事物的本性来说，它存在于真正物质生产领域的彼岸。"③ 在社会主义社会、共产主义社会

① 《马克思恩格斯全集》第46卷（下），人民出版社1980年版，第113页。
② 《马克思恩格斯全集》第46卷（上），人民出版社1979年版，第287页。
③ 《马克思恩格斯全集》第42卷，人民出版社1979年版，第120页。

中，“社会化的人，联合起来的生产者，将合理地调节他们和自然之间的物质变换，把它置于他们的共同控制之下，而不是让它作为盲目的力量来统治自己，靠消耗最小的力量，在最无愧于和最适合于他们的人类本性的条件下来进行物质变换。但是，不管怎样，这个领域始终是一个必然王国。在这个必然王国的彼岸，作为目的本身的人类能力的发展，真正的自由王国就开始了。”①

第三节　马克思人的自由全面发展理论的当代意义

一、是落实科学发展的需要，并为落实科学发展观指明了方向

科学发展观提出“坚持以人为本，树立全面、协调、可持续的发展观，促进经济社会和人的全面发展”，是对马克思主义唯物史观的直接继承和发展，其中蕴含着人的全面发展的丰富内容。科学发展观的理论基础之一是正确处理人的发展和社会发展的辩证关系，克服片面追求经济增长的发展观，降低社会代价，最终促进社会的和谐发展以及人的全面发展。

中国社会30多年的改革开放，过于强调经济增长速度，把经济发展看做是硬道理，却又忽略了发展的全面性。尽管取得了世人瞩目的经济成就，但一些深层次的矛盾也开始显现出来，同时又产生了一些新的矛盾和问题。在现阶段的发展中存在着把以经济建设为中心理解为单纯追求经济增长的片面发展观，只重视扩大规模、增加数量、加快速度，不重视人与自然的协调发展。将经济增长与社会全面进步割裂开来的倾向，

① 马克思：《资本论》第3卷，人民出版社1975年版，第925—927页。

造成人与自然、经济与社会、人与人以及人与自身之间关系的失衡。

首先，人与自然的关系不协调。中国在改革开放中取得了巨大成就，保持着世界上最快的经济发展速度，正在成为世界工厂。但中国仍沿袭着粗放型的经济增长模式，创造的国内生产总值虽只有世界的4%，耗用的钢铁、煤炭、水泥却分别占世界总消费量的30%、31%和40%。在发展经济的过程中出现了不尊重自然规律、资源大量浪费、人居环境严重破坏、人与自然的矛盾日益突出的现象。中国的环境污染带来的经济损失估计占到国内生产总值的10%左右。现行自给自足的农业政策和市场经济不适应的资源环境管理体制，造成了过垦、过牧，从而带来草地退化和土地沙化，同时有4600多种植物和400种野生动物已处于濒危状态。国家环保总局于2005年6月公布的《中国城市环境保护》报告指出：目前，我国城市总体上空气质量较差，在2004年检测的500个城市中，只有38.6%的城市达到国家环境空气质量二级标准，有1/5的城市人口居住在空气污染严重的环境中。全国每年因空气污染致病死亡人数36万人，直接经济损失1500多亿元。水质快速恶化成为威胁可持续发展的另一重要环境问题。流经城市的河道90%以上受到污染，75%的湖泊富营养化，严重污染了水资源的有效性。全国地下水已普遍受到污染，特别是北方城市的地下水，不仅污染软塑多，而且超标率高。生态环境的恶化已引起我们对自身发展和前途命运的担忧。

其次，人与社会、人与人的关系不协调。物与物的关系后面，从来都是人与人的关系。经过30多年的改革开放，中国发生了翻天覆地的变化，2003年，全国人均GDP已经达到1000美元。但是，在实行一部分地区、企业、个人依靠合法经营、勤劳致富、率先富裕的政策时，淡化了对“共同富裕的关注”和社会财富的二次分配，政府职能部门没有特别注重合理配置公共资源，没有注重维护社会公平与公正，及时地提出和解决差距过大和共同富裕的问题，使中国城乡居民的收入差距、沿海地区和中西部地区的差距都在不断增大，即使在同一地区、不同行业之间的收入差距也在不断地加大，基尼系数已经达到0.45，超过了国际公认的警戒线，社会各阶层急剧分化为“强势群体”和“弱势群体”。这种城乡关系、区域关系、阶层关系严重失调已成为影响社会改革和稳定的诸多不利因素之一。

再次，经济发展与社会发展不协调、经济活动整体不协调。社会是一个复杂的有机体，社会的几个主要领域包括经济、政治、文化的发展往往不是同步进行的，这种情况在社会发展的各个社会形态中都是普遍存在的。但中国自改革开放以来，在坚持以经济建设为中心任务，大力发展经济时存在有片面性，这就是：忽略和牺牲社会发展，破坏和透支资源、环境、生态；科技、教育、文化、卫生、体育发展缓慢；社会就业、社会保障、社会公平、社会秩序、社会管理发展滞后；社会结构不合理，体制和机制不完善。这些表现为城乡二元化和“三农”问题突出，劳动就业问题十分尖锐，区域之间经济发展很不平衡，收入分配贫富差距过大，贪污腐败严重，社会诚信缺失，道德有所滑坡，等等。在经济领域本身存在着一些行业盲目扩大投资，使资金、原材料、能源等供求比例严重失调，结果造成一方面资源严重耗损、日益紧缺，另一方面又产生了所谓“产能过剩”。调整旧的产业结构取得的部分成效，又往往被盲目竞争造成的新的结构性矛盾所冲掉。这些矛盾和问题，有一部分是中国现阶段发展中难以避免的，另一些则是由于发展观的偏差所造成的。这些虽然是发展中的问题，但如果不认真地对待，不仅会影响国民经济持续、快速、健康、协调的发展，而且会影响全面建设小康社会目标的实现。如果任其恶化下去，很可能会造成社会危机和社会动荡。

最后，人与其自身的关系也不协调。在社会主义市场经济的建立和发展过程中，应该看到，市场经济条件下人们所考虑到的首先是经济因素和经济竞争，它在给人类经济活动注入强有力的激励因素，逐步摆脱了人的依赖关系的同时，却又使人陷入了物的依赖关系中，导致了人的物化，也使利己主义、拜金主义、享乐主义极度膨胀。许多人在人文精神的追求上显得苍白无力，对理想信念、生存主义、生命终极关怀等命题的追求失去兴趣和信心。而信仰生活的失落会使人生缺乏精神目标；

畸形都市化的生活会扭曲人与自然之间的协调与交融；功利意识的扩张会导致人与人之间感情的淡漠；失去对生存意义的追问，更是丧失了人文精神的精髓。一方面，是机器、技术、财富、科学、现代工业，即经济和科技的飞速发展；另一方面，则是人的体力的衰退、道德的下降、信仰的缺失、人与人之间关系的恶化以及人的个性压抑的增长，这对人的自由全面发展产生严重的负面影响。①

党的十六届三中全会明确提出了“坚持以人为本，树立全面、协调、可持续的发展观，促进经济社会和人的全面发展”；强调“按照统筹城乡发展、统筹区域发展、统筹经济社会发展、统筹人与自然和谐发展、统筹国内发展和对外开放的要求”，推进改革和发展。这样完整地提出科学发展观，是我们党对社会主义现代化建设指导思想的新发展。

经济发展是社会发展的基础，社会发展既是经济发展的保障，又是人的发展的前提，由此可见，科学发展观中本身就包含人的全面发展。科学发展观重视发展的物质因素、物质条件。但与传统发展观不同，科学发展观认为，社会发展的决定因素是人不是物，人力资源是第一资源。人是发展的根本目的，也是发展的根本手段，是实现自身利益的根本力量。人作为发展的主体，是发展目的与发展手段的统一。提高人的素质，促进人的全面发展，是经济社会发展的根本目的，也是推进经济社会全面、协调、可持续发展的根本途径和手段。马克思人的自由全面发展理论和科学发展观的根本目的是促进生产力的发展，提高人的素质和生活质量。同时，科学发展观还把努力促进人的全面发展视为全面建设小康社会的内在要求。努力促进人的全面发展已经成为人们的现实要求，科学发展观则回应了促进人的全面发展的现实要求。

把人的发展作为社会发展的目的，这是只有在正确认识人与社会的关系之后才能得出的结论。从以物为本的发展观向以人的发展为主要目的的科学发展观转换，其意义不在于用人的尺度完全取代经济尺度，而

① 徐春：《人的发展论》中国人民公安大学出版社2007年版，第288—292页。

在于把社会发展的必然性与人的发展的合理性统一起来，使社会发展的必然性受到人的发展的合理性的检验和制约。这是因为科学发展观强调人的发展是社会发展的目标，反过来也坚持社会发展尤其是经济发展是人的发展的手段。社会发展与人的发展是相辅相成的，社会发展内在的运行着人的发展，人的发展外在的表现为社会的发展。科学发展观认为，发展除了经济发展、社会发展外，还包括人的发展。所谓全面、协调、可持续发展，一个重要的方面，就是强调经济、社会、人的全面发展，以及三者之间的协调和可持续发展。

从表面看，科学发展观提出的可持续发展解决的主要是经济社会的持续发展问题，但从深层次看，它要解决的是人本身的持续发展问题。

科学发展观中包括人的可持续发展内容，意在需要妥善处理中国人口、资源、环境和发展之间的相互关系，并使它们协调一致求得互动。一方面严格控制人口数量，不断提高人口质量，合理调整人口结构，以达到人口数量与环境、资源和社会发展相协调，这是维系中华民族持续发展的需要；另一方面通过全面教育，提高人的素质，实现人口与社会其他因素之间的相互适应与协调发展。只有国民素质提高了，许多社会问题才能有效地解决，从而形成社会系统全面进步和不断更新的持续发展能力。以经济的发展为基础，以社会的公平发展为目标，以生态的发展为条件，三者同时持续发展，才能为人的持续发展提供条件和手段。[①]

因此，人的全面发展及其理论，为我们落实科学发展观指明了方向，是科学发展观的方向、目标和宗旨。促进人的全面发展是体现社会主义本质的一个重要规定，是建设中国特色社会主义社会的根本目标和基本特征之一。

二、是坚持和发展马克思主义经济学的迫切需要

人的自由全面发展问题，是马克思、恩格斯毕生研究的重点，是他

① 徐春：《人的发展论》，中国人民公安大学出版社2007年版，第301—303页。

们为之奋斗的目标，是马克思、恩格斯学说中的精髓。那么，在100多年后的今天，研究人的全面发展问题，特别是人的全面发展与生态经济学、生态文明的关系，又具有什么样的理论意义呢？我们认为，这是坚持和发展马克思主义经济学的需要，是当代我国社会现实向经济理论提出的迫切任务。

自第二次世界大战以来，西方一些哲学流派和经济学、心理学、教育学流派向马克思主义发出了很多挑战，而人的问题是首当其冲的一个问题。不少流派攻击和歪曲马克思主义是非人道的，是见物不见人的，是机械的物质决定论，是经济决定论。在我国的理论研究中，长期以来也一直存在着一种错误倾向，即拒绝承认人的问题是马克思主义的问题，否认马克思主义经济学有自己的人的自由全面发展原则，认为人的学说、人的自由发展都是资产阶级、反马克思主义和修正主义的东西。无论是过去还是当今，无论是国际还是国内，马克思学说中人的思想是被排斥在纯马克思主义经济理论体系之外的。这些年来，中外哲学把人与人的自由发展问题回归马克思哲学的视野，确定了人的发展问题作为唯物史观基本价值维度的地位。但是，人与人的自由全面发展问题却始终没有回归马克思主义经济学，它们在马克思主义经济学基本价值维度的地位仍然没有得到确认。

然而，在马克思、恩格斯创立历史唯物论和马克思主义经济学，提出并论证未来共产主义思想和创立科学社会主义理论的时期，他们对人的自由全面发展问题一直非常关心、高度重视，以科学的态度进行着不懈的研究、探索。这一切都不是偶然的。它说明了，马克思、恩格斯人的自由全面发展的理论与历史唯物观、马克思主义经济学之间有着内在的密切的关系，它实际上构成了马克思、恩格斯创立的历史唯物主义和经济学理论的一个重要组成部分。然而，在100多年的马克思主义经济理论研究中，人们恰恰忽视了这一点，这不能不说是一大憾事。当前，要发展和完善人的全面发展理论，把人的自由全面发展问题作为马克思主义经济学中主要研究内容和主要研究对象。

众所周知，在《德意志意识形态》至《共产党宣言》的这一段时期，马克思、恩格斯之所以未能形成一个关于人的自由全面发展的完整成熟的理论，究其原因，不能不和当时马克思、恩格斯还未能对政治经济学进行深入系统的研究，未能对人类的全部历史以及对资本主义经济运动规律进行深入剖析有关。而在《资本论》及其《1857—1858 年经济学手稿》中，马克思、恩格斯对人的全面自由发展问题的论述，之所以能日臻全面、完善和科学，之所以能取得完整的理论形态和理论体系，正是由于马克思深入系统地研究政治经济学，揭示了整个资本主义及其人类社会经济运动规律的结果。这说明，马克思、恩格斯人的自由全面发展的理论，与马克思主义的政治经济学有着密切的关系，是马克思主义经济学的重要内容。如马克思在《1857—1858 年经济学手稿》和《资本论》，自始至终都十分注意把人的自由全面发展作为重要问题进行研究。恩格斯在《反杜林论》中，探讨和研究"简单劳动和复杂劳动"，以及写"生产"一章时，也正是密切结合人的自由全面问题进行研究的。因此，坚持和发展马克思主义经济学，必须加强对马克思人的全面发展理论的研究，必须深入探讨人的自由全面发展与经济运行、经济行为、经济发展的关系，必须深入探讨生态经济和生态文明视角下的人的发展。探讨生态经济和生态文明视角下的人的发展就在于把人的自由全面发展问题回归马克思经济学视野，从而确定人的解放与全面发展作为马克思主义经济学基本价值维度的地位，凸显出当代中国马克思主义经济学的人学特征。找到了马克思主义经济学与当代人与人发展问题之间的有机联系，凸显它的人学特征，使人与人的发展和自然与生态发展问题回归马克思主义经济学视野，构成马克思主义经济学基本价值取向，将人与人的自由全面发展作为主要研究内容，才能使马克思主义经济学建立起一个科学的、完善的、富有生命力的理论体系，从而促进马克思主义经济学的发展。

三、是适应中国特色社会主义理论体系的迫切需要

当代中国的最新发展一个最突出的表现，就是党的十七大首次明确提出和阐释了中国特色社会主义理论体系，在这个理论体系中，继邓小平理论和“三个代表”重要思想之后的、马克思主义中国化的最新成果，向世人昭示着一个深刻含义，则是包括中国特色社会主义经济理论在内的中国特色社会主义理论体系蕴含着马克思学说与马克思主义经济学说的人的全面发展的价值追求与取向，使当代中国马克思主义经济学创造性地发展了马克思主义经济学人的发展的价值取向理论。

中国特色社会主义理论体系从创立起就蕴含着人与人的发展为核心的基本价值取向。而党的十七大全面深刻而富有新意地阐述了科学发展观等重大战略思想，强调把科学发展观贯彻落实到经济社会发展各个方面，实现以人为本、全面协调可持续的科学发展，丰富和发展了中国特色社会主义发展尤其是经济发展的目的理论。科学发展观是坚持以“以人的自由全面发展”为核心的马克思主义发展观，是以实现人民愿望、满足人民需要、维护人民利益为根本出发点和落脚点，以实现人的可持续生存与全面发展为目的的；坚持发展为了人民、发展依靠人民、发展成果由人民共享，尤其是要努力使工人、农民、知识分子和其他群众共享经济社会发展的成果。因此，党的十七大报告阐明的科学发展观，是关心民生、改善民生、发展民生、平民百姓大于天的经济学发展观。它强调牢固树立以人为主体、以人为动力、以人为尺度、以人为目的的最高价值理念，追求以人与人的发展为目的的科学发展，靠科学发展实现以人与人的发展为目的。因此，当前我们抓紧建立起人的发展经济学，使人与人的发展理念贯穿于中国特色社会主义理论与经济理论中，使当代中国马克思主义经济学的人学特色更加凸显，构成它的基本价值取向，完全是适应建立中国特色社会主义理论体系的需要。

马克思经济学人的全面发展的价值取向理论，有助于我们从马克思

学说的理论源头的新视角，全面认识当今党中央提出科学发展观和社会主义和谐社会论等重大战略思想的本质内涵和价值目标。从马克思经济学人的全面发展价值追求与取向，我们完全可以体会到科学发展观是马克思主义的人学思想和生态学思想的有机统一，具有人文关怀和生态关怀的双重价值取向。科学发展观首次把以人为本、人的自由全面的发展理念写在中国特色社会主义的旗帜上，作为我们党指导发展的根本思想与原则，这是一种全新的马克思主义人学观；这本身就意味着在社会主义旗帜上彰显人的自由全面发展的理念，是科学发展的根本标志，这是一种全新的马克思主义经济学观。正如我国著名的生态经济学家刘思华教授所指出的："科学发展观是以人为本和以生态为本的内在统一。科学发展观作为一种建立在科学价值判断基础上的发展观，把科学发展建立在唯物史观和辩证法自然观相统一的坚实理论基础之上，是以人为本的价值取向的体现。由此决定了它所阐明的科学发展的价值定位，既是实现以人的可持续生存与全面发展为导向的科学发展，又是实现以自然的健康、稳定、发展为导向的科学发展；从而确立了人和自然的可持续发展价值目标。从前者来说，以人为本就是指，人既是发展的主体又是发展的终极目标，应当把人的可持续生存与全面发展尤其是人的身心健康、生命安全、幸福生活放在发展的第一位，确保人的可持续发展；从后者来说，以生态为本是说，自然生态环境既是发展的第一基础，又是发展的终极目标，就是把人及整个社会的发展建立在自然生态环境良性循环和健康、稳定发展的基础之上，确保自然的可持续发展。这对于我们推动社会主义经济的科学发展具有重大的指导作用。改革开放 30 年间，不要说新自由主义经济学'忘却了人'和'忘却了自然'，就是某些所谓'主流经济学家'那里，也是根本没有中国经济学的人与人的发展和自然与生态发展基本价值取向，宣扬'以物为本'、'以利润为本'、'以金钱为本'的经济学。在这种错误的经济理论的误导下，我国经济快速高速增长不得不付出极高的自然生态和沉重的人与社会代价。有的学者甚至认为，中国经济超高速增长，'是名副其实的黑色 GDP'，'是名副其实的带血 GDP'。当然这是一种警示之言。但我们必须看到，当今中国确实是存在着以人的生产力和生态生产力的巨大牺牲为代价换取物质财富增长，确实是物的世界大大发展，而人的世界贬值和自然的世界衰败，使我国经济发展的'反人性化'和'反生态化'问题日益严重。这就迫切需要以当代中国马克思主义经济学双重价值取向理论为指导，促进我国经济发展的人性化和生态化，确保实现人的可持续生存与全面发展和自然的可持续生存与高度发展的双重终极目的的科学发展。"① 这是完全正确和深刻的。

综上，当前研究生态文明视角下人的发展，无论是在理论学术价值上还是在实践应用价值上都有十分重大的意义。它将克服传统经济学的不足，发展、完善理论经济学和生态经济学使中国理论经济学发生一次重大更新与革命。同时，它也是坚持和发展马克思主义经济学的需要。其应用价值，主要表现在其研究成果将有助于使中国经济沿着健康的道路发展，克服目前存在的一系列严重问题。21 世纪以来，随着中国经济体制改革的深入，市场经济的发展，在经济充分发展和物质财富快速增加的同时也带来了一系列严重的经济和社会问题，如严重的碳排放和严重的环境污染、"三农"问题、农民工问题、收入分配差距扩大、农村剩余劳动力的转移、产业结构不合理问题、通货膨胀日益加剧、人的信用和道德严重缺失、城市和乡村差距日益增大等等。这一系列问题必须由对生态文明视角下人的发展研究的重视和深入研究才能加以解决。我们必须充分认识一个国家的发展并不简单等同于经济的增长。经济的发展只是手段，人的自由全面发展才是目标。中国经济的发展道路必须以人的发展和人与自然的和谐发展为指导、为方向、为目标。

另外，我们对于从生态文明视角下人的发展的研究正是基于为了找到一条以人的发展为核心、为目标的生态文明道路，即中国经济发展道路。因此，其应用价值也是十分重大的。

---

① 刘思华、方时姣：《马克思主义经济学双重价值取向理论初探》，《湖北民族学院学报（社科版）》，2008 年第 5 期。

所以，我们迫切需要越来越多的经济学家和经济学者来从事于生态文明视角下人的发展的研究，早日建立起具有中国特色的生态文明经济学，从而为在这一领域紧跟国际学术的前沿和进入国际上学术研究的前列，为生态文明视角下人的发展和中国特色生态文明经济学作出贡献。

因此，毫无疑问，当前研究生态文明视角下人的发展是落实科学发展观，建立中国特色社会主义理论体系的迫切需要。

第三章
生态文明、人类需求的扩展和可持续发展

第一节 生态危机和人类需求的转变

一、中国的经济改革成功背后的“失败”

自新中国成立以来，在国家迫切需要实现四个现代化、人口又急剧增长的状况下，中国经济的发展是以大量消耗甚至破坏自然资源为代价的，这主要表现在两个“赤字”上面。

一方面，中国的经济增长方式使得人与人之间的不平等差距正在拉大，这就是所谓的“和谐赤字”。改革开放以来，我国某些政策变化似乎是倾向于提高物质资本的回报率，而相对忽视了人力资本积累，这反映在我国出现的投资过热的现象中，产生了所谓的中国经济的“冷”（消费）、“热”（投资）之争。中国改革开放的经济发展成就堪称奇迹，但以牺牲农村发展来维持城市发展，以牺牲农业发展来维持工业发展的二元发展局面不但没有得到根本转变而且发生了更严重的扭曲，农民人均收入只是在联产承包责任制这种诱制性制度下得到了一时的增长，然

后就进入缓慢增长甚至下降的阶段。农民（他们不拥有土地）被日益上升的物价所压榨。为了实现城市化目标，扭曲的政策让农民让出土地，随着土地被集体卖给政治上关系密切的投资者，农民作为承租人只能得到少许或得不到任何补偿，他们就沦为无家可归和失业者。这种压榨迫使几百万农民流入城市。大量失去土地的或不满现状的农民从农村蜂拥至城市就业。他们作为城市的下等公民享受着不平衡的待遇，没有公正的住房待遇，没有公正的医疗保障和社会福利，他们建立了城市的文明，却被这种文明抛弃，他们很多人以牺牲自己的健康来换取微薄的工资，他们的基本人力资本——健康无法得到及时的投资，更不用说其他的人力资本了。因此这是一种破坏性的发展，是一种畸形的发展和病态的发展，它使平民百姓吃尽了苦头，也使人们看到了这种发展不可能再长期持续下去了。

虽然中国经济总量保持高速增长，但这种经济增长是剥夺一部分人的人力资本和自然资源来换取少部分精英的发展，这是一条满足精英要求的经济增长道路，一条为精英发展服务的经济增长道路。仔细观察可以发现，中国改革开放 20 多年来的许多经济行为都是为精英服务的①。无论是国内还是国外都有人撰写文章，批评中国在改革开放以来的经济发展是靠吸取外资而支撑的，世界银行估计，仅在 1996—2000 年期间，中国基础建设的需求就达到3000 亿美元。

另一方面，中国经济增长模式使得自然与人类之间的矛盾正在激化，这就是所谓的“生态赤字”。大规模的城市化和工业化在污水处理、空气污染和废物处置等方面带来了诸多问题。中国在取得巨大经济发展成功的背后，却付出了更大的资源成本、环境成本、生态成本。中国经济的发展是以大量消耗甚至破坏自然资源为代价的，对农业自然资源实行掠夺式的经营；林业过量采伐，重采轻造；草原牧业超载过牧；渔业酷渔滥捕，重捕轻养。改革开放后生态退化局面不但没有得到根本扭转而

① 仲大军、陈晓农：《中国工业化的缺陷及经济增长的代价》，《开放导报》2003 年第 10 期。

且发生了更严重的破坏，当今中国的污水处理和空气污染已成为极端严重的问题，如果继续实施当前的经济增长模式，这些问题只会变得更加严重。一些不同的估计将污染（健康角度）、森林退化、水土流失和其他损害的货币成本设定在 GDP 的 8.5%—10% 之间[①]。如果这些估计是客观的，那么中国经济实际上就不在增长。或者说增长的 GDP 被用于补偿自然环境的破坏和人类健康的损害，那么中国的崛起就是黑色崛起，对人类就是灾难（胡鞍钢，2005）。尖锐的环境问题，不平等发展以及能源危机将减慢中国表面上不可改变的神话般的增长[②]。

二、现代人类生存与发展危机

人类是特殊的有生命存在物。自从人类在这个世界上产生后，就一直以自身特有的生存和发展方式延续着人类自身。从茹毛饮血的原始社会发展到以工业化、信息化、后现代化为特征的现代社会，人类经过漫长的奋斗历程，在改造自然和发展经济方面创造了无与伦比的成就。但是就在人们为自己取得的成就暗自得意时，人们蓦然发现自己创造的文明正在逐渐残害自己。人类发明了提高生产效率的内燃机，却导致了温室效应；人类发明了提高农产品产量的农药，却导致食品的不安全。人类越文明对自然的行为就越野蛮。科技越进步，经济越发达，自然界对人类的生存和威胁就越大。当今人类的生存与发展不仅来自于人类生命存在的“底线”即“生存”问题，而且还来自于人类生命存在的“上线”即“发展”问题，人类生存与发展已经成为一个紧迫的时代性问题。[③]

① 8.5%是由中国社科院得出的，10%这一数据来源于斯米尔（Vaclav Smil）在东西方中心的详细研究。

② ［美］罗伯特·艾尔斯，戴星翼，黄文芳译：《转折点——增长范式的终结》，上海译文出版社 2001 年版，第 96 页。

③ 孙正聿：《当代人类的生存困境与新世纪哲学的理论自觉》，《社会科学辑刊》，2003 年第 5 期。

现代人类生存与发展危机呈现出三种表现形式：首先表现在人的生存和发展处在不安全的社会环境之中，这种不安全包括战争、不平等、不公正、失业、缺乏民主权利和自由、暴力、吸毒、基本需求的匮乏、贫困、疾病、饥饿、死亡、没有受教育的保障等等，这是人类社会内部的不安全。其次表现在人类还不能适应由于科学技术革命的消极后果而造成的自然环境的变化，比如环境污染对人类及其后代造成的健康方面的不良影响。再次表现在后代人类生存的不安全，即当代人对子孙后代缺乏必要的关照，甚至为了眼前的利益，以牺牲长远的、后代人的利益为代价。这实际上是侵犯了人类后代的权益，剥夺了他们应当享有的生存资源，污染了他们将要赖以生存的环境。① 下面对以上三种表现形式进行具体的阐述和分析。

第一，当代人类生存和发展处在不安全的社会环境之中。这里主要是指当代社会发展是为精英创造的发展，是为富人创造的社会。无论是从生存和发展机会上看，还是从发展结果上看都显示出这种不平等性。财富现在正在被极少数人生产出来，其实在很大程度上，这不是创造性过程的产物，而是一种有害的再分配。具体地说，所有社会的自然财富，如肥沃的农田、地下水、矿藏和森林，都被那些所谓的社会精英所挪用(如果不是剥夺)，利益被再分配给这些最不值得获得的人。同时，被剥夺的弱势群体正在被驱逐，被迫流落到并不需要他们的城市，没有适合的工作、基本的住房和医疗保障，在那里受冻挨饿，暴露在大气污染和水污染之中。由一部分人打击另一部分人，从而强加给另一部分人的所有不幸，都会让我们从某一层面上认识到当代人类生存和发展的不安全。GDP 指数认为我们正稳步地走向更加富裕。但有证据表明，经济增长和自由贸易的利益只是被社会人口中的一小部分分享，大多数人仍然在温饱的边缘上挣扎，甚至日益陷入困境，人们最重视的价值——健康、教

① 秦麟征：《破损的世界》，东北林业大学出版社 1996 年版，第 83－84 页。

育、个人安全——正承受巨大压力[1]。可以预见，如果不转变传统的经济增长方式，那么获益的人和没有获益的人之间的差距会越来越大。这是一种不可持续的财富和贫困极端化的趋势，它威胁着整个人类和全球环境的稳定。

第二，当代人类生存和发展处在不安全的自然环境之中。由于经济高速发展带来的消极后果而造成的环境问题威胁到了人类的生存和发展。就生存危机而言，如果说过去主要是针对个人生命而言的话，现在则是整个人类面临威胁与危机；如果说这种危机过去主要来源于生命运动自然法则的话，现在在很大程度上是由人类自身的活动所致。就发展极限而言，如果说发展的可能性空间过去主要受制于人类自身的创造能力，现在则主要受制于外部自然界的可承受性和可再生性；如果说过去的发展明确地意味着进步与福祉，则现在发展在很大程度上要以巨大的破坏以至毁灭为代价。[2] 在当前经济高速增长而没有适当环境保护的发展道路上，正发生着另一类退化。看这样一个例子：居住和工作在严重污染的大气中的人们正在经历的是“黑肺病”，他们丧失了富有生产力的潜在工作时间，这还不包括支气管炎、肺气肿、肺癌和其他使人衰弱的疾病产生的影响。损失的工作日的经济成本是相当可观的。自 1950 年以来，世界经济总量增长 5 倍，从 4 万亿美元发展到 20 万亿美元。虽然只有 8% 的世界人口拥有汽车，但其排放的二氧化碳已达到威胁全球气候的程度。臭氧层破坏、全球变暖、物种迅速灭绝、遗传多样性减少、植物与水资源紧缺、有毒废物扩散以及世界生态系统衰落这些全球性生态威胁的到来，种种现象表明危机就在我们身边。[3]

2005 年 3 月 30 日，来自全球 95 个国家的 1360 名科学家经过 4 年通力合作完成的“新千年生态系统评估”报告正式公布。报告警告说，由

---

① ［美］罗伯特·艾尔斯，戴星翼、黄文芳译：《转折点——增长范式的终结》，上海译文出版社 2001 年版封二。

② 孙正聿：《当代人类的生存困境与新世纪哲学的理论自觉》，《社会科学辑刊》，2003 年第 5 期。

③ Lester Brown, et al. *The State of the World*, 1996 (New York: w. w. Norton, 1996), p. 3.

于人类活动的干预，2/3 支持地球生命系统运转的生态环境已被严重破坏，维持人类生存的一些重要自然资源也几近枯竭。我国生态恶化的形势也十分严重。根据首届“环境与发展”中国论坛提供的数据，全国水土流失面积356 万平方公里，每年新增 1.5 万平方公里；沙化土地 174 万平方公里，每年新增 3436 平方公里；森林资源总量不足，生态功能退化；90% 以上的天然草原退化，每年新增退化草地 200 万公顷；一些北方河流水资源开发利用率超过国际生态警戒线，流域生态功能严重失调；10%—15% 的高等植物物种处于濒危状态，物种流失严重。乔万纳・里科韦里精辟地指出：“人也是自然的一部分，所以，对自然的剥夺也是一部分人对另一部分人的剥夺；环境恶化也是人类关系的恶化。”① 记住这一点十分重要。因此生态发展也是环境公正的问题。

环境破坏几乎总是最沉重地打击那些生活贫困的人们，每年死于空气污染的人绝大多数是发展中国家的穷人，受荒漠化影响最严重的也是这些人，受全球变暖引起洪水、暴风和粮食歉收影响最严重的还是这些人。世界各地穷人一般住得离肮脏的工厂、繁忙的道路和成堆的垃圾最近。这具有很强的讽刺性，尽管穷人承受环境破坏的主要冲击，但他们却很少是环境破坏的主要制造者。富人污染更多，对全球变暖影响更大。富人产生垃圾更多，对自然承载力造成的压力也更大。②

居住在富裕和人口压力相对较低的 OECD 国家的人们没有在第一线体验过环境恶化。坐在窗前，眺望着得到很好护理的公园，很容易认为凶兆预言家们夸大了所有这些问题。此外，自然界难道不能够完美地从一些地方化的小损害中得以恢复吗？然而，故事还有它的另一面。就在商界精英们聚集的新豪华大酒店的视野之外，大量的人民正死于污染。今天的许多地区都在经历这一现象。③

---

① Giovanna Ricoveri. Culture of the Left and Green Culture. *Capitalism*, *Nature*, *Socialism*, vol. 4, No. 3 (1993), pp. 116—117.

② 《1998 年人类发展报告》，中国财政经济出版社 2000 年版。

③ ［美］罗伯特・艾尔斯，戴星翼，黄文芳译：《转折点——增长范式的终结》，上海译文出版社 2001 年，第 228 页。

第三，后代人类生存和发展的不安全。在梅多斯所著的新书《超越极限：正视全球性崩溃，展望可持续的未来》的序言中说道，有两样东西是无限的：我们要对之负责的后代，还有我们的创造力。第一样给我们提出了挑战，不应该仅对现在，还要对将来负责。第二样，我们的创造力将创造出面对挑战的方法和政策。我们对后代的责任特别应扩展到那些现在生活在贫困的大陆上，或者生活在各大洲的城市中最贫困地区的那些人。现在和将来我们的责任都将扩展到不只是保证粮食和物质的供应，还将扩展到保持环境的干净。但是我们现实中的人总是身处眼前利益与长远利益的两难之中，而且发展总是充满诱惑的，出于对利润增进的需求，人们总是希望眼前利益增加得越多越好，而不管这种增加是否损害了长远利益，在基于 GDP 的经济增长范式指导下，沉迷于追求利润的当代人总是想更多地占用地球资源，特别是一些不可再生资源，这样使得当代人给后代人带来了“资源赤字”，日趋贫瘠的地球是否还有足够的资源供养、哺育后代人，是当代人不得不考虑的问题。总是流行这样一句话“我们现在的发展是借用了子孙后代的地球”。

此外传统经济增长模式把环境排斥在外，这种不考虑环境而一味追求经济大规模增长的发展模式导致了生态圈在人类发展的时间过程中吸收、补充和恢复的主要能力不堪负重。① 当代人由于缺乏良好的环境意识，不能敏感地领悟到环境的重要，因此就等于剥夺了后代人享受蓝天、绿地、净水的权利。卡尔逊（Rachel Carson）在 1963 年就指出，“当今世界崇拜速度和数量，崇拜快捷地赚取利润，这种盲目崇拜滋生了滔天罪恶。”她指出，导致最严酷生态问题的罪魁祸首是为了快速获得经济回报而将自然蜕变成工厂一样的组织形式。

最后，当代人对后代人欠下了发展的“赤字”，加大了后代人发展的难度。当代人急功近利，寅吃卯粮的做法，使地球出现了“环境赤字”、“生态赤字”，这种种“赤字”终将使后代人的生存和发展面临比

---

① Gary Snyder, *A Place in Space* (Washington, D. C.: Counterpoint, 1995), pp. 131, 186—7.

当代人更为严峻的挑战。

第二节 生态文明、人类健康和经济的协调发展

在当前社会经济发展过程中，在自然生态环境不断恶化的局面下，人体健康越来越被世人所关注和重视，健康是人类生命存在和社会发展的最基本前提（健康无论怎么强调都不过分），产生在经济发展过程中以牺牲人的健康去换取的利润，环境污染所带来的对人类健康乃至生命的威胁，都让人类不得不慎重地思考经济发展到底是为了什么，为什么要牺牲人的健康来换取那些物质财富，那些物质财富存在的理由是什么？这都是在经济发展过程中需要考虑的问题。有些学者可能会认为只要经济总量增长了，环境保护好了，这些问题就自动解决了，但结果未必如此。在现实生活中，很多问题不能够仅仅依靠经济总量的增加而自动解决，比如现在叫得最响的公平问题，叫的最热的医疗保障问题，经济增长不是这些问题的自动解决器。同样，仅仅被动地保护自然生态环境也不能解决人的健康问题，原始社会自然生态环境总的说来是好的，但是当时人的健康问题仍然很严重，短寿、疾病持续困扰着人类。有些健康问题是由经济发展带来的，有些健康问题是由环境污染带来的，而更多的健康问题却是这两者综合而成的。因此，关注人的健康问题不仅是人的全面需求理论中的一个方面，也是经济可持续发展的工具性手段，更是人类社会发展的根本目的之一。在这样的基础上，我们提出了“生态环境·人的发展·经济”三维协调发展论，在原有的实现“生态和经济双赢”的基础上，把人的发展内生化，从而实现“生态环境、人的发展、经济的多赢”。

一、“生态环境·人的发展·经济”三维协调发展是四种再生产的协调发展

“生态环境·人的发展·经济”三维协调发展的实质是经济社会再生产的总需求和生态再生产的总供给的互相均衡协调发展的理论。

四种再生产分别是指：①物质再生产，指满足人们物质生活需要的生活资料以及为此必需的生产资料的生产；②精神再生产，指满足物化在物质生产技术和人的大脑中所需要的“知识形态”产品的生产；③人口再生产或人的再生产，指满足经济发展所需的劳动力数量和质量的再生产，包括现有劳动力的生产和后备劳动力的生产；④自然再生产或生态再生产，指满足经济发展和人类生活所需的自然资源环境的再生产。

现代经济社会发展实践表明，当代世界系统中人与自然、人与经济、经济社会与生态自然之间的相互依存关系越来越复杂，相互作用关系越来越深化。从而使四种再生产之间相互适应关系愈来愈密切，相互协调关系愈来愈强化。因此，四种再生产的协调成为“生态环境·人的发展·经济”三维协调发展的实质。从经济发展的视角来看，“生态环境·人的发展·经济”三维协调发展的内涵就是把生态再生产和人的再生产（这里主要指人体健康）纳入到物质再生产模型中去。让生态环境、人体健康内生化，让它们由外生变量转变为内生变量[①]。当今的经济活动对自然界产生了越来越大的影响，对人体健康也产生了越来越大的影响，人化的自然[②]和自然的人化[③]越来越明显，人化的自然界对人体健康的影

① 在经济模型中，内生变量指该模型所要决定的变量，而外生变量指由模型以外的因素所决定的已知变量，它是模型据以建立的外部条件。

② 关于人“人化”的定义，马克思在《1844年经济学哲学手稿》中是这样指出的：人化的自然和自然的人化，就是有意识、有目的的人的活动给自然界留下的印记——人的视野、足迹、实践和影响所及，自然界按照人的目的不同程度地、不同性质地发生了变化。此时，变化了的自然界对人来说是“人化”了的自然，对自然来说，这部分又是自然的人化。

③ 自然的“人化”则是指自然在实践中不断地变为属于人的存在、为人的存在和在对人有用的形式上占有的自然物。

响也越来越显著。因此现在的环境、健康都不是由经济运行之外的过程所决定的，而是更多地受经济运行过程的影响。原来经济再生产模型没有把生态因素纳入进去，那是因为当时自然界受经济再生产的干扰很小，甚至可以忽略不计，所以生态环境作为经济再生产的外生变量，而当今生态环境再生产越来越受到经济再生产的影响和制约，经济高速发展总是而且正在以改变人类的生存环境作为代价。这些改变严重地扰乱了生态环境的自然发展进程，不同物质的自然发生比率不再不受影响，人造物质被引入了那些不会自然地产生它们的环境中去。如果经济再生产对环境作出的反应漠不关心，经济运行将付出更加沉重的代价，因此在经济运行过程中考虑生态环境这一重要因素就成为必然。同样，当今的经济再生产对人的再生产——人体健康的影响越来越大：一方面，前面论述的经济再生产带来了环境污染，环境污染通过损害人体生态健康间接地对经济增长施以“报复”，像空气污染、水污染、臭氧层空洞对人体生态健康都造成严重的伤害；另一方面，人力资本理论中的一个非常重要的因素——健康对经济持续发展的作用也越来越被学术界所重视，T. W. 舒尔茨曾经说过这样的话：“人类的未来是敞开的，它不取决于土地、农田和拥有多少资源，而取决于人本身……人口质量和知识投资在很大程度上决定了人类未来的前景。”因此无论从哪方面讲，生态环境、人体健康都应该纳入到经济发展模型当中去，从而实现“生态环境·人的发展·经济”的三维协调可持续发展。

（一）物质再生产和生态环境再生产协同运动与协调发展

传统再生产理论隐含着这样一个基本假定，即生态环境可以无限地供给自然资源和消纳废物。因此人类在“人化”自然的过程中只是按照人的尺度来改造自然，而没有或者说忽视了遵循自然界的尺度，这种对人类实践活动的失控导致了环境污染，破坏了生态环境再生产运动过程，使物质再生产（经济再生产）和生态环境再生产不相协调，导致了环境污染和生态破坏等严重后果。因此物质再生产与生态再生产极不协调就成为全球性的极其尖锐的重大问题，阻碍着经济可持续发展的实现。物质再生产与生态再生产从极不协调发展走向协调发展是历史的必然，这是因为物质资料再生产的前提首先是生态的再生产，只有良好的生态环境，经济社会才能源源不断地创造出物质产品。因此，生态环境再生产是物质再生产的前提；同时物质再生产则为生态环境再生产提供条件，对生态环境的补偿和修复需要物质资料，可见只有两种再生产协同运动才能实现持续的经济发展。

两种再生产相互交织的思想早在马克思、恩格斯的著作《关于费尔巴哈的提纲》和《德意志意识形态》中就闪烁着光芒，著作中明确指出"环境是由人来改变的"①。其后马克思在《〈政治经济学批判〉导言》里对环境的生产和再生产作了论述："物质资料的生产实际上有它的条件和前提，这些条件和前提构成生产的要素。这些要素最初可能表现为自然发生的东西。通过生产过程本身，它们就从自然发生的东西变成历史的东西，并且对于一个时期表现为生产的自然前提，对于前一个时期就是生产的历史结果。"②"经济的再生产过程，不管它的特殊的社会性质如何，在这个部门（农业）内，总是同一个自然的再生产过程交织在一起。"③ 这些论述表明，环境是人类世世代代通过劳动创造出来的，是人类生产的历史结果。因而，生态环境再生产理应纳入社会生产的范畴。同样，前苏联政治经济学也指出：过去"谁都不谈社会生产的'生态因素'曾是微不足道的。如今'生态因素'不依我们的愿望转移成为整个社会发展的强大要素，不仅如此，已经到了生态因素变成'生态决定因素'，不能简单地不负责任地对待它的时候了"④。因此我们必须把经济和生态之间的敌对状态变为它们的合作与统一，"必须考虑到生态环境改变对社会经济的决定作用"⑤。

由此看出，经济再生产和生态环境再生产相互交织协同运动和协调

① 《马克思恩格斯选集》第1卷，人民出版社1995年版，第55页。
② 《马克思恩格斯选集》第2卷，人民出版社1995年版，第15页。
③ 《马克思恩格斯全集》第24卷，人民出版社1979年版，第620页。
④ 苏联高等院校教科书《政治经济学》中译本，中国人民大学出版社1989年版，第102页。
⑤ H. 霍尔茨：《德国哲学杂志》1988年第8期。

发展的状况已经存在于整个经济生产与再生产过程之中了，生态环境生产与再生产，已经成为整个社会生产与再生产最重要的组成部分。因此“生态环境·人的发展·经济”三维协调发展是物质再生产和生态环境再生产的协调发展。

（二）物质再生产和人的再生产协同运动与协调发展

在这里，人的再生产主要是指人力资本的再生产，包括健康[①]、教育等方面的再生产。“生态环境·人的发展·经济”三维协调发展要求物质再生产和人体健康再生产协调发展。这是因为：一方面，物质再生产是人维持生命生产的基础。没有物质资料生产，就不会有人的生产，没有吃、穿、住、行等必需的物质生活资料，人就无法生存，更谈不上健康的再生产。正如马克思讲：“第一个历史活动就是生产满足这些需要的资料，即生产物质生活本身。”另一方面，人体健康再生产是物质再生产（经济再生产）的前提，人力资本理论把健康这一生产要素显化出来，成为经济持续发展的源泉。没有人口的生产，更准确讲，没有良好的身体，就不会有劳动者的存在和延续，这是健康再生产对劳动力数量供给方面的贡献，同样如果没有健康再生产（即对健康进行投资）就不会有劳动效率的提高和劳动时间的延长。就不会推动经济产出的增长，这是健康再生产对劳动力质量供给方面的贡献。舒尔茨指出，由健康投资所带来的预期寿命的延长，会使更重要的人力资本教育投资有利可图，从而大幅度提高劳动者的素质和技能，取得更大的经济效益。劳动者是生产力中最活跃的因素，在生产力中处于主导地位，没有劳动者健康的体魄，物质资料的生产就不可能进行。正如马克思所说：“人本身是他自己的物质生产的基础，也是他进行的其他各种生产的基础。”因此，“生态环境·人的发展·经济”三维协调发展是物质再生产和人的再生产的协同运动与协调发展。

---

① 根据已有文献，前人对教育再生产研究颇多，而对健康再生产的研究颇少，故此本书重点研究健康再生产。

(三) 生态环境再生产和人的再生产协同运动与协调发展。

前面讲过，生态环境再生产是指自然的“人化”，即人类通过劳动改变自然界，使自然界为自己服务，把自然界改造成对人类经济活动有利的一面。这就是说，人类不断再生产出符合人类需要的环境。但是如果生态系统再生产偏离了人类发展的状态，那么长时间后，自然生态环境将变得越来越不利于人类的生存，即人类生存就会受到威胁。恩格斯讲过，人类过分陶醉于自己一时的胜利，就会遭到自然的报复，使人与自然互伤互损，这种人对自然的作用和自然对人的作用的相互异化关系，即人的反自然化和自然的反人化。这样双向否定关系的集中体现就是人在物质再生产过程中以消耗自然资源、破坏生态环境来换取经济增长，而环境污染、生态破坏反过来对人体健康造成严重的“伤害”，比如水污染、大气污染、垃圾污染等等。一方面，人来自于自然界，人具有社会属性，但人首先是自然界的产物，人的生存离不开自然界，离不开生态环境的再生产。以前人类对物质的狂热追求已经降温，取而代之的是对生态的需求。人首先要生活在一个良好的环境当中才可以有其他的追求，因此生态环境再生产是人体健康再生产的一个基本条件。另一方面，人体健康再生产也促进了生态环境的再生产。人类凭借智慧和劳动对自然要素重新组合——在对人有用形式上占有自然物，以创造出能够适合于人类生存的环境条件，因此人的再生产是生态环境再生产的驱动力，即人类进行生态环境再生产，是从人的自身需要出发，是为了维持和再生产自己的生命、健康。于是人与环境、人的生产和环境生产是相互依存、休戚与共的关系，人类为了维护和再生产自己的生命，必须“调节他们和自然之间的物质变换”，并“通过运用和开发自动发生作用的自然力来提高人的劳动力”，还要使自然界最适于人类本性、最适于“人类能力的发展[①]”。

① 《马克思恩格斯全集》第25卷，人民出版社1974年版，第926—927页。

（四）生态环境、人的发展、经济再生产的协同运动与协调发展——终极的经济发展模式

在经济人理念所决定的增长范式指导下，几乎人类的一切经济活动和生产行为都是围绕着一个共同的，甚至可以说是唯一的目标进行，就是单一物质资本“一维”自利追求，即一味追求物质财富的无限增长。在这种片面理论的指导下，工业经济社会的生产与再生产全过程，始终是以大量消耗自然资源和牺牲人体健康来尽可能地生产更多的物质产品，而对其他再生产却弃之不理。换言之，工业经济时代的社会再生产模式，基本上是物质产品的生产、流通、分配、消费运动模式，因而是一种片面的社会再生产模式。

但是随着经济社会的高速发展，这种增长范式指导的社会再生产模式越来越凸显出经济社会发展的不和谐、畸形，最终阻碍了经济的持续发展。集中表现在四种再生产过程的不协调发展，即人的再生产与生态环境再生产的不协调，物质再生产和生态环境再生产的不协调，物质再生产和人的再生产的不协调，物质再生产和精神再生产的不协调，我们一般概括为人与自然的不和谐、人与人的不和谐。为了解决经济发展过程中的这些不和谐因素，追求经济的可持续发展，就需要转变经济增长范式，达到四种再生产的协同运行和协调发展，即经济社会生产不仅要关注经济系统中物质再生产的发展和需要，而且要关注经济系统以外的其他系统再生产的发展和需要，那就是生态环境再生产、人体健康再生产和精神再生产作为一个有机整体的全部生产和再生产的理论。即由单一的物质资本“一维”自利追求变为物质资本、生态资本、人力资本（健康）“三维”自利追求，关键是让生态资本和健康人力资本成为“经济人”的直接自利追求。这就是终极的经济可持续发展模式。

“人和自然组成的世界系统，在基本层次上可以概括为三种生产[①]——物质生产、人的生产和环境生产——的联系。”“这三种生产的关系

① 在这里把精神生产纳入了人的生产里，即人的生产不仅包括人的种的繁衍，而且包括人的素质的提高，即人力资本的生产。

呈环状结构，任何一种生产不畅即会危害世界系统的持续和发展。”因此，人和自然组成的这个系统的畅通程度取决于三种生产之间的和谐程度。因此，不管经济运行如何高度发展，人类经济增长依然始终离不开对自然界的依赖，离不开与生态环境的相互作用，离不开对生物圈的依赖和改造。人类只有将自己与整体自然界协调起来才能永续存在和发展。这就要求人类再生产不能像动物那样只是按照自身肉体的需要来进行生产，即只按照自身所属的那个物种需要的一个尺度来进行生产，而是要按照社会和人的全面发展的需要进行生产，摆脱那种只是为了肉体的物质需要而进行的生产，即人类生产不仅要按照人的尺度生产，而且也按照物（自然界）的尺度进行生产，这才是真正意义上的生产。

人类应该结束四种再生产相对应的局面，让四种再生产过程相互交织与相互融合而浑然一体，达到自然、人、社会协同运动与协调发展。因此，“生态环境·人的发展·经济”三维协调发展理论指导下的综合再生产不仅是人类开发、利用和索取自然，保证满足人类生存发展需要的再生产，而且是人类保护、建设、补偿自然，保证满足生态自然演化发展需要的再生产。前者是人对自然的关系，包含了人与人的关系，后者是自然对人的要求，同样也包含了人与人的关系，这是人与自然、人与人的“三维”双向互动与协调发展的生态经济社会统一运动过程。“生态环境·人的发展·经济”三维协调发展理论就是“人的再生产、物质再生产、精神再生产和生态再生产相互适应与协调发展的生态经济理论。这是我国社会再生产理论发展史上一次质的飞跃。”①

二、“生态环境·人的发展·经济”三维协调发展是维持三种生态安全的发展

在大多数人眼里，安全一般是和军事相关联的，似乎与经济、环境

① 刘思华：《生态马克思主义经济学原理》，人民出版社2006年版，第254页。

没有太大的关系，但是由于社会的不断进步，安全这一概念逐渐由军事领域扩展到了经济社会发展领域当中，使得安全的概念发生了全新的变化。产生了新的区别于传统安全的安全范式——非传统安全。非传统安全是相对于传统安全而言的，传统安全是指保护民族国家或统治实体的生存，保护其既不受外来的攻击和奴役，也不受内部的颠覆和被推翻。国家是安全的主体，它寻求和维护安全的主要手段是威慑对手和对抗敌人的侵略，以实现国家利益的最大化。[①] 非传统安全对安全重新加以界定，把重点放在保护人的生命、健康、幸福和关注整个地球的命运上，而不是像传统安全范式那样强调国家的生存。它的范围包括政治、经济、社会、文化、环境等诸多领域中的问题。本书中所研究的三种生态安全属于非传统安全范式，分别是自然生态的安全、人体生态的安全和社会生态的安全。安全是相对于不安全而出现的。因为有不安全才提出了安全这个概念，因此要想了解自然生态的安全、人体生态的安全和社会生态的安全，就需要先了解三种生态不安全的内涵。

（一）人体生态的不安全

本书所指的人体生态不安全包括两方面的内容：

一方面是指人的有机身体遭到环境污染、生态破坏的威胁，导致了人自身的自然危机，表现为人的有机身体生态系统出现紊乱。比如空气污染、水污染对人体健康的损害，更严重地表现为新型流行病毒在经济社会中的传播，即原来只在“自然的世界”传播的病毒转移到了“社会的世界”的人体身上。比如像2003年全球爆发的SARS病毒、根深蒂固的艾滋病、当前的疯牛病、禽流感的肆虐传播，都是威胁人体生态安全的因素。这反映了人和自然的不和谐关系，“自然世界”对“社会世界”的报复是生态危机的负面效应积累起来的必然产物，是人与自然的生态关系发展到21世纪严重的冲突，是现代人类的生存危机，是人与自然发展关系的危机。它有两个新特点：一是它自然生态的危机和人类生态的

① 陆忠伟：《非传统安全论》，时事出版社2003年版，第50页。

危机的综合反映；二是它人类外部环境的自然（即外在自然的危机）和自身内部的自然（即内在自然的危机）的集中体现。

另一方面是指人的有机身体遭到经济发展带来的直接威胁，这同样也导致了人自身的自然危机，表现为人在消费“现代经济产品”时的不安全。比如在消费食品时对人体健康的威胁，像用石蜡打造过的水果和大米、用硫黄泡过的胡萝卜、用墨汁泡过后晒干的黑米、用化学制剂充当的食品添加剂、猪肉精和牛肉精、人造鸡蛋、假药、地沟油、黑心米粉、衣服中的甲醛超标、家具中的甲醛超标等等都是“现代经济产品”对人体健康威胁的代名词。人与人之间的这种欺骗与被欺骗、讹诈与被讹诈反映了“社会世界”即人和人关系的不和谐。

深究造成以上人体生态不安全的根源就是经济增长的“一维性”以破坏自然环境、牺牲人体健康乃至生命来换取经济增长的高速、快速。这种经济增长范式具有毁灭性和自杀性，正在摧毁着人类赖以生存的自然生态系统，把人类逼进了生态危机的深渊。“生态危机在本质上不仅是人类生存危机，而且是人类生存方式的危机。因此，这场大规模的生态灾难不仅吞噬着自然生态（即人类的外部自然），而且毁坏着人体生态（即人自身的自然），使现存的人类生存方式具有毁灭性。”①

（二）自然生态的不安全

根据现有文献，对自然生态的不安全有很多理解，有些学者理解为自然生态系统本身的不安全。（杨京平，2002）有些学者认为自然生态的不安全有两层含义：它是一种资源环境状态的不安全，即自然生态自身处于恶性循环之中；它是一种关系的不和谐，即资源环境与经济发展之间的关系不能保持协调。（曲福田等，2005）还有人理解为自然生态的不安全是人的不安全，而不是“环境的不安全”。（张勇，2005）本书所指的自然生态不安全是人类不合理的经济活动方式导致自然资源迅速耗竭，破坏了自然生态的生产和再生产能力，破坏了自然生态系统的自我调节

① ［美］弗·卡普拉著，冯禹、向世陵等译：《转折点：科学、社会兴起中的新文化》，中国人民大学出版社1989年版。

能力和净化能力，有时也被称为狭义的环境不安全①。像生物多样性的减少、气候变化、森林面积减少等人类不合理的经济增长方式和生产方式导致的问题都对自然生态功能的完整性构成了极大的威胁。自然生态的不安全反映了人和自然关系的不和谐。而广义的自然生态不安全可以从马克思主义人与自然相互关系学说的角度来理解，马克思关于人的概念肯定了“人直接地是自然存在物”，而且是“有生命的自然存在物”，并强调是“现实的、有形体的、站在稳固的地球上呼吸着一切自然力的人”，“具有自然力、生命力，是能动的自然存在物”。② 在恩格斯的著述中同样也可以找到论证与发挥。他指出：“人来源于动物界这一事实已经决定了人永远不能完全摆脱兽性……”③ 可见，马克思主义人与自然相互关系学说也赋予人的生态自然本性，因此人体生态的不安全属于自然生态的不安全。反过来，自然界是人自身的自然与人身外的自然的统一体；人是人的有机的身体（人自身）和人的无机的身体（自然界）的统一体。可见自然生态的不安全指人的无机身体的不安全，又属于人体生态的不安全。

因此无论从哪个角度看，自然生态的不安全和人体生态的不安全是相互依存不可分割的统一体。而“一维”的经济增长范式和首末不相连的生产组织方式最根本的错误就在于只是从人类自身一个物种的物质利益与物质需求出发，无视人类自身的其他利益（像生态利益）与需求（像生态需求），更无视其他生物物种的利益与需要，不顾地球生物圈整体的生存利益及其所有生物的共同需要，来实现自身生存与发展的利益与需要，其结果给世界系统带来了深重的生态灾难，给自身带来了深重的生存危机。

（三）社会生态的不安全

社会生态这一概念是借用生态学中的生态一词而得出的，人类社会

① 陆忠伟主编的《非传统安全论》里把环境安全分为三类，本书所说的自然生态安全属于第二类环境安全。

② 《马克思恩格斯全集》第42卷，人民出版社1979年版，第167页。

③ 《马克思恩格斯全集》第20卷，人民出版社1971年版，第110页。

就像一个生态系统，它也需要种群之间、种群内部的平等以及和谐来维持自身的可持续发展。在这样的生态系统中，种群内部成员之间没有孰轻孰重的区别，只有处于不同社会生态位的区别，成员之间存在着相互依赖的共生关系，他们必须彼此和谐相处才能维持社会生态的平衡，达到社会生态系统内部的良性循环，实现整个社会的良性发展，这样的社会生态才是安全的，可持续发展的。因此，本书所指的社会生态不安全就是在社会生态系统内部出现了人这个种群内部成员之间关系的不和谐，表现在代内的不和谐和代际的不和谐。代内的不和谐表现在穷人和富人之间关系的不和谐，具体就是在“一维”的经济增长范式指导下出现的收入分配不公平、社会保障不公平、环境污染不公平、发展机会不公平等这些不和谐因子的活跃，这都是代内的不公平，也是社会生态不安全的鲜明特征；代际的不和谐表现在当代人和子孙后代之间关系的不和谐，具体就是当代人的经济增长范式和生产组织方式、消费方式过度地消耗了子孙后代应得的资源，破坏了子孙后代应有的生态环境。

从阿玛蒂亚·森的人类发展理论视角出发，社会生态的不安全也包含了人体生态的不安全，人体健康遭到威胁一方面来自于自然生态系统的威胁，另一方面来自于经济发展范式的威胁。前者就是社会生态不安全中的环境污染的不公平，富人破坏了人类的自然生态环境，自然生态环境为了维持自身的生存就要对人类施以“报复”，但是这种报复没有加在那些“制造污染”的社会精英头上，而是让穷人来承担这种“罪过”，即所谓的“环境污染转嫁问题”。富人或社会精英可以躲避环境污染，而那些穷人却没有更多的资源来躲避这种报复，只好替富人承担起来。后者就是社会经济发展政策缺乏伦理道德的指导，人与人之间缺乏信任，维系他们的只有金钱，尔虞我诈、欺上瞒下，才会出现黑心米粉、地沟油、人工鸡蛋等等的食品不安全现象，这些都是社会生态不安全和人体生态不安全的综合表现，因此社会生态不安全和人体生态不安全是相互联系而不可分割的。

综上所述，这三种生态不安全是相互依存相互联系的，自然生态的不安全会导致人体生态的不安全和社会生态的不安全，而社会生态的不安全又是造成自然生态不安全和人体生态不安全的直接原因，人体生态不安全又反映了自然生态不安全和社会生态不安全的结果。三种生态不安全的经济根源就是“一维”的经济增长范式，为此，要重新审视人与自然、经济社会与生态环境的发展关系，重新审视人的生存方式，尤其是经济增长方式，彻底改变以经济牺牲生态环境为代价，片面追求现代化和经济全球化的迅速发展，对现代经济运行与发展进行一场全方位的生态革命，“生态环境·人的发展·经济”三维协调发展模式就应运而生了，因此“生态环境·人的发展·经济”三维协调发展是维持三种生态安全的发展模式，它保证了自然、人、社会协调、全面自由的发展。这也是生态经济社会全面协调可持续科学发展观的应有之意。

第三节　“生态环境·人的发展·经济”三维协调发展模型

一、基本假设

假设在一个生态经济系统中存在两个部门，一个是最终产品部门，一个是健康人力资本产出部门。产品部门只生产一种产品，为使问题简化，假定人口增长为常数并标准化为1，每个人既是消费者又是生产者，人均产量就是总产量。由于本书主要研究的是健康人力资本对产出的影响，因此暂不考虑人力资本其他部分（如教育）对产出的影响。

二、生产函数

健康状况是决定人力资本拥有量的关键因素。（Mankiw、Romers 和

Weil, 1992）广义的人力资本包括[①]：①有形人力资本，即把儿童抚养到工作年龄的消费支出；②教育投资；③健康投资；④研究和发展投资。①为有形资本，②、③、④为无形资本。②、③构成狭义的人力资本。那么，劳动或简单劳动就限定于以成年人体力为基础的基本生产能力。在此以上的通过教育、保健、研发形成的人类生产能力就成为狭义的人力资本。（张帆，2000）因此本书假设最终产品的生产取决于物质资本存量 K、健康人力资本存量 H、环境质量存量 E，而且健康人力资本和环境质量之间不存在统计上的相关性，即它们之间在生产上是相互独立的。这就保证了生产函数中自变量之间的互不相关的假设条件，同时生产最终产品的技术为不受时间影响的柯布－道格拉斯技术。

根据效率工资理论，健康状况好的劳动力具有高的工作效率，而工作效率高则意味着产出多，所得的单位工资就高，这样，健康状况的好坏就会直接影响到劳动的效率或产出。因此，效率工资理论通过建立健康和“时间效率”之间的联系，把健康和产出联系在了一起。

假定生产者将以一定的比例时间 μ 来从事生产，如果生产者劳动和闲暇的时间为一个单位的话，劳动力就将以 $1-\mu$ 的比例时间来从事健康人力资本投资（如休息、锻炼等）。运用这一假定，健康人力资本的变化率可以写作：

$$\dot{H} = (1-\mu)H - \partial H \qquad (3-1)$$

这里 $(1-\mu)H$ 是健康的积累，∂ 是健康折旧率。折旧率是外生的，但随着年龄的变化而变化。在这里，μH 是投入到生产中的健康资本量。从长期来看，一个人投入到生产中的劳动时间是跨期不变的，即我们可以把一个人一生劳动的时间均等地投入到每一期的生产中，因此可以假定，长期而言，一个人投入到生产中的健康资本量是不变的，即 μH 是个常数。

如前所述，把健康资本和生产函数联系在一起的是效率工资理论，逻辑如下：生产者从事生产的时间 μ 可以被区分为“时钟时间”和“效

① 张帆：《中国物质资本和人力资本估算》，《经济研究》2000 年第 8 期。

率时间”。一个效率高的劳动力在给定的“时钟时间”内，会生产出较多的“效率时间”。单位“时钟时间”内生产的“效率时间”依赖于劳动力的健康状态，如果用μ_e表示“效率时间”，它可以被表示为“同质性”和“异质性”两个部分。（张车伟，2002）H是一组影响到“效率时间”μ_e的人力资本变量，如健康、教育等方面的指标。在本书就是健康资本变量。$h(\cdot)$为效率时间方程，$h'>0$，$h''<0$，它代表了生产时间的“异质性”部分，μ是实际中观察到的时钟劳动时间，它代表了效率时间的“同质性”部分。

$$\mu_e = h(H) \cdot \mu \tag{3-2}$$

健康人力资本变量在生产函数中的作用可以被认为是通过使劳动时间发挥更大的效率而实现的（张车伟，2002），即健康人力资本和劳动时间对产出的共同贡献可以被表示为：

$$\mu \cdot e^{h(\cdot)} \tag{3-3}$$

因此，生产函数的具体形式为：

$$Y(t) = A_t K_t^{\alpha} \mu^{\beta} e^{H} E^{1-\alpha-\beta} \tag{3-4}$$

三、环境质量与污染排放

随着产品数量不断增加，污染物也不断增加。为了简化研究，假定产品生产过程只生产一种产品，而且只产生一种污染物。本书只考虑生产过程中产生的污染物，对消费产生的污染物暂时不予考虑。根据 Stokey（1998）、Aghion 和 Howitt（1992）的文献研究，污染流是产出水平和污染强度的函数①，因此生产过程产生的污染物数量可用污染物排放函数表示。污染物的排放函数为：

$$P(Y,z) = Yz^{\gamma}$$

其中Y是总产出；$z\in(0,\ 1)$是污染强度，就是每单位产出的污染物

① 在本部分模型中污染排放表现为流量，环境质量是存量，污染函数为环境质量的变化率。

排放量；γ 是污染程度指数($\gamma>1$)，它保证了 $P_{zz}=Y\gamma(\gamma-1)z^{\gamma-2}>0$，即污染的边际成本递增。

环境质量 E（尽管从原则上看环境有很多纬度，但我们用 E 表示总的环境质量指标）受到三种影响：一是污染物排放量的影响，前面讲过，污染函数为环境质量的变化率。二是环境可能的最大再生速度，又叫环境的自净率。我们把环境 E 视为一种资本品，随着环境污染会耗尽，但其也有再生能力，用 θ 表示。三是人类的环境保护，人类经济系统可以通过对环境保护的投入来改善环境。令 I_E 是环保投入，同时假定环保投入和治理比例 τ 与当期产出 Y 有关，为了得到系统的收敛解，进一步假定 I_E 是 τ 的凸函数，则有：①

$$I_E=(b_0+b_1\tau^b)Y$$

式中，b_0，b_1，b 为常数，b_0，$b_1\in[0,1]$，$0<\tau<1$，$0<b_0+b_1<1$。环保投入对环境改善的贡献为 $R(I_E)$，$R'(I_E)>0$，而且环境保护对环境质量的改善没有上限，则 $\lim\limits_{I_E\to\infty}R(I_E)=+\infty$。

由于本书在此没有考虑技术的进步，因此可以假定环保投入的技术水平也不变，即环保投入对环境改善的边际贡献率 $R'(I_E)$ 为常数，进一步地，环保投入对每单位环境质量的贡献率 $\frac{R(I_E)}{E}$ 也为常数。

Aghion 和 Howitt（1998）在《内生增长理论》一书中详细介绍了环境质量的假定条件，假设环境质量存在一个上限值，只有当所有生产活动都被无限期停止时，才能达到环境质量的上限值。为了研究方便，我们将环境质量 E 定义为实际的环境质量与上限值之差，从而 E 恒为负值。同时，还假设环境质量存在一个下限值，在该值之下，意味着环境遭遇不可逆的毁灭性灾难，故我们可以得到一个临界生态阈值 $E^{\min}$，根据如上分析，我们假设 E 遵循如下约束条件：

$$E^{\min}\leqslant E\leqslant 0$$

① David L. On environmental Kuznets curves arising from stock externalities. *Journal of Economic Dynamics & Control*, 2003, 27 (5): 1367 - 1390.

因此综合以上分析可以得出环境质量变化的运动方程为：

$$\dot{E} = -Yz^{\gamma} - \theta E + R(I_E) \qquad (3-5)$$

四、物质资本积累

在这个系统中，最终产品的生产函数采取变化的 $C-D$ 函数，总物质资本存量是 K，同时，消费和环保投入将消耗掉一部分产出，假定没有资本折旧，因此物质资本积累方程为：

$$\dot{K} = F(K,H,E) - C - I_E \qquad (3-6)$$

其中，C 是社会消费，I_E 是环保投入消耗的资本。

五、社会福利

在传统经济理论中，社会福利是物质消费的函数，社会福利最大化就是消费或产出的最大化。从传统经济学意义上讲，让消费或产出指标最大化本无可厚非，但是仅仅对物质产品消费最大化并不能带来人们的最大福利，不能代表社会的进步，因此需要更好代表社会全面进步、人全面发展的指标来衡量。世界银行用人类发展指数来衡量社会福利，人类发展指数（HDI）是 GDP、人均寿命和识字率的线性组合，但是达斯古普塔等（Dasgupta. et. al）认为 HDI 没有将未来考虑在内，缺乏可持续性，因此提出用“财富”作为衡量跨代或跨时期福利的指标。财富包括制造业资本（如建筑、机器和道路）、知识和人力资本（如技能和健康）、自然资产（如生态系统、矿产和森林）以及制度（如政府、公民社会、法律规则、合同规则）的价值。可见经济学发展到现在，已经突破了传统经济学单单追求经济增长的窠臼。本书用“E—H—E”[①] 三维

---

① “E—H—E”是由环境、健康、经济三个词的第一个英文字母组成的，以后用“E—H—E”代表生态环境、健康、经济。

协调发展综合效用指标衡量社会福利。它是指包括物质产品消费指标、人体健康状态指标①、环境质量指标三方面综合的指标。这就是“生态环境·人的发展·经济”三维协调发展的数量化阐述。这三个指标组成的社会福利函数最大化才能保证实现最优经济可持续发展路径达到稳态。

假定存在一个社会决策者，决策者倾向于在整个时期内生态经济社会福利最大化，即决策者既考虑当代人的福利，也考虑后代人的福利。由于时间偏好，后代人福利将按贴现率 $\rho > 0$ 贴现。因此在规划期［0, ∞）内，“E—H—E”三维协调发展模型的基本形式如下：

$$\varphi = \int_0^{\infty} e^{-\rho t} U(C,H,E)\,dt$$

φ 是规划期内经贴现的总福利；U 是福利函数，它受到消费、健康和环境质量的影响。福利函数的形式可以用瞬时（instantaneous）效用函数表示，如下：

$$U(C,H,E) = \frac{C^{1-\sigma}-1}{1-\sigma} + \frac{H^{1-\omega}-1}{1-\omega} - \frac{[(-E)^{1+\eta}-1]}{1+\eta} \quad \sigma > 0, \omega > 0, \eta > 0 \tag{3-7}$$

其中，σ 是边际效用弹性参数，ω 是健康意识参数，η 是公众的环境意识参数。

“E—H—E”三维协调发展理论指导的经济发展就是追求在最优状态下的经济可持续增长、人体健康和良好的环境质量，用数学表示就是跨期福利最大化。这样就建立了一个时间连续条件下同时考虑消费、人体健康和环境质量的动态模型。

目标函数：$\max\phi = \max\int_0^{\infty} e^{-\rho t}[U(C,H,E)]dt$，$\rho$ 为跨期效用贴现

① 在经济学中，产品是能够增加人们效用水平的东西。健康显然是能够增加人们的效用水平，能够给人们带来幸福。因此从这个意义上讲，健康可以理解为是一种产品，这种产品的数量表现在人生某个时点上的健康状况，在人生任何一个时点上的健康状况的改善对以后人生的健康都产生影响。如果通过采取某种医疗措施使得人的健康得以改善或健康存量增加则对以后相当一段时期甚至终身都带来收益。因此我们可以把健康理解为一种耐用消费品（durable good），就像住房、汽车、教育一样。

率。

$$s.t.\ \dot{K} = F(K,H,E) - C - I_E$$

$$\dot{E} = -Yz^{\gamma} - \theta E + R(I_E)$$

$$\dot{H} = (1-\mu)H - \partial H$$

$$E \geqslant E^{\min}$$

其中，C、I_E 和 μ 是控制变量，K、H 和 E 是状态变量。

六、模型求解

现代经济增长理论研究发现，多数国家的长期增长过程具有稳态的特征，即长期增长过程中所有人均变量的增长率都是常数。这一发现使得在假设增长具有稳态时，数学处理变得很方便，因此本书也假设长期增长是稳态的。该动态优化问题可以利用庞特里亚金极大值方法处理，为此作如下的 Hamilton 函数：

$$\begin{aligned} H^{①} = {} & U(C,H,E) + \lambda_K(A_t K_t^{\alpha} \mu^{\beta} e^{H} E^{1-\alpha-\beta} - C - I_E) \\ & + \lambda_H[(1-\mu)H - \partial H] + \lambda_E[-AK^{\alpha}\mu^{\beta}e^{H}E^{1-\alpha-\beta}z^{\gamma} \\ & - \theta E + R(I_E)] \end{aligned}$$

假设 $\lim\limits_{t\to\infty}\lambda_K K e^{-\rho t} = 0$，$\lim\limits_{t\to\infty}\lambda_E E e^{-\rho t} = 0$，$\lim\limits_{t\to\infty}\lambda_H H e^{-\rho t} = 0$，这些条件确保经济的路径不发散。

这里 λ_K，λ_H，λ_E 分别为物质资本、健康人力资本和环境质量的影子价格。经整理，得三个控制变量的一阶条件为：

$$C^{-\sigma} = \lambda_K \tag{3-8}$$

$$\lambda_K = \lambda_E R'(I_E) \tag{3-9}$$

$$\beta\mu^{\beta-1}AK^{\alpha}e^{H}E^{1-\alpha-\beta}(\lambda_K - \lambda_E \cdot z^{\gamma}) = \lambda_H H \tag{3-10}$$

---

① 这个 H 是 Hamilton 的表达参数。与本书的健康人力资本 H 不一样，除了这里 H 表示数学上的参数外，其他地方的 H 都表示健康人力资本。

三个状态变量的欧拉方程为：

$$-\dot{\lambda}_K+\lambda_K\rho=\alpha\lambda_K AK^{\alpha-1}\mu^{\beta}e^{H}E^{1-\alpha-\beta}-\alpha\lambda_E AK^{\alpha-1}\mu^{\beta}e^{H}E^{1-\alpha-\beta}z^{\gamma} \quad (3-11)$$

$$-\dot{\lambda}_H+\lambda_H\rho=H^{-\omega}+\lambda_K AK^{\alpha}\mu^{\beta}e^{H}E^{1-\alpha-\beta}-\lambda_E AK^{\alpha}\mu^{\beta}e^{H}E^{1-\alpha-\beta}z^{\gamma}$$
$$+\lambda_H(1-\mu-\partial) \quad (3-12)$$

$$-\dot{\lambda}_E+\lambda_E\rho=-(-E)^{\eta}+(1-\alpha-\beta)\lambda_K AK^{\alpha}\mu^{\beta}e^{H}E^{-(\alpha+\beta)}$$
$$-(1-\alpha-\beta)\lambda_E AK^{\alpha}\mu^{\beta}e^{H}E^{1-\alpha-\beta}z^{\gamma}-\lambda_E\theta \quad (3-13)$$

在稳态增长条件下，各变量的增长率为常数，且 z 为常数，把变量 x 的增长率记作 g_x，即 $g_{\lambda_k}=\frac{\dot{\lambda}_k}{\lambda_k}$，$g_k=\frac{\dot{K}}{K}$，$g_{\lambda_H}=\frac{\dot{\lambda}_H}{\lambda_H}$，$g_H=\frac{\dot{H}}{H}$，$g_{\lambda_E}=\frac{\dot{\lambda}_E}{\lambda_E}$，$g_E=\frac{\dot{E}}{E}$。

由（3-11）式有：

$$\frac{\dot{\lambda}_K}{\lambda_K}=\rho-\alpha AK^{\alpha-1}\mu^{\beta}e^{H}E^{1-\alpha-\beta}\left(1-z^{\gamma}\cdot\frac{\lambda_E}{\lambda_K}\right)$$

由前面假定可知，环保投入的技术水平不变，即 $R'(I_E)$、$\frac{R(I_E)}{E}$ 都为常数，因此由（3-9）式可知，$\frac{\lambda_E}{\lambda_K}=\frac{1}{R'(I_E)}$，对式子求时间的导数可得：

$$g_{\lambda_E}=g_{\lambda_K} \quad (3-14)$$

又因为 $\frac{\dot{\lambda}_K}{\lambda_K}=\rho-\alpha AK^{\alpha-1}\mu^{\beta}e^{H}E^{1-\alpha-\beta}\left(1-z^{\gamma}\cdot\frac{\lambda_E}{\lambda_K}\right)$ 是个常数，所以 $\alpha AK^{\alpha-1}\mu^{\beta}e^{H}E^{1-\alpha-\beta}\left(1-z^{\gamma}\cdot\frac{\lambda_E}{\lambda_K}\right)$ 是常数，对它求时间的导数，可得：

$$(\alpha-1)g_K+g_H+(1-\alpha-\beta)g_E=0 \quad (3-15)$$

由（3-10）式可得：

$$\beta\mu^{\beta-1}AK^{\alpha}e^{H}E^{1-\alpha-\beta}=\frac{\lambda_H H}{(\lambda_K-\lambda_E\cdot z^{\gamma})}\Rightarrow g_{\lambda_H}+g_H=g_{\lambda_K}+g_K \quad (3-16)$$

同理推出以下式子：

$$g_H=1-\mu-\partial \quad (3-17)$$

$$\alpha\cdot z^{\gamma}g_K+z^{\gamma}g_H+[(1-\alpha-\beta)z^{\gamma}+1]g_E=0 \quad (3-18)$$

由（3-15）、（3-17）、（3-18）式推出：

$$g_K=\frac{1-\mu-\partial}{(1-\alpha-\beta)z^{\gamma}+1-\alpha} \quad (3-19)$$

把（3-10）式代入（3-12）可得：

$$g_{\lambda_H}=\rho-\frac{H^{-\omega}}{\lambda_H}-\frac{\mu H}{\beta}-(1-\mu-\partial) \quad (3-20)$$

μH 是投入到生产中的健康资本量，如前假定，一个人投入到生产中的健康资本量 μH 是常数。$\frac{H^{-\omega}}{\lambda_H}$是消费者在购买健康上花费的最后一元钱所带来的边际效用。

由以上假定，可从（3-20）式可以推出：

$$-\omega g_H=g_{\lambda_H} \quad (3-21)$$

结合（3-10）和（3-13）式可以推出：

$$g_{\lambda_E}=\rho+\frac{(-E)^{\eta}}{\lambda_E}-\frac{(1-\alpha-\beta)\cdot\lambda_H}{E\cdot\beta\cdot\lambda_E}\mu H-\theta \quad (3-22)$$

假定$\frac{(-E)^{\eta}}{\lambda_E}$不变，这个假定成立的理由是：$\frac{(-E)^{\eta}}{\lambda_E}$表示公众在对环境意识程度上，最后一单位货币所带来的边际效用不变，这就是效用最大化的均衡条件之一。因此这个假定是成立的。那么，从（3-22）式推出：

$$g_{\lambda_H}=g_E+g_{\lambda_E} \quad (3-23)$$

又因为假定$\frac{(-E)^{\eta}}{\lambda_E}$=常数，对其两边求时间的导数，可得：

$$\eta\cdot g_E=g_{\lambda_E} \quad (3-24)$$

结合（3-21）、（3-23）、（3-24）式，得出：

$$g_E = \frac{-\omega\ (1-\mu-\partial\ )}{\eta} \qquad (3-25)$$

根据（3－8）、（3－16）、（3－17）、（3－21）、（3－19）式，得出：

$$g_C = \frac{1}{\sigma}\left[-(1-\mu-\partial)(1-\omega) + \frac{1-\mu-\partial}{(1-\alpha-\beta)z^{\gamma} + (1-\alpha)}\right]$$

其中，$(1-\alpha-\beta)\ z^{\gamma}$ 可以被理解为环境资本的污染物边际产出，即经济活动利用环境资本的损耗。

为了保证社会最优路径上的可持续增长，我们得到消费、物质资本、环境质量、健康资本的稳态增长率：

$$g_C = \frac{1}{\sigma}\left[-(1-\mu-\partial)(1-\omega) + \frac{1-\mu-\partial}{(1-\alpha-\beta)z^{\gamma} + (1-\alpha)}\right]$$

$$g_K = \frac{1-\mu-\partial}{(1-\alpha-\beta)z^{\gamma} + 1-\alpha}$$

$$g_H = 1-\mu-\partial \quad g_E = \frac{-\omega(1-\mu-\partial)}{\eta}$$

七、结果分析

（一）经济可持续发展的必要条件

经济可持续发展要求产出 Y 在长期无限增长，根据环境质量运动方程 $\dot{E} = -Yz^{\gamma} - \theta E + R\ (I_E)$，为了保证 $E \geqslant E_{\min}$，污染密度 z 在长期应该趋近于零，那么对于消费的增长率 g_C 而言，在稳态条件下，消费增长可能为正，只要 $(1-\omega) < \frac{1}{1-\alpha}$ 即可。进一步地，如果 $\omega > 1$（ω 是健康意识参数），那么无论资本弹性取什么值，都能保证消费增长率为正，说明公众越关注健康，则就能保证物质资本积累和消费可以实现长期增长。因此经济可持续发展的必要条件是：

$(1-\omega) < \frac{1}{(1-\alpha-\beta)z^{\gamma} + (1-\alpha)}$，$\frac{1}{\sigma}$表示跨期替代弹性。

(二) 生态环境、健康和经济增长三者的良性互动分析

命题1：环境质量改善和对健康投资是保证物质消费持续增长的必要条件。

$$g_C = \frac{1}{\sigma}\left[-(1-\mu-\partial)(1-\omega) + \frac{1-\mu-\partial}{(1-\alpha-\beta)z^{\gamma} + (1-\alpha)} \right]$$

对上式稍加变形得：

$$g_C = \frac{1}{\sigma}(1-\mu-\partial)\left[\frac{1}{(1-\alpha-\beta)z^{\gamma} + (1-\alpha)} - (1-\omega) \right]$$

实现物质消费增长的必要条件之一是在$(1-\mu-\partial)$和$(1-\omega)$不变的情况下，减小$(1-\alpha-\beta)z^{\gamma}$和$(1-\alpha)$的值。因为$(1-\alpha-\beta)z^{\gamma}$和$(1-\alpha)$的值越小，则物质消费增长率越高，反之，则越低。其中，$(1-\alpha-\beta)z^{\gamma}$可以被理解为环境资本污染物排放的边际产出，即经济活动利用环境资本的损耗。

首先分析$(1-\alpha-\beta)$，如果环境资本的边际产出$(1-\alpha-\beta)$比较小，那么经济增长环境有两种情况。一种情况是经济发展水平较低的农业社会。由于生产技术水平较低，人类社会产出的增加主要依靠自然界，因此主要的生产要素是环境资本（包括环境质量和自然资源）。在这种情况下，经济社会进步缓慢，人类对自然界的干扰较小，环境资本作为一种不稀缺资源的边际贡献率比较低，因此物质消费增长率的提高主要依靠环境资本，如果风调雨顺，则社会产出就增长，如果遇上自然灾害，则社会产出就减少。另一种情况是经济发展水平较高的知识型社会。由于实行清洁型、环保型的生产技术，注重环境质量的改善，这时环境质量不是稀缺性资源。同时对环境资源的利用率非常高，则排出的污染物非常少，根据边际收益递减规律，环境质量的边际贡献率在降低，即$(1-\alpha-\beta)z^{\gamma}$的值在减小，这样就保证了物质消费的可持续增长。而当前以破坏环境换取经济总量增加的增长方式会造成环境质量成为稀缺的生产要素，提高了环境质量的边际产出，即增加了$(1-\alpha-\beta)$的值，这种增长方式放慢了物质消费的增长率。因此，要想使物质消费增长率保持稳态增长，一方面要改善环境质量，降低环境资本的稀缺性，另一方面

则要采取环保型的技术水平，提高资源利用率，这两种方式同时使用则是保证物质消费稳态高速增长的必要条件。

其次对于$(1-\alpha)$而言，它是健康人力资本和环境质量的边际产出，如果要提高物质消费增长率，在其他条件不变的情况下，就要降低$(1-\alpha)$，即降低健康人力资本和环境质量的产出弹性。而根据边际收益递减规律，健康人力资本和环境质量的越不稀缺，则它们的产出弹性越小，这说明社会中的健康资本存量高，并且保持了优良的环境质量，而出现这一结果则需要加大健康资本和环境资本的投资。

因此无论从哪方面讲，优良的环境质量和较高的健康人力资本存量是实现物质消费增长的必要条件。

命题2：环境质量是保证物质资本增长、健康存量增加的基本前提条件。

从环境质量增长率 g_E 的表达式可以看出，g_E 可正、可负，也可为零。

1. 如果 $g_E>0$，则$(1-\mu-\partial)<0$意味着以下三点：第一，由于 E 恒为负值，在这种条件下，$\dot{E}<0$，说明这时环境质量在变坏；第二，恶化的环境会使健康存量减少，这反映在 $\dot{H}<0$，即 $(1-\mu-\partial)<0$；第三，恶化的环境会使物质资本存量减少，我们看到 $g_K=\dfrac{1-\mu-\partial}{(1-\alpha-\beta)z^{\gamma}+1-\alpha}$，由于$(1-\alpha-\beta)>0$，因此分母恒为正数，那么物质资本的增长率的符号就由分子决定，即由$(1-\mu-\partial)$决定，因此如果 $g_E>0$，则$(1-\mu-\partial)<0$，那么 $g_K<0$，这时物质资本减少将使经济不可持续。

2. 如果 $g_E<0$，则$(1-\mu-\partial)>0$，同样意味着三点：第一，环境质量在改善，即 $\dot{E}>0$；第二，改善的环境会给人提供优美的环境享受，因此健康存量会增加，这时 $\dot{H}>0$，即$(1-\mu-\partial)>0$；第三，改善的环境质量会使物质资本增加，因为如果 $g_E<0$，则$(1-\mu-\partial)>0$，物质资本增长率的分母恒为正数，那么在分子为正数的情况下，物质资本增长率就为正，即在平衡增长路径上，物质资本会增加，这就保证了经济增长的需要。

3. 如果污染密度 z 在长期趋近于零，那么对于物质资本增长率 g_K 而言，在稳态条件下，g_K 会增大。$g_K=\frac{1-\mu-\partial}{(1-\alpha-\beta)z^{\gamma}+1-\alpha}$，当 $z\to0$ 时，$g_K=\frac{1-\mu-\partial}{1-\alpha}>\frac{1-\mu-\partial}{(1-\alpha-\beta)z^{\gamma}+1-\alpha}$，因此如果实行清洁生产，则物质资本积累速度将加快。

以上分析表明了环境质量对健康存量、物质资本存量的影响变化过程。如果改善环境，那么这不仅对经济可持续发展产生正的影响，同时也对健康产生正的影响，而增加的健康存量又促进了经济的进一步发展，这就是环境改善、经济增长、健康改进的良性互动过程，也是本部分所要阐述的重要内容。

第四章
生态文明的现实提出和价值的合理性

自从几百万年前“人猿揖别”的那一刻起，人类就逐渐离开了那片令他们爱恨交加的“丛林生态”，开始了自己的文明之旅，并先后经历了原始文明、农业文明和工业文明。然而，现代科技和经济发展使得生态难以维系，进而也使得经济、社会难以持续发展，甚至危及人类的生存，人类陷入生态危机当中，人类文明与生态、自然逐渐对立起来——人类建立的现代文明却走向了危险的彼岸。这种危机的实质，就是现代“生物圈文化”背离了生态系统，无限地开发，过度地干预生态系统的物质能量循环过程，从而使得有限的生态系统不再能承载非自然的干预力量引发危机。当代的学者们认识到，鉴于生态危机愈演愈烈，必须对工业文明社会特别是工业文明世界观、方法论和工业文明生产力进行全面反思，建设一种新的社会文明形态，这种超越工业文明时代的新的文明形态，一定是以生态价值观为理念的，现代生态文明就在这样的背景下产生了。

第一节　工业文明的生态危机和生态文明的现实提出

一、工业文明的生态危机

工业革命以来，人对大自然不恰当地干预和改造引发了人与自然之间的冲突，工业文明的出现也带来了生态危机。人类在享有工业文明带来的便利的同时，也不得不在品尝着自己酿造的苦酒：固体废物污染、水污染、大气污染、噪声污染、化学污染、放射性污染、森林草原退化、矿产资源枯竭、物种灭绝、臭氧层漏洞、全球变暖等等。

工业文明下生产方式、生活方式和社会结构都发生了突飞猛进的改变。技术的进步、制度的变化、思想的传播、观念的普及，一步步将人类带入到过去时代难以想象的“文明”时代，人类的生产力水平也达到了前所未有的高度。正如马克思和恩格斯在《共产党宣言》中所说：“资产阶级在它不到一百年的阶级统治中所创造的生产力，比过去一切时代创造的全部生产力还要多，还要大。自然力的征服，机器的采用，化学在工业和农业中的应用，轮船的行驶，铁路的通行，电报的使用，整个大陆的开垦，河川的通航，仿佛用法术从地下呼唤出来的大量人口，过去哪一个世纪能够蕴藏有这样的生产力呢？”①

如果说在人类文明早期乃至于农业时代，人类必须要依赖自然，那么，到了工业文明时代，人类与自然的关系便发展成为改造自然、征服自然。“生产力”的概念是人类对自然的态度和观念改变的一个缩影，它反映了人类进入到工业时代的思维方式：越是能够征服自然，人的发展程度就越

① 《马克思恩格斯选集》第1卷，北京人民出版社1995年版，第73页。

高；越是能够改造自然，人类的发展程度就越高。当人类过分强调征服自然和改造自然的物质力量的时候，人与自然就成为一种对立的关系。

二、从工业文明到生态文明

狭隘的人类中心主义思想是导致工业文明生态危机的认识根源。这种思想将人与自然之间的关系视为主体与客体之间的关系——人是主体，自然是客体，即不管自然展示和发出什么力量（严寒、猛兽、洪水、大火）来反对人，人也精通对付它们的手段，而且是从自然界取得这些手段，运用这些手段对付自然本身的。① 这种错误的主、客二分法源于近代形成的机械的方法论。② 近代自然科学需要对自然现象进行分门别类的研究，这种分析实证主义的研究方法，无疑对近代科学的发展和学科的分工是非常有益的，然而这种方法的思维方式也极易导致事物之间内在联系的割裂，往往只看到树木的一面。人类能够利用先进的科学技术大规模地干预自然、改造自然，使万物为人所用，从而彰显人的主体性。由此一些人误以为人类可以征服或控制自然，误以为人是自然界的掌控者，自然是服务于人类的，然而，事实上人类文明起源于自然，自然塑造了人类的文化，一切艺术和科学的成就都要受到自然的影响，人只是自然界的一个物种、生物圈的一个成员、一个普通的动物群体。其实，环境概念中也包括了人类。那种将人视为在自然界之上的人与自然二分法是错误的，它加剧了人类对自然的掠夺和践踏。自然本身就具有价值，人类是自然界的一个普通成员，每一种生命形式都是独特的，应当得到尊重。马克思说："人直接地是自然存在物"，"因此我们每一步都要记住：我们统治自然界，决不像征服者统治异族人那样，决不是像站在自然界以外的人似的，——相反的，我们连同我们的肉、血和头脑都是属于自然界和存在于自然之中的。"因此，我们必须有选择的放弃工业文明以来

① ［德］黑格尔著，梁志学等译：《自然哲学》，商务印书馆1980年版，第7页。

② 曹明德：《从工业文明到生态文明的跨越》，《人民论坛》2010年第2期。

的价值观念，确立生态文明的价值理念，改变发展路径，由“三高”（高增长、高污染、高能耗）向以低碳、循环为特征的经济增长方式转变。例如，以绿色GDP作为衡量经济社会发展的重要指标、将环境资源保护纳入绩效评价、加强公民和领导干部的环境法治教育、在全社会树立生态文明的理念等等。

生态文明意义重大。第一，生态文明是人类文明的一次质的跨越。它在突破农业文明、工业文明局限的基础上，以一种新的理论原点，去思考人类社会发展的模式。生态发展的首要目标是通过使经济活动基于人类的基本需要和生态协调发展的方式来保持自然生态发展的可持续性。这是与自由市场经济或国家控制经济所追求的无条件增长与扩大相对立的。第二，生态文明的提出加强了人与自然是一个有机整体这一观念。伴随对机械论自然观的批判，一种新的有机论世界观逐步形成。它把包括人类在内的整个自然界理解为一个整体，认为自然各部分之间的联系是有机的、内在的、动态发展的，人对自然的认识过程只能是一个逐步接近真理的过程。人们不再寻求对自然的控制，而是力图与自然和谐相处。科学技术不再是征服自然的工具，而是维护人与自然和谐的助手。把人与自然的协调发展视为人的一种内在的精神需要和文明的一种新的存在方式。第三，生态文明促使人们转变伦理价值观及生活方式。随着人们对自然的看法的转变，人们开始重新审视人与人、国与国、民族与民族之间的平等、友爱；人们的生活方式将主动以实用节约为原则，以适度消费为特征，追求基本生活需要的满足，崇尚精神和文化的享受。

生态文明的重要理论来源是生态社会主义。[①] 20世纪60年代以来，生态危机开始在全球蔓延。无论是发达的资本主义国家，还是贫穷的发展中国家，都不得不面对这个十分棘手的问题，也不得不努力寻求解决环境问题的各种途径。在这个浪潮中，生态社会主义的理论诉求独树一帜。它认为，全球性的生态危机是资本主义制度所造成的，要彻底解决这一问题，

① 王宏斌：《生态文明：理论来源、历史必然性及其本质特征》，《当代世界与社会主义》2009年第1期。

就必须进行制度替代。作为一种为解决危机而提出的理论，生态社会主义的理论表明，只有社会主义制度才能真正实现人类、社会、资源和环境的可持续发展。从根本上说，生态社会主义的这些理论主张是对缺少环境观点的科学社会主义的有益补充和深化，它构成了生态文明的重要理论来源。

此后，70 年代，生态学马克思主义成为关于生态危机、生态文明较为成熟的理论。其主要代表人物和代表作有加拿大威廉·莱斯的《自然的控制》和《满足的极限》，本·阿格尔的《西方马克思主义概论》和《论幸福和被毁的生活》，美国奥康纳的《自然的理由——生态学马克思主义》，福斯特的《马克思的生态学——唯物主义和自然》，法国高兹的《资本主义、社会主义和生态学》和《生态学与政治学》等等。生态学马克思主义的产生不但是当代社会政治、经济的客观反映，而且还有着深刻的思想理论渊源。其主要思想渊源有三个：一是马克思主义关于人与自然关系的理论①；二是生态学理论②；三是法兰克福学派的生态危机理论③。生态学马克思主义关于生态危机的理论主要观点如下：第一，用生态危机取代经济危机。生态学马克思主义认为，当代资本主义社会由于科技的发展和高福利政策的普遍实施，工人阶级极端贫困化的现象已经基本消灭，因而不可能爆发马克思所描述的极其剧烈的经济危机。然而，资本主义追求经济的高速增长，严重损害了自然环境，爆发生态危机的可能性大大增加。这样，生态学马克思主义就顺理成章地把人与自然的矛盾上升为资本主义社会的主要矛盾，主张用生态危机理论取代马克思的经济危机理论。因此，对资本主义的生态批判也就成为其理论主旨。第二，异化消费是导致资本主义生态危机的最直接原因。生态学马

① 生态学马克思主义接受了马克思人与自然统一的思想，从人与自然关系角度出发分析和研究生态问题。

② 20 世纪 60 年代之后，随着生态问题的日益严重，生态学逐渐超越生物学范畴成为一门综合性学科，被看作是解决生态问题的学科而受到人们的空前重视。生态学研究和解决生态问题的视角和方法，为生态学马克思主义提供了借鉴。

③ 法兰克福学派对当代工业社会进行研究和批判，并运用马克思主义人与自然关系的理论揭示了资本主义生态危机的根源和危害性，这些都在生态学马克思主义理论中有所继承和发展。

克思主义认为，当今资本主义社会为了延缓经济危机，用高生产、高消费来削弱工人的反抗意识。具体地说，就是资本家通过操纵消费，把个人转变成完全被动的消费者，从而使其盲目地购买商品、消费商品，进而刺激异化劳动，使资本主义再生产得以继续维持。在资本家的阴谋操纵下，人们在消费过程中实际上并不思考这种消费是否是自我的真实需求，人们所关心的只是消费欲望在多大程度上能够得到满足，而并不在乎在何种制度下得到满足，于是就出现了异化消费现象。这种心理的蔓延极易导致资本主义社会中的人们转移对资本主义社会制度的注意力，暂时减弱了其对资本主义制度缺陷的不满情绪。为此，资本主义社会就必须要进行大量的生产，消耗大量的资源和能源，以满足人们的消费，进而不可避免地导致了生态危机。第三，解决生态危机的途径。一方面生态学马克思主义主张要从主观方面调整消费观念，抑制、缩减人们的消费需求；另一方面则要建立一种稳态经济模式——控制经济发展的速度和规模，在小型生产过程中实现人与自然的和谐。因此，他们主张实行社会主义经济模式，沿着非官僚化、非集中化的道路去重新组织发达资本主义社会，实现生态社会主义。

三、生态文明与中国

我国尚处于工业文明阶段，既面临着严峻的生态环境危机，又面临着文明的转型。建设生态文明、发展循环经济的现状可以用一句话概括，即问题严重、成果明显、仍需努力。

改革开放至今，我国经济高速增长，伴随而来的问题是高环境代价、高社会代价。以人的生产力和生态生产力的巨大牺牲为代价换取的物质财富增长，使我国的经济发展“反人性化”和“反生态化”问题日益严重。忽视环境保护问题，浪费资源、污染环境成为众多企业生产过程中的普遍现象。这些企业只关心自己的利益最大化和成本最小化，根本不考虑环境破坏这一社会成本，将自己的利益建立在掠夺性开发资源和污染环境之上。重大的生态危机、公共卫生安全问题频出。例如，千里淮河治污问题始终不能得到很好的解决，政府花十年时间，耗资600亿元，收效甚微；太湖、巢湖水域甚至长江流域2007年5、6月份再次出现的“蓝藻”问题，一度引起当地居民的恐慌；2008年冬天的南方大雪，造成的公路运输、供电电网等方面巨大损失仍然记忆犹新；2010年初的南方干旱和年中的全国性洪涝灾害、各地山体塌方掩埋事件；还有一直在发生的地表沉陷、植被破坏、沙漠化加剧等等。据估算，20世纪90年代，我国的GDP当中，至少有3%—7%是以牺牲自然资源和环境取得的。世界银行2007年公布的《中国环境污染损失》报告中指出，中国每年因空气、水污染而导致的GDP的损失达到5.8%之多。

为了解决这一突出问题，党的十七大报告首次明确提出：“建设生态文明，基本形成节约能源资源和保护生态环境的产业结构、增长方式、消费模式。”“生态文明观念在全社会牢固树立。”[①] 由此，我国进入了建设生态文明、发展循环经济的大发展时期。据《新华日报》2009年6月6日报道，国家应对气候变化领导小组暨国务院节能减排工作领导小组6月5日会议指出：“十一五”的前三年我国单位GDP能耗下降10.1%，二氧化硫、化学需氧量（COD）排放总量累计下降8.95%、6.61%。2009年一季度，单位GDP能耗同比下降2.89%，降幅上升0.27%。但是，总的来看我国在生态建设和循环经济方面的投入还明显不足。发达国家的环保投入占GDP的2%—3%。我国在“七五”期间的环保投入仅占GDP的0.7%、“八五”期间为0.8%、“九五”期间为1%、“十五”期间为1.2%、“十一五”期间为1.35%。这还只是问题的一个方面。更重要的是，从理论和实践来看，我国建设生态文明、发展循环经济的难点还在于内在动力机制的不健全。以往的许多研究大多从生态危机对社会经济发展的影响出发，来论证发展循环经济的重要性和必要性，这样的论证显然是不够的。经济决策的主体是一个个的微观经济主体，

① 《建设生态文明，基本形成节约能源资源和保护生态环境的产业结构、增长方式和消费模式》，《人民日报》2007年11月15日。

这些微观经济主体显然是不能直接从社会的角度出发去考虑生态问题的，否则就不会有外部性问题、生态危机了。因此，这种论述只解决了能代表社会利益的政府建设生态文明、发展循环经济的动机问题。而在我们看来，只有在微观经济行为主体的层面上确立了建设生态文明、发展循环经济的动机，才算真正建立了建设生态文明、发展循环经济的内在动力机制。

第二节　生态文明符合人性的复归

一、生态文明中人与自然的和解

文明本身就是反映人类社会发展程度的概念，它表征着一个国家或民族的经济社会和文化的发展水平。人与自然的关系反映着人类文明进步的程度。纵观整个人类文明发展史，人与自然的关系经历了人类依赖自然→畏惧自然→征服自然的变化，相应的，人类经历了采猎文明→农业文明→工业文明诸阶段。在人类不同文明的发展历程中，人作为社会存在的主体，在不断地创造着自身和改造着人的生存圈。人与自然在和谐→产生冲突→追求和谐的状态中不断地改写历史，这部历史正是人在人类历史上追求自由全面发展的轨迹，也是人类在不断认识自己、反思自我行动的思维逻辑史，更是人类在新的生存境域中的文明发展向往和再造生态和谐的理想表达。

采猎、农业文明时代的生态和谐是人的自然能力和生存本能力量的显现。在采猎、农业文明时代，尽管人类已经作为具有自我意识、自我能动性的主体呈现在自然界面前，但由于缺乏强大的物质和精神手段，对自然界开发和支配能力比较有限，社会生产力和科学技术进步都比较慢，生存、生活资料也基本依赖于自然环境，受未知的大自然力量的统治，慑服于大自然威力之下。正如历史学家汤恩比所说：“对自然界的这种初期的损害还只不过是局部的。限于当时人类的技术能力，对于自然界的破坏有一半是无意中受到了限制。"[①] 因此，在采猎、农业文明时代，人与自然之间是一种混沌共生状态，这种生态和谐的模糊状态反映出了人作为一种社会存在，在不屈于大自然的威力的情况下慢慢的认识和发现自身，并逐步有了征服自然的欲望和经验。这个时期的人与自然的关系基本上是和谐相处的，保持了一种初级平衡状态。这种平衡只是建立在人类自然开发能力单薄基础上的与落后生产力发展水平相联系的被动生态平衡，还不是真正值得我们赞美和追求的理想的积极生态平衡。

工业文明时代，生态平衡在人的生存能力的自由发挥过程中遭到空前破坏，人类也为自己的非凡创造力付出了沉重的代价。工业文明同采猎、农业文明的最大区别，就在于它对机器的广泛采用极大地推动了商品经济发展，展现了人类前所未有的强大的社会生产力。在这个时代，人的生存能力有了明显的进步，人的自主性、自由性、创造性在人类利益的诱惑中发挥到了极致，从而人们就理所当然地认为自己是自然界的主导者和统治者。人同自然的关系就从采猎、农业文明时代的对自然的初步开发和改造转变为对自然的掠夺和征服。在对自然疯狂的占有中，人类遭到了自然界的报复，而后，人类开始反思自身。当然，工业文明作为人类文明发展的一个阶段，我们不能否认它的进步性及其突出贡献。但从人与自然关系来考察，我们却能看到工业文明在显现人类前所未有的改造自然能力的同时，陷入了遭受自然界报复的沉重灾难，说明工业文明的传统模式已经不适应当代人类的实践，工业文明时代已经走向衰落，即将被新的生机勃勃的生态文明所取代。

生态文明对工业文明的取代[②]，标志着人类社会将走向一个人与自然整体和谐、人与自然高度协调的新时代。纵观人类社会的文明史，从采猎文明、农业文明、工业文明到生态文明，受利益的驱使，人类在不断地认识自然和自身，人的发展状态在展现人的能力的同时也在影响着人

① [英] 汤因比、[日] 池田大作著，荀春生等译：《展望21世纪》，北京国际文化出版公司1985年版，第31页。

② 《从工业文明迈向生态文明》，《中国环境报》2009年12月1日。

类生存圈的和谐状态。无论是人，还是自然都经历了一个否定之否定的过程，在更高的起点上达到和谐。人与自然的和谐为人类的生存和全面发展创造了良好的资源环境，和谐温馨的生存环境更会激发出人类新的创造力量。所以，以生态文明取代工业文明终将是人类社会发展的必然趋势，人与自然和谐共荣才是人类理想的生存状态和美好的价值取向。在新的历史形态中构筑理想状态的人类生存景象。在人类社会和人的历史发展的进程中，人类经历的种种迹象表明：人与自然和谐，社会就发展；人与自然和谐关系破裂，人类的真正灾难就开始了。

二、生态文明中人性的复归

伴随着人类由一个从属于自然、依附于自然的状态，转变为征服自然、改造自然的状态，自然被看成一个人类可以任意摆布的机器，被看成是一个可以无穷索取的原料库、一个无限容纳工业废弃物的垃圾箱。进入 20 世纪之后，全球性的生态失衡和人类生存环境恶化突然使人类意识到，自己对自然的态度和做法违背了自然的规律，超出了自然界能够承受的限度，工业文明给人类带来优越生活条件和工作条件的同时，也带来了深刻的危机。如同 19 世纪恩格斯所指出的那样："我们不要过分陶醉于我们人类对自然界的胜利。对于每一次这样的胜利，自然界都对我们进行报复。每一次胜利，起初确实取得了我们预期的结果，但是往后和再往后却发生完全不同的，出乎意料的影响，常常把最初的结果又消失了。"[①] 工业文明打破了人与自然的平衡，逐渐走向全面失衡，人与自然对立了起来。

罗马俱乐部（1986 年由意大利人贝切伊倡导成立）的专家发表了 10 多份研究报告，对当代社会人口、粮食、能源、资源和环境问题进行综合研究。其中，最为著名的是米都斯（Tennis L. Meadows）于 1972 年著作的《增长的极限》一书。该书运用系统动力学方法建立世界模型，提

① 《马克思恩格斯选集》第 4 卷，人民出版社 1995 年版，第 383 页。

出“增长极限”和“全球平衡”等概念。该书的出版引起了全球的关注，并引发热烈的争论。朱利安·西蒙的《没有极限的增长》一书，与其争锋相对。同样在20世纪60年代后期，美国学者肯尼斯·鲍尔丁提出了“宇宙飞船经济理论”（Spaceman Economy）。他认为，地球与太空中的飞船一样，好比宇宙中的一个孤立无援的系统，两者的共同特征都是不断消耗其内部的有限资源，一旦资源殆尽，就会毁灭。为了生存，飞船必须不断重复利用自身的有限的资源，才能延长运转寿命……因此，应当运用市场经济机制控制人口，调节消费品分配，合理开发资源，防止污染，保证地球能够持续运转。

在生态危机的打击下，人类不得不对人与自然的关系进行反思。把人与自然的关系限定在“人征服自然”是靠不住脚的，人与自然的关系必须寻求新观念的支撑。米萨诺维克（Mesarovic）认为：“这场全球性危机程度之深、克服之难，对迄今为止指引人类社会进步的若干基本观念提出了挑战。这些基本观念在过去为人类进步铺平了道路，但也最终导致了目前的这种状况。目前，人类正处在转折点上，必须作出选择，是沿着老路继续走下去，还是开辟一条新的道路。如果人类要探索新的发展道路，那么必须对若干旧的观念进行重新评价。”① 在这一转变过程中，环境问题得到前所未有的重视，更为重要的是，一些基本理念得到认同和接受。比如，承认生命的多样性和内在价值的观念开始逐渐成为国际公约的有机组成部分。1972年，在瑞典斯德哥尔摩召开的联合国人类环境会议上，通过了《人类环境宣言》②。1979年，通过了《欧洲野生生物和自然界的伯尔尼公约》。公约指出：“野生动植物构成具有美学、科学、文化、创造性、经济和内在价值的自然遗产，必须保存它们并将之传给后代。”1982年，联合国大会通过《世界自然宪章》。宪章指出：

① ［美］米哈依罗·米萨诺维克、［德］爱德华·帕斯托尔著，刘长毅等译：《人类处在转折点——罗马俱乐部研究报告》，中国和平出版社1987年版，第9页。

② 联合国环境与发展大会文献汇编：《人类环境宣言（1972年联合国环境会议）——迈向21世纪》，北京中国环境科学出版社1992版，第156—160页。

"每种生命形式都是独特的，无论对人类价值如何，都应得到尊重，为了承认其他有机体的内在价值，人类必须受行为道德准则的约束。"它还指出："人类是自然的一部分"，人类不再被视为自然界之上或之外，而是与自然界相互联系、相互依赖的一部分。"人类的文化必须建立在对自然的极度尊重上，具有与自然一致的观念，并认识到人类的事务必须在与自然的和谐平衡中进行。"人与自然的和谐开始被看做是这些具有约束力的公约和宪章的组成部分，它们承认环境的内在价值，而不再把人类看做是自然的征服者。这些公约和宪章的颁布表明，人和自然的关系必须进入到协调和平衡的时代。人类不能外在于自然，更不能凌驾于自然之上，而应该是"自然的一部分"，是和自然界相互联系、相互依赖的一部分。

作为人类面临的一个基本问题，人与自然的关系一直是人类文明发展历程的重大议题。从 20 世纪下半叶全球环境保护的实践和观念转变来看，在新的有关人与自然关系的议题中，人类作为自然保护者的义务和责任将进一步突出，并成为 21 世纪最重要的主题之一。建立在责任基础上的对自然的利用，才是合理的利用。意识到人类对自然的责任，这种对自然的开发才是人实现全面发展的需要，才有可能是建设性的而不是破坏性的。这种建立在人类对自然的责任上的开发，也是人类自身走向成熟的标志。它表明一个新的时代——人与自然的关系已经进入协调关系的新时代。人类是人与自然关系的协调者，责任的担当者，他能够通过调整自身的行为，力求正确认识和运用自然规律，通过相互影响实现与自然界的和谐相处和协调发展。更为重要的一点是，保护自然也包含在人与自然的关系中。将保护自然纳入到人与自然关系的认识，是百年来思维方式的一个重要转变，也是人对于自身认识的重要转变。在生态危机的压力下，为了子孙后代，为了我们自己，我们必须重新探讨人在自然界中的位置，重新确立人与自然的关系。我们必须认识到，保持地球上的基本生态过程和生命维持系统，就是保护人类生存和发展所必需的基本资源和生存条件。自然界不仅是人类实践的对象和一切物质财富的源泉，而且是每个人不可缺少的生存条件。从这一角度看，保护环境也是人实现全面发展的需要。

第三节 生态文明符合人的自由全面发展的需要

一、生态文明与人的自由全面发展的关系密切

首先，自然界对于人类社会的发展具有根源性，人类的一切活动都必须充分尊重自然规律。人类自诞生以来就是在大自然的恩泽下成长的。人口的繁衍、智慧的增添、经济的发展、社会的进步乃至人类文明的形成，都是在自然资源、自然环境的交互作用下进行的，离开自然界，人类将一事无成，人类引以为豪的文化生产力、智慧生产力、科技生产力和社会生产力就会失去根本的对象和依托，变成空泛的概念而毫无现实意义。社会的物质的生产力实际是人类利用自然资源创造物质财富的实际能力。自觉地维护自然界的生态平衡，促进自然界按其自身规律发展，与自然界互利互惠，才真正称得上自然界的智慧生物。其次，自然界对人类社会发展具有独立性和制约性，违反自然规律人类将要受到自然界的报复。自然界对于人类社会发展具有利用价值，而且自然界本身也具有内在价值，具有自己的规律性、独立性和制约性。一般来说，在没有人类干扰的情况下，自然界能够按照自身的规律保持平衡，一旦这些规律遭到破坏，自然生态系统失去平衡，自然界就开始报复人类。生态文明是人类遵循真、善、美相统一的准则从事社会实践的产物，是人的本质力量的凝聚和体现。人们在追求和创建生态文明的过程中，又使人的本质力量不断得到丰富和完善，从而有效地促进了人的自由全面发展。良好的生态环境是生态文明的集中体现，是人的自由全面发展的物质基础。人们要想创造良好的生态环境，由此创造出符合自己目的、愿望的

生存空间，就必须自觉而现实地承认和尊重自然界的客观独立性，必须尽可能正确地认识、理解和掌握自然物的本质、属性及其发展规律，并按照自然物的本质和规律的要求去改造自然界，去进行对象化的实践活动，这就是实践活动“求真”的准则。人们只有在实践活动中坚持“求真”的准则，才能合理而有效地改造自然，并使自己的智慧、能力等本质力量得到丰富和完善，使自己的目的、愿望等本质力量顺利地实现，从而体现出人与自然的全面关系，在建设生态文明的过程中推动人的本质力量的发展。

二、生态文明是人的自由全面发展的需要

（一）人与自然的和谐是人的自由全面发展的必要条件

当前和谐的主要手段就是发展循环经济。正因为这种必要性，马克思主义始终把实现人与自然的和谐作为现实世界面临的两大任务之一。从这种关系的角度讲，马克思学说是人的解放和自然的解放相统一的学说。循环经济对于促进人的发展的作用主要表现在以下六个方面：

1. 它能有效更新人的观念，提高人的综合素质。循环经济要求人与自然和谐发展，这就要求人类必须正确处理自身同自然界的相互关系，纠正和克服那种对自然界一味索取的错误做法，从而采取改造和保护相结合的原则，以人与自然的和谐为核心提升人的素质。

2. 它能有效推动全社会的科技事业，提高人们的科技素质水平，并对科技发展提供人文价值的导向。就技术层面而言，循环经济依赖于资源节约和替代技术、能量的梯级利用技术、延长产业链技术、相关企业链接技术、零排放技术、有害材料替代技术、回收处理技术、绿色再造技术等，这都具有相当高的技术含量。因此，循环经济必将激发人们的科学研究和技术攻关能力，提高社会的整体科技水平。同时，由于循环经济是以人与自然和谐发展的生态伦理作为自己的价值导向，这也为科学技术绿色化奠定了人文基础。

3. 循环经济将提升人与人之间的和谐境界，促进人的道德境界的升

华。循环经济遵循的理念是：此时此地此人之利，也是彼时彼地彼人之福。所以这不但在个人与个人之间，也在地区与地区之间、国家与国家之间营造出和谐的氛围，使人们在生态环境一体化的前提下善待他人、善待自然，使人由“道德境界”向“天地境界”升华。

4. 循环经济将提高社会和人的各方面协调能力。循环经济紧密关联着社会各个阶层、各个职业的活动，调动全社会的力量促进人与自然的和谐。这将使全社会更加协调、更加有机、更加系统化，从而促进全社会的良性发展和人的各种能力的提高。

5. 循环经济可以提高就业率，使人力资源优势得到更充分的发挥。循环经济的突出特征是延长生产链，而延长生产链的直接效果是增加就业。研究表明，再制造、再循环业每产生100个就业机会，采矿业和固体废弃物处理业就失去13个就业机会。两者相比，循环经济可以净增87个单位就业机会。

6. 循环经济可以直接提高经济效益，为人的自由全面发展提供现实的物质基础。循环经济将3R原则贯穿于生产的全过程与产品的整个生命周期，形成“资源—产品—再生资源”闭合循环的经济模式，通过对资源的循环利用，既节约了资源又减少了污染，从而提高了社会经济效益，这也就为人的自由全面发展提供了物质基础。

工业化进程中发生的生态环境问题，尤其是20世纪下半叶以来开始的全球生态环境危害，强化了自然生态对人的内在意义。生态发展也成为人的自由全面发展的重要表现和基本条件，生态环境问题，绝不是一个单纯的自然发展问题，而是一个极其深刻的、全面的人与社会发展问题。从人类发展的历史来看，把人与自然的和谐作为人的自由全面发展的重要属性是一个历史的产物。原因在于，自然条件在各个历史时期所起的作用不同。从采猎业文明、农业文明到工业文明，自然条件所起的作用是一个日益递减的过程。但是，这一递减过程在当代发生了逆转。建设生态文明、发展循环经济成为追求人的自由全面发展的必由之路。

（二）生态文明的终极目标就是人的自由全面发展

一切经济理论的精髓都应该是以人为本。[①] 而以人为本就是以人的需求为经济发展的方向。在人类社会发展的进程中，人类的活动源于人的需求，人类的需求推动着社会的发展。而人类的所有需求，或曲折或直接的，都是以对自然界的需求为基础。因此，人的需求的扩张，就一定不可避免地伴随着对自然资源的更深层的利用。所以，分析人类目前所面临的生态困境更不能脱离开人的需求来进行。我们并不要人类克制自己的需求，也不想就此陷入禁欲主义者的泥潭。而只是说，人类应该更加理智的安排自己的需求结构，满足人的自由全面发展的需求。否则会顾此失彼、因小失大。我国建设生态文明、发展循环经济的终极目标就是要满足人的自由全面发展的需求。而这正是科学发展观所要大力提倡的。党的十七大指明了实现科学发展的目的，就在于要坚持生产发展、生活富裕、生态良好的文明发展道路，建设资源节约型、环境友好型社会，实现速度和结构质量效益相统一，经济发展与人口资源环境相协调，使人民在良好的生态环境中生产生活，实现经济社会永续发展。

从我国目前的实践来看，实现人的自由全面发展与生态文明建设和发展循环经济的良好互动关系的关键有两点。一是变革现行的生产方式、生活方式，构建生态与经济和谐与协调可持续发展模式。换言之，建设生态文明，就是要建设以尊重自然、保护自然为核心价值的循环模式。[②] 如前所述，我们要确立一种观念，即对自然的尊重，就是间接地对人的尊重。唯如此才能实现人的自由全面发展，否则在失去自然生态之维后的人的发展是片面的，并将最终危及人类的生存。二是落实以人为本的理念。我们要正确理解个人与社会的关系，将社会的利益与每个人的利益结合起来，在“以人为本”的基础上着力构建和谐的社会关系。这一点在我国的国情背景下，尤其重要。我国有长期计划经济的历史，在计划经济条件下，我们实际上实行的是以国为本，不重视人的个性的发展，

---

① 陈志尚：《论生态文明、全球化与人的发展》，《北京大学学报》2010 年第 1 期。
② 《建设生态文明，促进人与自然和谐相处》，《光明日报》2007 年 10 月 22 日。

甚至在主观上是反对个性发展的。而市场经济是另一个极端，极端注重人的个性的发展。从这个意义上讲，离开市场经济体制人的自由全面发展是无法实现的。但是，当代世界的生态危机的制度背景恰恰就是市场经济。因此以人为本、人的自由全面发展必须以市场机制为基础，但又不能完全以市场机制为基础。这就需要我们挖掘市场机制中有益于循环经济、人的自由全面发展的因素，并且由政府机制将市场向这些因素的方向加以引导。

三、人的自由全面发展对生态文明发展的促进

人的能动性的提高是人的自由全面发展的一个重要内容，而能动性的提高有利于进一步促进循环经济的发展。① 全球性的生态环境危机的出现，并不意味着人的能动性发挥到了顶点，而是说明人类在发挥其能动性时没有处理好能动性与受动性的关系，即没有相应的推进对于人自身无法摆脱的受动性的认识，没有充分地认识到真正的自觉能动性的发挥是以对受动性的认识为前提条件的，从而导致人们不合理地片面地发挥人的能动性。从能动性本身来讲，它包括两个方面：在认识自然中表现的能动性和在改造自然中的能动性，二者互为前提，不可分割。如果后者不以前者为基础，能动性就可能超越受动性而变成一种带有盲目性的意向和活动，在急功近利的价值取向引导下，能动性就会摆脱人的受动性而盲目膨胀，表现为对自然资源的掠夺式开发和无节制的耗费，最终会造成生态环境危机而祸及自身。因此，只有充分发挥人的能动性，处理好它与受动性的辩证关系，才能积极调整自然生态平衡，促进人与自然的和谐，保证循环经济的良性运行。

发挥人的能动性有两个重要的表现，一个表现是科学技术水平的提高，而另一个表现是生态价值观的形成和发展。② 人类科学技术水平的提高，有利于加速提高利用自然的工艺水平，实现变废为宝。高新技术在

---

① 李欣广：《人的全面发展与生态文明》，《改革战略》2010 年第 1 期。

② 杨鲜兰：《生态文明与人的发展》，《思想政治教育研究》2009 年第 4 期。

以自身价值和功能影响人类及其社会的同时，对人和自然的协调发展产生了巨大的积极作用，尤其是环境科学技术的诞生和迅速发展，是人类文明的一大进步，它标志着人和自然的协调发展开始或已经迈向了一个新的台阶，为循环经济的发展开辟了新的途径、提供了卓有成效的方法和手段。而生态文明建设可以促进人与自然的协调与和谐。发展循环经济，实现社会的可持续发展，可以为人的自由全面发展提供良好的生活环境和生态环境。要实现人的自由全面发展就要树立正确的自然观、社会观和发展观；正确处理经济增长与环境保护的矛盾，短期利益和长期效益的矛盾；正确处理经济发展同人口、资源、环境的关系，努力探索一种有利于经济和社会协调发展、资源节约和合理利用、环境优化、人口增长与社会经济相协调、生活质量不断提高的经济模式，这种经济模式就是循环经济的模式。所以说循环经济为人的自由全面发展提供了物资保证，而人的自由全面发展也为循环经济提供精神上的支持。

总之，只有实现人的自由全面发展，努力提高人的素质，才能使经济、社会可持续发展能力不断增强，生态环境得到根本的改善，资源利用效率显著提高，从而使人和自然环境得到和谐发展。

第四节　生态文明符合人与自然相和谐的本来面目

一、马克思关于人与自然关系的评述

马克思可持续发展思想体现在他关于人和自然的关系的论述上。[①] 在《资本论》中马克思首先从劳动入手，阐述了人和自然的物质变换关系、

① 许崇正：《人的发展经济学》，人民出版社2010年版，第239页。

社会生产力与自然生产力的关系。马克思说："劳动首先是人和自然之间的过程，是人以自身的活动来引起、调整和控制人与自然之间的物质变换的过程。"① 劳动过程"是制造使用价值的有目的活动，是为了人类的需要而占有自然物，是人和自然之间的物质变换的一般条件，是人类生活的永恒的自然条件，因此，它不以人类生活的任何形式为转移，倒不如说，它是人类生活的一切社会形式所共有的。因此，我们不必来叙述一个劳动者与其他劳动者的关系。一边是人及其劳动，另一边是自然及其物质，这就够了。"② 按照马克思的理论，人与自然界之间的物质变换是指人通过自己有目的地改造自然的劳动过程从自然界有所获取，使自然界为人类生产和生活提供必需的物质资料。同时，人和自然之间的物质变换过程也是使用价值的生产过程，是人为了在对自身生活有用的形式上占有自然物质，使他身上的自然力包括体力和脑力作用于他身外的自然，使自然物质变换为能满足人类需要的使用价值的过程。使用价值是经过形式变化而适合人的需要的自然物质，是人和自然之间物质变换产生的结果。马克思说："任何一种不是天然存在的物质财富要素，总是必须通过某种专门的、使特殊的自然物质适合于特殊的人类需要的、有目的的生产活动创造出来。"③ 可见，使用价值是自然物质和劳动这两种要素结合的产物。人和自然之间的物质变换只能是物质的形态变化，使特殊的自然物质适合于特殊的人类需要。"人在生产中只能像自然本身那样发挥作用，就是说，只能改变物质的形态。"④ 一切财富的产生，不论是由人手创造的，还是由天然形成的，都只是由某种物质发生形态变化而来。不仅如此，物质形态的改变还离不开自然力的帮助，人类"在这种改变形态的劳动过程中还要经常依靠自然力的帮助。因此，劳动并不是它所生产的使用价值即物质财富的唯一源泉。正像威廉·配第所说，

① 马克思：《资本论》第1卷，人民出版社1975年版，第201—202页。
② 马克思：《资本论》第1卷，人民出版社1975年版，第208—209页。
③ 马克思：《资本论》第1卷，人民出版社1975年版，第56页。
④ 马克思：《资本论》第1卷，人民出版社1975年版，第56页。

劳动是财富之父，土地是财富之母。”① 这就是说，劳动和自然界一起才是财富的源泉，自然界为劳动提供生产资料，劳动使生产资料变为财富。在人和自然的物质变换过程中，人在改变自然的同时，也改变人自身的自然。马克思说：“为了在对自身生活有用的形式上占有自然物质，人就使他身上的自然力——臂和腿、头和手运动起来。当他通过这种运动作用于他身外的自然并改变自然时，也就同时改变他自身的自然。他使自身的自然中沉睡着的潜力发挥出来，并且使这种力的活动受他自己控制。”② 也就是说，劳动不仅使自然物发生形式变化，同时还在自然物中实现人类自己的目的，使人的潜力得到发挥，人自身得到发展。马克思的分析表明，劳动离不开自然，劳动和自然界一起成为财富的源泉，劳动在改造自然中得以发挥并改造人类。马克思对人和自然的物质变换关系的阐述，十分明显，包含着丰富的可持续发展思想。

接着马克思揭露了资本主义条件下人和自然之间物质变换的社会制度障碍。马克思认为，劳动作为人与自然界之间的物质变换关系本应是永恒的，他说：“劳动作为使用价值的创造者，作为有用劳动，是不以一切社会形式为转移的人类生存条件，是人和自然之间的物质变换即人类生活得以实现的永恒的自然必然性。”③ 也可以说，人类可持续发展本应是永恒的。但是，在资本主义社会制度下，由于一味追求剩余价值的绝对规律的作用，物质生产和经济活动的一切动力，无非是为了获取利润。资本主义社会制度下的劳动过程，或者说资本主义性质的物质变换过程，使资本家只顾赚钱，不惜牺牲甚至破坏自然。资本主义生产方式经营的工业和农业给人和自然都带来了灾难。资本主义条件下社会生产资料的节约主要是对工人在生产过程中人身安全和健康的设备系统的掠夺。马克思说：“在这里我们只提一下进行工厂劳动的物质条件。人为的高温、充满原料碎屑的空气、震耳欲聋的喧嚣等等，都同样地损害人的一切感

① 马克思：《资本论》第 1 卷，人民出版社 1975 年版，第 56—57 页。
② 马克思：《资本论》第 1 卷，人民出版社 1975 年版，第 202 页。
③ 马克思：《资本论》第 1 卷，人民出版社 1975 年版，第 56 页。

官，更不用说在密集的机器中间所冒的生命危险了。这些机器象四季更迭那样规则地发布自己的工业伤亡公报。社会生产资料的节约只是在工厂制度的温和适宜的气候下才成熟起来的，这种节约在资本手中却同时变成了对工人在劳动时的生活条件系统的掠夺，也就是对空间、空气、阳光以及对保护工人在生产过程中人身安全和健康的设备系统的掠夺，至于工人的福利设施就根本谈不上了。”[①] 资本主义农业中劳动生产力的提高更是对劳动力的掠夺和对土地资源的破坏。马克思说：“在现代农业中，也和在城市工业中一样，劳动生产力的提高和劳动量的增大是以劳动力本身的破坏和衰退为代价的。此外，资本主义农业的任何进步，都不仅是掠夺劳动者的技巧的进步，而且是掠夺土地的技巧的进步，在一定时期内提高土地肥力的任何进步，同时也是破坏土地肥力持久源泉的进步。一个国家，例如北美合众国，越是以大工业作为自己发展的起点，这个破坏过程就越迅速。因此，资本主义生产发展了社会生产过程的技术和结合，只是由于它同时破坏了一切财富的源泉——土地和工人。”[②] 因此，以资本主义生产方式经营的农业对劳动者和自然土地造成了双重破坏。马克思又说：“劳动生产率也是和自然条件联系在一起的，这些自然条件所能提供的东西往往随着由社会条件决定的生产率的提高而相应的减少。……我们只要想一想决定大部分原料数量的季节的影响，森林、煤矿、铁矿的枯竭等等，就明白了。”[③] 这里我们可以发现，马克思不仅揭露了资本主义生产方式对人类自身和自然界造成的现有掠夺和破坏，而且已经对人类未来自然资源的枯竭表现出极大的担忧。马克思对当时资本主义现实社会制度的批判，揭发了资本主义制度造成对人和自然的双重破坏，进而对未来社会生产的破坏，也揭发了资本主义制度对人类社会可持续发展造成的破坏。

发现了问题，就要解决。马克思就如何合理调节人和自然之间物质

① 马克思：《资本论》第1卷，人民出版社1975年版，第466—467页。
② 马克思：《资本论》第1卷，人民出版社1975年版，第552—553页。
③ 马克思：《资本论》第3卷，人民出版社1975年版，第289页。

变换关系提出了革命性解决途径。首先，变革不合理的社会关系，实行生产资料的社会占有。这就是所有制问题[①]，马克思到底要建立什么样的所有制，学术界一直争论不休，但毫无疑问的是，马克思主张变革所有制的目的就是消除由资本主义经济制度造成的人和自然之间物质变换的人为障碍，消除由不可持续的生产方式和消费方式造成的资源和产品的浪费和破坏。其次，采取可持续的生产方式，合理开发和利用自然，依靠消耗最小的量来进行人和自然之间的物质变换。再次，消除城市和乡村对立，实现人的自由全面发展。这实际上是重点解决人类同代人代内公平的问题。城市和乡村的分离，破坏了人和土地之间的物质变换，同时也破坏了人自身的全面发展。消除城乡对立，既能协调人和土地之间的物质变换，又能使人的体力和脑力得到充分发展。马克思说："资本主义生产使它汇集在各大中心的城市人口越来越占优势，这样一来，它一方面聚集着社会的历史动力，另一方面又破坏着人和土地之间的物质变换，也就是使人以衣食形式消费掉的土地的组成部分不能回到土地，从而破坏土地持久肥力的永恒的自然条件。"[②]如果人类不能将自然物质变换成适合人们需要的经济物质，人类就难以生存和发展。善待自然是保证人和自然之间物质变换关系持续良性发展的前提，因而也是善待人类自己。

二、生态文明发展中，人是自然的保护和建设者，完全符合生态公正的原则

人同自然界都处在地球之中，地球和自然界的形成有40多亿年的历史，而人类由猿向人类转变仅有1000多万年的历史。所以，从发生学上看，自然界的形成要比人类早得多，人类只不过是地球自然界中唯一具有自我意识、自我能动性的智慧生物，但人类永远不能脱离自然界而生存，人类的历史永远是自然界历史的一部分，永远改变不了人同自然界

---

① 许崇正：《马克思可持续发展经济思想与人的全面发展》，《经济学家》2007年第5期。

② 马克思：《资本论》第1卷，人民出版社1975年版，第552页。

的存在和本源、部分和整体的关系。人类的生存与自然界的生存息息相关，离开人与自然的和谐，社会和谐就无从谈起，与一个丰富的、充满生机活力的自然界和谐相处，始终是人类的归宿。

"人类中心论"① 主张人对自然的占有与统治，使人类一味地追求在自然中的主宰地位和人的主体力量以及人的物质利益，几乎无视"自然"，仅以人类自己的利益和需要作为尺度去衡量自然物的存在价值，把人类自身存在的价值置于了"绝对中心"位置，使主、客体达到一种对立、分裂状态，使自然环境系统遭受破坏，使人与自然失衡。实际上，所有系统都有外在价值和内在价值。它们都是自然界强烈追求秩序和调节的表现，是自然界目标定向、自我维持和自我创造的表现。自然作为对象性的存在物同样具有存在的价值。自然界不是处于绝对孤立、静止的状态，而是与人类共存于一个统一体之中，人类与自然界是相互作用的整体。人不是一切事物的尺度，也不是所有价值的源泉，人直接地作为"自然存在物"，要受到自然规律的制约。事实证明，当人类"绝对自由"地去征服自然时，人类反而失去了自由，也意味着伤及人类自身存在的价值和自身价值的"自我实现"。

人与自然的关系纳入到生态文明具有合法性或合理性。阐释一个观点的合理性，应该找出它赖以建立的理性条件和现实基础。生存发展过程出现的"危机"，有两重含义：其一是人类的发展已经濒临生死的紧要关头，其二是有重新振起的机缘，预示可以转危为安。因为"危安相易，祸福相生"。人与自然、社会之间裂解的客观事实，给我们带来了一种再生的契机，因为人类的生命从自然开始，是自然界给予的，虽然人生命的意义和价值由人自身决定，但归根到底是由自然界创造的。这就是说，生态伦理意味着生命存在与生命价值的统一，意味着人类生命的根本意义就是实现德性，完成自然赋予的使命。人与自然的关系之所以被纳入到生态文明的视阈，决不是简单的理论推论，而是现实的呼唤。

① 李想（中共中央党校哲学教研部）：《生态人本主义——人类中心主义与非人类中心主义走向整合的产物》，《理论前沿》2009 年第 10 期。

因为，社会文明究竟沿着什么路线走，朝着什么方向发展，不取决于创始人的初衷，也不是任何学术权威所能框定的。社会的发展不断对它提出新的问题，也不断向各学科的发展提供新的可能。人与自然之间的关系所呈现出的道德性，有其现实的基础，是对现实召唤的承诺。它的现实基础很简单，这就是日益恶化的生态危机使人们认识到生存问题的严重，人开始关注自身与自然的关系，认真思考自己在自然中的位置。因此，人们面对生态危机，需要寻求摆脱危机的路径，这既是人类的本能使然，也是人类的理性使然。正是这种解决危机的动因，使得道德关怀和道义的力量被纳入到调整人与自然关系的序列。所以笔者以为，人与自然关系被纳入到道德的范畴，是在承诺现实的基础之上，对人的生存和意义做出了体现时代精神的全新的诠释：人类永远需要自然的庇护，人与自然是高度统一的，人类是自然界的朋友，而不是征服者。目前，人们对于生态问题的认识，应该说还处在很低的层面，因此，转变人们的观念显得尤为重要。人与自然关系的价值，从效能看是通过影响和改变人的价值观念来增强人们保护环境的自觉性，或者是通过提高和升华的环境意识使得环境保护获得足够的人文动力。

生态文明中，人是自然的保护者，自然也为人提供了优越的环境，符合生态公正的原则，即人类社会与自然环境相互作用、相互制约，共处于一个有机联系的生态共同体。生态公正要求在这个共同体中，人类应当合理地行使自己对待所有成员（包括人类自己）的环境义务，促进人与人、人与自然之间关系的和谐。生态公正是涉及人与自然关系中的利益和义务的合理分配准则，既包含对待人类成员施行生态正义，也对非人类存在物施行生态正义。总之，人类要做自然的保护者，保护自然就是保护人类自身。

第五节　生态文明是人的可持续生存与全面发展的必要条件

现在人们已越来越认识到，一个国家、一个社会不能光追求生存和快速的发展，更要追求和重视可持续生存和发展。而要做到可持续，就必须重视生态文明建设，坚持把生态文明作为人类社会发展的基本战略实施。这是因为人的可持续生存和全面发展与生态文明有着密切联系。

一、人的可持续生存和全面发展离不开自然资源，而自然资源的可持续又依赖于生态文明

马克思的可持续发展思想还体现在他对自然资源作用的系统阐述上。[①] 马克思在《资本论》中正是从自然物质具有使用价值或效用的角度阐述了自然资源的作用。马克思认为，自然界中的阳光、空气、河流、湖泊、海洋、土壤等等都具有某种使用价值。他说："一个物可以是使用价值而不是价值。在这个物并不是由于劳动而对人有用的情况下就是这样。例如，空气、处女地、天然草地、野生林等等。"[②] 又说："如果一个使用价值不用劳动也能创造出来，它就不会有交换价值，虽然作为使用价值，它仍然具有它的自然的效用。"[③] 马克思这里讲的使用价值和效用是指自然物对人类的有用性，它包括两个方面：一是指劳动生产所必需的自然资源，如土地、矿山、森林等。二是指纯粹的自然力，如水力，风力、太阳能等。马克思认为在社会生产中"形成产品的原始要素，从而也就是形成资本物质成分的要素，即人和自然，是同时起作用的。"[④] 因此，在人类社会发展的历史进程中，人的社会劳动生产与自然界的自然资源是同样起作用的，社会生产力表现为人与自然物质变换过程中自然资源的效用存在和发挥与人的劳动生产力相互作用的结果，是自然资源的效用和社会劳动生产力的结合体。社会生产建立在自然资源的基础

① 许崇正：《人的发展经济学》，人民出版社2010年版，第241页。
② 马克思：《资本论》第1卷，人民出版社1975年版，第54页。
③ 马克思：《资本论》第3卷，人民出版社1975年版，第728页。
④ 马克思：《资本论》第1卷，人民出版社1975年版，第662页。

之上。

马克思对自然资源如何发挥作用做了进一步阐述，他明确说："劳动生产力是由多种情况决定的，其中包括：工人的平均熟练程度，科学的发展水平和它在工艺上应用的程度，生产过程的社会结合，生产资料的规模和效能，以及自然条件。"① 自然条件的优劣在很大程度上影响着劳动生产率的高低。"劳动的不同的自然条件使同一劳动量在不同的国家可以满足不同的需要量，因而在其他条件相似的情况下，使得必要劳动时间各不相同。"② 也就是说，自然资源会影响劳动生产率的高低，这种影响是由于自然资源的不同会增加或减少必要劳动时间而发生的。马克思又把自然资源分为两类，他说："撇开社会生产的不同发展程度不说，劳动生产率是同自然条件相联系的。这些自然条件都可以归结为人本身的自然（如人种等等）和人的周围的自然。外界自然条件在经济上可以分为两大类：生活资料的自然富源，例如土壤的肥力，渔产丰富的水等等；劳动资料的自然富源，如奔腾的瀑布、可以航行的河流、森林、金属、煤炭等等。在文化初期，第一类自然富源具有决定性的意义；在较高的发展阶段，第二类自然富源具有决定性的意义。"③在马克思看来，自然资源对社会生产力的作用，进而对人类生存和发展所起的作用至少表现在以下几个方面：

第一，自然资源直接给人类提供生活资料。马克思说："一般剩余劳动的自然基础，即剩余劳动必不可少的自然条件是：只要花费整个工作日的一部分劳动时间，自然就以土地的植物性产品或动物性产品的形式或以渔业等产品的形式，提供出必要的生活资料。农业劳动（这里包括单纯采集、狩猎、捕鱼、畜牧等劳动）的这种自然生产率，是一切剩余劳动的基础，因为一切劳动首先而且最初是以占有和生产食物为目的的。

① 马克思：《资本论》第1卷，人民出版社1975年版，第53页。
② 马克思：《资本论》第1卷，人民出版社1975年版，第562页。
③ 马克思：《资本论》第1卷，人民出版社1975年版，第560页。

(动物同时还提供兽皮，供人在冷天保暖；此外，还有供人居住的洞穴等等。)"[①] 人如果不从自然界中获取生活资料，人类将无法生存。人类从大自然中获取的生存资料的多少和质量，直接取决于自然环境的状况，取决于自然生态环境是否有利于人类的生存与发展。自然条件愈好，人类可获得的生存资料就愈丰富，人本身的脑力与体力就愈发达；反之，自然再生产能力愈弱，劳动者获取的生存资料就愈贫乏，人本身的能力就愈弱。如果自然生态环境遭到了人类的严重破坏，劳动者从中获取的生存资料就会危害人类的健康，甚至会危及人类的生存和发展。

第二，自然资源给人类提供劳动对象。马克思说："在采掘工业中，劳动对象是天然存在的，例如采矿业、狩猎业、捕鱼业等等中的情况就是这样（在农业中，只是在最初开垦处女地时才是这样）。"[②] 而且，马克思认为人类社会对自然界提供的天然劳动对象的依赖是一直存在的，他说："正如劳动过程最初只是发生在人和未经人的协助就已存在的土地之间一样，现在在劳动过程中也仍然有这样的生产资料，它们是天然存在的，不是自然物质和人类劳动的结合。"[③] 因此，如果自然生态环境良好，自然界给人类提供的劳动对象数量充足，质量优越，就能促进经济发展。相反，如果一个地区的自然环境遭到了人类的破坏，自然界所能提供的劳动对象的数量减少，质量下降，当地的经济发展就会受到严重的制约。

第三，自然资源给人类提供劳动工具。马克思十分注重劳动工具在社会经济发展中的作用。他说："各种经济时代的区别，不在于生产什么，而在于怎样生产，用什么劳动资料生产。劳动资料不仅是人类劳动力发展的测量器，而且是劳动借以进行的社会关系的指示器。"[④]这里的劳动资料是指劳动工具。马克思还从用什么劳动资料生产的角度，把社

---

① 马克思：《资本论》第 3 卷，人民出版社 1975 年版，第 712—713 页。
② 马克思：《资本论》第 1 卷，人民出版社 1975 年版，第 205—206 页。
③ 马克思：《资本论》第 1 卷，人民出版社 1975 年版，第 208 页。
④ 马克思：《资本论》第 1 卷，人民出版社 1975 年版，第 204 页。

会经济时代划分为石器、青铜器、铁器和机器四种经济时代。人类最初的劳动工具都直接来源于自然物，如石刀、弓箭、农具等等。由于自然条件的差异，形成了劳动工具的形态和功能的差别。随着社会的发展和科学技术水平的提高，劳动工具不断改进、不断发展。但是，一切劳动工具，无论是石器、青铜器、铁器、大型机械，还是电子计算机，都直接或间接地来自于自然物。

第四，自然资源是人类产生、生存和发展的重要条件。马克思认为，人类本来就产生于自然界，是自然界的一部分。他指出："自然界，就他自身不是人的身体而言，是人的无机的身体。人靠自然界生活。这就是说，自然界是人为了不致死亡而必须与之处于持续不断的交互作用过程的人的身体。所谓人的肉体生活和精神生活同自然界相联系，不外是说自然界同自身相联系，因为人是自然界的一部分。"① 所以，自然界中自然资源和生态环境的状况，必然直接影响着作为社会生产力中最主要因素的人的生存和发展，影响着人本身的自然状况。"任何人类历史的第一个前提无疑是有生命的个人的存在。因此第一个需要确定的具体事实就是这些个人的肉体组织，以及受肉体组织制约的他们与自然界的关系"。② 马克思说："农业劳动的生产率是和自然条件联系在一起的，并且由于自然条件的生产率不同，同量劳动会体现为较多或较少的产品或使用价值。"③ 良好的自然生态环境也是人的全面发展的空间。马克思说："良好的自然条件直接给予他的是许多闲暇时间。"④ 闲暇时间与人的全面发展有着密切的联系，它实质上是对人类自身动物性生存的超越，是人类全面发展自身潜能的空间和前提。"时间实际上是人的积极存在，它不仅是人的生命的尺度。而且是人的发展的空间。"⑤ 从马克思关于自然资源作用的系统阐述不难发现，自然资源对于人类的生存、社会经济

① 马克思：《1844年经济学哲学手稿》，人民出版社2000年版，第56页。
② 《马克思恩格斯选集》第1卷，人民出版社1972年版，第24页。
③ 马克思：《资本论》第3卷，人民出版社1975年版，第922页。
④ 马克思：《资本论》第1卷，人民出版社1975年版，第563页。
⑤ 《马克思恩格斯全集》第47卷，人民出版社1975年版，第532页。

发展乃至人类自身发展都极其重要，合理利用与保护自然资源对社会生产力和经济可持续发展极其重要。如果自然生态及其结构受到社会生产的削弱或破坏，就会出现社会生产的萎缩。如果人类强行、盲目、无节制地对自然界索取，就会导致经济发展的自然基础遭受更大破坏。如果自然资源对人类的使用价值丧失殆尽，再生产的自然基础就将被葬送，可持续发展的能力也就消失了。因此，马克思提出要“再生产整个自然界”[①]，在发展社会生产力的同时，要使自然资源的作用得到保持。

正因为自然资源对人类的作用如此重要，人类对自然界的各种影响，也是马克思十分关注的。对于人类对自然界的各种影响，马克思在《资本论》中就资本主义生产方式经营的工业和农业给人和自然都带来的灾难有具体的阐述，但我们认为马克思的挚友恩格斯在《自然辩证法》中做了更为集中而且精辟的阐述。他说：“到目前为止存在过的一切生产方式，都只在于取得劳动的最近的、最直接的有益效果。那些只是在以后才显示出来的、由于逐渐的重复和积累才发生作用的进一步的结果，是完全被忽视的。”[②] 这里“进一步的结果”主要是指人类对自然界的消极影响。“美索不达米亚、希腊、小亚细亚以及其他各地的居民，为了想得到耕地，把森林都砍完了，但是他们梦想不到，这些地方今天竟因此成为荒芜不毛之地，因为他们使这些地方失去了森林，也失去了积聚和贮存水分的中心。阿尔卑斯山的意大利人，在山南坡砍光了在北坡被十分细心地保护的松林，他们没有预料到，这样一来，他们把他们区域的高山畜牧业的基础给摧毁了；他们更没有预料到，他们这样做，竟使山泉在一年中的大部分时间内枯竭了，而在雨季又使更加凶猛的洪水倾泻到平原上”[③] 因此，“我们不要过分陶醉于我们对自然界的胜利。对于每一次这样的胜利，自然界都报复了我们。每一次胜利，在第一步都确实取得了我们预期的结果，但是在第二步和第三步却有了完全不同的、出乎

① 《马克思恩格斯全集》第42卷，人民出版社1975年版，第97页。
② 《马克思恩格斯选集》第3卷，人民出版社1972年版，第519页。
③ 《马克思恩格斯选集》第3卷，人民出版社1972年版，第517—518页。

预料的影响，常常把第一个结果又取消了。”[①] 恩格斯明确告诫：“我们必须时时记住：我们统治自然界，决不像征服者统治异民族一样，决不像站在自然界以外的人一样，——相反地，我们连同我们的肉、血和头脑都是属于自然界，存在于自然界的；我们对自然界的整个统治，是在于我们比其他一切动物强，能够认识和正确运用自然规律。”[②] 因此，人类对自然界的统治决不意味人与自然的分离，而是在正确认识和运用自然规律的基础上实现人类对自然界的利用，使人与自然和谐共存并更好地融为一体，从而展现人类所具有的比其他一切动物强大的创造力。恩格斯进一步指出：“事实上，我们一天一天地学会更加正确地理解自然规律，学会认识我们对自然界的惯常行程的干涉所引起的比较近或比较远的影响。特别是从本世纪自然科学大踏步前进以来，我们就愈来愈能够认识到，因而也学会支配至少是我们最普通的生产行为所引起的比较远的自然影响。但是这种事情发生得愈多，人们愈会重新地不仅感觉到，而且也认识到自身和自然界的一致，而那种把精神和物质、人类和自然、灵魂和肉体对立起来的荒谬的、反自然的观点，也就愈不可能存在了”。[③]马克思和恩格斯还从制度分析的角度，把资本主义生产对环境的野蛮破坏看做是资本主义的罪恶。资本主义及以前的一切生产方式都存在着局限性，即都只在于取得劳动最近的、最直接的有益效果，统治阶级的利益就成为生产的推动因素。恩格斯说：“支配着生产和交换的一个一个的资本家所能关心的，只是他们的行为的最直接的有益效果。不仅如此，甚至就连这个有益效果本身——只就所制造的或交换来的商品的效用而言——也完全退居次要地位了；出售时要获得利润，成了唯一的动力。”[④] 因此，人类学会认识生产行动的比较远的自然影响，就有可能去支配和调节这种影响，实行这种调节需要对现有的生产方式以及和这

① 《马克思恩格斯选集》第3卷，人民出版社1972年版，第517页。
② 《马克思恩格斯选集》第3卷，人民出版社1972年版，第518页。
③ 《马克思恩格斯选集》第3卷，人民出版社1972年版，第518页。
④ 《马克思恩格斯选集》第3卷，人民出版社1972年版，第520页。

种生产方式连在一起的整个社会制度实行完全的变革。

二、人的可持续生存和全面发展是生态文明的主要内涵和建设成果

当代经济学家们，在追述可持续发展理论时，首先提到的是，1971年发展学学者德尼·古莱（Denis Goulet）从人的角度研究了发展的本质问题，指出发展包含三个核心内容，即生存、自尊和自由。[①] 1983年，法国经济学家和社会学家佩鲁在《新发展观》一书中提出了“整体的”、“内生的”、“综合的”新发展理论。[②] 这种新发展观综合了“人的发展第一”和“基本需求战略”等观点，强调社会的真正发展就是要把“人的个性”潜能解放出来，各种文化价值在经济增长中起着根本性的作用。真正合理地发挥人的潜能，在于人必须有一美好的“文化价值”。1987年，挪威首相布伦特兰领导的世界环境与发展委员会发表的长篇报告《我们共同的未来》，正是从人类发展的角度比较系统地提出了“可持续发展”战略，标志着新发展观的基本形成。20世纪80年代末，人们开始把人类自身的发展作为经济发展的重要手段。联合国发展计划署（UNDP）1990年首次提出“人类发展”这一概念，该机构从1990年起，每年发表一份《人类发展报告》，通过建构人类发展指数（HDI），旨在用一种简单的复合指数来度量在人类发展的基本领域中所取得的平均成就，并由此对各国进行排序，对世界各国的人类发展状况进行评估和比较。该机构发表人类发展报告的目的是要使国际学术界和各国领导人把发展的目标从单纯的经济增长转到人类发展上来。人类发展这一概念在学术界逐渐流行起来。发展观已经跨入人类发展观的阶段。1992年联合国环境与发展大会通过《里约热内卢宣言》和《21世纪议程》两个纲领性文件。许多学者认为，它们是可持续发展由理论走向实践的转折点，

① ［美］德尼·古莱：《痛苦的抉择：发展理论的新概念》，上海三联书店1989年版。
② ［法］弗朗索瓦·佩鲁：《新发展观》，华夏出版社1987年版。

是人类诀别传统发展开拓现代文明新发展观的里程碑，是可持续发展观正式诞生的标志。人类发展强调人类自身的发展，认为增长只是手段，而人类发展才是目的，一切以人为中心。有了经济增长，不等于就自动地导致人类发展。《1996 年人类发展报告》的主题是讨论经济增长与人类发展的联系。该报告指出了 5 种有增长而无人类发展的情况：一是无工作的增长（jobless growth），主要指经济增长却没有导致就业率的同步增长。二是无声的增长（voiceless growth），主要指经济增长没有促进民主与自由的同步发展。民众参与和管理公共事务，自由地表达自己的意见和观点，是人类发展的一个重要方面。但是，经济增长并不始终伴随着民主和自由的扩大。有些国家经济增长很快，但还远不是民主和自由的。三是无情的增长（ruthless growth），意思是说经济增长反而导致贫富差距增长。四是无根的增长（rootless growth），是指经济增长缺乏本土文化的支撑或以传统文化是现代化和发展的累赘为借口，压制少数民族的文化，强迫少数民族和种族接受标准的文化和语言。五是无未来的增长（futureless growth），主要指经济增长导致了自然资源耗竭和毁灭生物多样性，使得人类居住环境恶化，从而使人类发展观主要关心的是人的物质生活、社会生活和精神生活的全面发展。它的提出使对发展过程的质量的关注从事物转变到对人本身的关心，把人不仅作为发展的手段，而且也作为发展的目的进行探讨。[①] 1998 年诺贝尔经济学奖获得者阿马蒂亚·森又在《以自由看待发展》一书中，提出了一种特定的发展观——自由发展观。他认为，经济发展就其本性而言是自由的增长，即发展可以被看做是扩展人们享有的真实的自由的一个过程。这种聚焦于人类自由发展观认为，自由是发展的首要目的，自由也是促进发展的重要手段。[②]

不可否认，上述这些学者、经济学家对人的发展理论与可持续发展

① ［澳］海因茨·阿恩特著，唐宇华等译：《经济发展思想史》，商务印书馆 1997 年版；郭熙保：《论发展观的演变》，《学术月刊》，2001 年 9 期。

② ［印］阿马蒂亚·森著，任赜等译：《以自由看待发展》，中国人民大学出版社 2002 年版。

理论以及相关关系的研究探讨做出了重大的贡献。但是科学、客观、公正地说，上述这些学者、经济学家的思想和论述，早在130多前马克思就已经作了相当深入、相当精辟的论述，并形成了完整的人的全面发展理论，并且在这一理论中各个方面都包含、揭示着可持续发展的思想，或称包含、揭示人的全面发展的与可持续发展关系的思想。

马克思可持续发展思想体现在他关于人的自由全面发展的一系列论述上。人的全面发展理论也是马克思学说的核心组成部分。从《德意志意识形态》到《资本论》，马克思（包括他的战友恩格斯）对人的全面发展进行了一系列论述，形成了一个完整的理论，构成了一个完整的理论体系，从而使人的全面发展的思想，由空想真正变成了科学，成为马克思主义伟大科学真理的一个重要的组成部分。我们研究发现，马克思人的全面发展理论早已体现了丰富的可持续发展思想。但是长期以来一直未引起国内外经济学界的重视，被国内外经济学界严重忽视了。

综上所述，人的可持续生存与全面发展是生态文明的主要内涵和目标成果；生态文明是人的可持续生存与全面发展的必要条件。

第五章
生态文明对人的发展的直接促进作用

生态文明反映人与大自然、人与人之间的和谐协调，是人类文明新的发展阶段。建设生态文明，对人的发展、社会经济文化的发展以及社会的全面进步，具有直接的促进作用。

第一节　生态文明为人类提供良好的社会生活环境

生态文明倡导人与自然的可持续发展，倡导建设全新的生态型社会，最终为人类谋取福祉。由生态文明的理念出发，不难想象，在不远的将来，在生态文明的指引下，人类将迎来一个良好的社会生活环境。

自然界与人类社会是相互作用的，因此，良好的生态环境与良好的人文社会环境是结合在一起的。由于人是社会存在物，人的目的、愿望的实现和利益的满足，就必须符合社会的规范，采用社会公认的“合适”、“合理”、“正当”等方式，对整个社会或大多数人产生积极的效应。在实践活动中，人们遵循社会普遍公认的价值标准和社会规范，去开展自己的活动，才能保证实践活动及其结果具有社会的功利性，在满足自身利益的同时，又要有利于他人、社会的整体利益，这就是实践活动“求善”的准则。

一、生态文明创建和谐社会

生态文明建设，以先哲的认识为基础，承袭了古代和谐观念。例如，“天人合一”、“主客合一”、“天地变化，圣人效之”、“与天地相似，故不违”、“知周乎万物，而道济天下，故不过”等等。中国传统文化中固有的生态和谐观，为生态文明发展提供了哲学基础与思想源泉。①

生态文明以和谐为现实取向，突出了和谐意蕴。和谐是生态文明的重要指标。在现代社会的发展中，人与自然的冲突经常以不同的方式演绎着。历史上，农耕时代、游牧时代都曾经出现过技术发展的同时而生存环境退化的现象，工业文明在彰显人类智慧的同时，又使许多人异化为“单面人”。人性的扭曲、环境的破坏、人与自然的背离交织在一起。曾经让人心潮澎湃的“发展”给人们留下了无尽的遐思和悠长的叹息。生态环境恶化了，生存斗争激烈了，人与人的矛盾、人与社会的矛盾、人与自然的矛盾以不同的方式显露出来。生态文明在追求社会和谐上的功效是解民生之倒悬，求人与人和谐；解环境之困厄，求人与自然和谐；解公平正义问题，求人与社会和谐；解身心之矛盾，求人自身的和谐。

---

① 生态文明的儒家观点：中国儒家生态智慧的核心是德性，尽心知性而知天，主张“天人合一”，其本质是“主客合一”，肯定人与自然界的统一。所谓“天地变化，圣人效之”，“与天地相似，故不违”，“知周乎万物，而道济天下，故不过”。儒家通过肯定天地万物的内在价值，主张以仁爱之心对待自然，讲究天道人伦化和人伦天道化，通过家庭、社会进一步将伦理原则扩展自然，体现了以人为本的价值取向和人文精神。正如《中庸》里说：“能尽人之性，则能尽物之性；能尽物之性，则可以赞天地之化育；可以赞天地之化育，则可以与天地参矣。”儒家的生态伦理，反映了它一种对宽容和谐的理想社会的追求。

二、生态文明共享小康生活

生态文明致力于解决与民生密切相关的问题，为建设小康社会服务。生态文明对小康社会建设的支撑作用，非常重要。经济社会的发展不能只图局部受益，忽视全局利益；只图眼前好过，忽视长远打算；只图一时受惠，忽视后人负担。在发展方式上，生态文明注重“平民化”、“民生化”，不求一枝独秀，唯愿万家乐奏。在发展目标上，生态文明以惠民、富民为己任，志在小康，旨趣宏远。生态文明，事在小康。其相关目标是：人各得其所，工者有其业，贫者获其济，学者得其教，行者守其信，食者保其健，才者尽其用；社会得其所，社会结构优化，社会心理调适，社会保障完善，社会运行安全；环境得其所，生态环境优良，生活环境舒适，心理环境健康。

三、生态文明促进社会人的身心健康和全面发展

人们的消费需要，不仅包括物质需要和精神文化需要，还应包括生态需要在内。生态需要对人的生存和发展，对满足人的消费需要，具有极端重要性。生态需要，不仅是最基本、最重要的生存需要，也是很重要的享受需要和发展需要。生态环境遭受污染，生态平衡遭受破坏，严重影响人的生存，更谈不上享受和发展。优美的生态环境，使人满足享受和发展的需要，就大大有利于人的身心健康和全面发展。马克思在谈到未来社会时早就指出：“……通过人并且为了人而对人的本质的真正占有；因此，它是向人自身、向社会的（即人的）人的复归……它是人和自然之间、人和人之间的矛盾的真正解决”。[①] 又说：“社会化的人，联合起来的生产者，将合理地调节他们和自然之间的物质变换……靠消耗

① 《马克思恩格斯全集》第42卷，人民出版社1979年版，第120页。

最小的力量，在最无愧于和最适合于他们的人类本性的条件下进行这种物质变换”。[①] 保护并培育生态环境，“合理地调节他们和自然之间的物质变换”，为促进“人的复归”，实现“对人的本质的真正占有”，促进人的身心健康和全面发展，创造了极其重要的条件。

四、生态文明促进社会文明和社会全面进步

从全社会来说，物质文明、精神文明、政治文明都很重要，但生态文明是发展这些文明的基础。各种文明的发展都离不开生态环境。还应看到：生态文明是“真”（生态规律）、善（生态伦理）、美（生态美）的统一。生态文明的发展，真正解决人和自然之间、人和人之间的矛盾，促进社会经济、文化的协调发展，这就反映社会文明和社会全面进步。上面这些，都说明生态文明对整个社会发展的作用。20 世纪是工业文明的世纪，21 世纪应该是生态文明的世纪。改善并优化生态环境，建设生态文明，是当代社会发展的客观要求和必然趋势。我国多年来，生态平衡遭受严重破坏，甚至出现生态危机。当前，我们正处在进入全面建设小康社会新的发展阶段，正在落实科学发展观，更需要改善、培育生态环境，建设生态文明，“走上生产发展、生活富裕、生态良好的文明发展道路”，这是我们今后一项极其重要的任务。

第二节　生态文明有利于建立良好的社会消费方式

马克思曾论述过，“一个社会不能停止消费，同样，它也不能停止生

① 马克思：《资本论》第 3 卷，人民出版社 1975 年版，第 926 页。

产。正由于有这两大领域的存在，才有了市场与经济”。然而，面对现代性消费伦理，我们不得不对之进行反思，如果人类一直以这种方式消费下去，一旦消费的上限超过了地球生态所能承受的极限，其后果如何？人类如何才能够永续发展？这是摆在我们面前不得不思考的问题。

一、生态消费伦理的提出

现实生活需要彻底扬弃和超越传统工业文明的无限制发展、人类中心主义和物质消费主义的价值观，建构一种与人类未来文明走向——生态文明相符的消费价值观，即生态消费伦理[①]。生态消费伦理是现代性消费伦理的转向，是建立在生态价值观基础上的一种消费伦理，它不是不要消费，而是要求人们在生产、消费活动中体现生态价值观和生态伦理观。生态消费伦理是对西方现代性消费伦理的超越。

首先，生态消费伦理在哲学基础上实现了对现代性消费伦理的超越。生态消费伦理是建立在生态价值观基础上的，而西方现代性消费伦理是建立在人类中心主义之上的。人类中心主义肯定人的价值，提倡人的尊严，它使人类从神学伦理的束缚下解放出来，从而极大地激发了人类的创造热情，促进生产力突飞猛进地发展。但在生产力迅猛发展的同时，人类中心主义由于其狭隘性而造成的消极后果也逐渐暴露出来，造成了严重的生态危机。因为，人类中心主义的理论支点之一是“主体—客体”二分的思维模式，按照这种理论，人永远是主体性的存在，它物的价值在于作为客体满足人的需要。物是手段，人是目的，是价值判断的标准。在伦理学上，这一点逐渐演化成道德只是对人而言才存在的。弗洛姆在《为自己的人》一书中对人类中心主义作了概括：“人道主义伦理学是以人类为中心的当然，这并不是说人是宇宙的中心，而是说人的价值判断，就像人的其他所有判断，甚至知觉一样，根植于人之存在的独

① 陈桂香：《生态悖论视角下生态消费伦理的构建》，《消费经济》2007 年 8 月。

特性，而且它只有同人的存在相关才有意义。人就是‘万物的尺度’。人道主义的立场是，没有任何事物比人的存在更高，没有任何事物比人的存在更具尊严。”① 而既然物只是人实现目的的手段，则人当然可以为了实现自己的利益而随意对待物。这极大地破坏了人类生活的唯一家园，使人类的生存面临威胁。

而作为生态消费伦理的哲学基础的生态伦理学的核心思想是尊重生命和自然界。这种价值观把自然界的价值理解为自然界的“内在价值”，即“自然界本身固有的价值”。这种内在价值的根据是自然物的存在，“自然之物的存在本身即代表了他们的价值，自然之物的价值就在于存在本身”。它所要处理的主要问题是人对与自己的生存密切相关的地球上各种生物和自然界抱什么态度的问题。它在理论上要求确立关于自然界的价值和权利的理论在实践上要求按照生态伦理学的道德标准和规范约束人的行为，以保护地球上的生命和生态系统。“人与自然万物的和谐发展”是生态伦理学的价值基础，其主要特征可以概括为人类行为要对全人类公共利益关心也要对人与自然共同利益关心，即“人的角色从大地共同体的征服者改变成大地共同体的普通成员与普通公民。这意味着，人不仅要尊重共同体中的其他伙伴，而且要尊重共同体本身。”人类对世界的行为应当以“人—自然”整体优化为目标，它把人与自然协调的价值观作为人类未来的价值方向，通过生态伦理调节人与自然的关系，完全体现了生态发展的方向和人类社会发展的方向。生态伦理学认为在人与自然关系中，无论谁统治谁都不可能有最后胜利，只有人与自然和谐发展和共同进化才是符合客观规律的。这就走出了人类中心主义的狭隘视野，实现了对人类中心主义的超越。可见，生态伦理学是伦理学发展的新方向，它发展一种对自然界的新责任感和道德观。因此，建立在其基础之上的生态消费伦理也就在哲学基础上实现了对西方现代性消费伦理的超越。

---

① ［美］埃·弗洛姆著，孙依依译：《为自己的人》，上海三联书店1998年版，第33页。

其次，生态消费伦理在道德评价标准上实现了对现代性消费伦理的超越。生态伦理的基本理论内核是超越人类中心主义的价值观和评价尺度，从整体主义的思维方式出发，通过赋予自然以固有价值而使大自然获得权利，成为道德关怀的对象，人类也因此承担了对自然的道德义务。生态伦理的这些思想给义务、公正、自由、平等等伦理概念赋予新的含义。生态伦理的整体性思维把“人的角色从大地共同体的征服者改变成大地共同体的普通成员与普通公民。这意味着，人不仅要尊重共同体中的其他伙伴，而且要尊重共同体本身”。这种超越人类中心主义的道德评价标准把公平、公正这一范畴从人与人关系的领域扩到人与自然关系的领域。这表现在两个方面：一是生态伦理增添了代际公平的内容。传统伦理学认为，公平、公正仅限于同代人，甚至同代部分人之间，对我们的先辈和后代无所谓公平与公正。生态伦理学则认为，我们既有责任保护好先辈留给我们的地球，也有义务给我们的后代留下一个适宜的生存环境，否则就是对他们的不公平。“作为一个可持续社会的基本价值，金科玉律的生态等价物是简单的每一代人满足他们需要而不危害未来后代满足他们自己需要。”二是生态伦理学增添了人地公平的内容。人地公平指的就是人类和大自然应保持一种公正关系，就是要求人类有意识地控制自己的行为，合理地控制利用、改造自然界的程度，维护生态系统的完整稳定，保持生物的多样性，尊重自然的价值和权利。总而言之，生态伦理学者在反思和批判传统道德评价标准的基础上提出了全新的道德评价标准。这种评价标准不同程度地超越了人类中心主义标准的局限，考虑到其他自然存在物的价值与利益，自觉地向人类提出了更多的伦理责任，这充分体现了人类自我超越的理性本性，体现了人对公正这一永恒精神的追求，因而是一种更为深厚、广博的道德评价标准。相应的，生态消费伦理也就在道德评价标准上实现了对西方现代性消费伦理的超越。

再次，生态消费伦理在伦理关系范围方面实现了对现代性消费伦理的超越。传统的价值观总是强调人类对自然的权利，忽视人类对自然应尽的义务；强调自然对人类的服务性，忽视自然对人类的制约性。这种价值观既是人类在生物学方面的提升获得成功的根源，同时又是人类陷入当前生态困境的根源。“旧伦理学仅强调一个物种人的福利新的伦理学除了人的福利还必须关心构成地球上进化着的生命的几百万物种的福利。”人类作为道德活动的主体，其权利与义务是统一的。在社会生活中如此，在对待自然关系中亦是如此。生态伦理学提出“尊重生命和自然界的权利”的道德原则，把权益平等的原则从人和社会扩大到生命和自然界，将道德关怀的视野从人扩大到整个自然界，研究人对自然的伦理关系，以及受人与自然关系影响的人与人之间的伦理关系，生态消费伦理同样也就在伦理关系范围上实现了对西方现代性消费伦理的超越。

最后，生态消费伦理在消费实践上实现了对现代性消费伦理的超越。有识之士早已指出：“我们消费者有约束我们消费的道德义务，因为我们的消费危害了未来后代的机会。”“如果我们减少对消费品的追求热，减少对革新和新奇物品的迷恋，并克制地使用能量，就可以减轻环境的压力了，只要我们逐渐改变‘一味消费，不顾污染’的坏习性，则我们的环境污染问题就能减少。”这即是说，我们每一个人作为消费者不仅在思想，更要在实践上转变过去那种现代性消费方式，走绿色消费之路。

二、生态消费的基本原则

传统消费主义消费观强调最有效地向自然界索取生活资料最大限度地满足人的消费需求，这是导致生态问题的重要原因，要构建生态消费观，用适度消费原则、和谐共生原则、绿色消费原则等取代支撑传统消费观的基本原则，势在必行。①

（一）适度消费原则

适度消费是指适应于国情国力、生产发展水平和自然资源的一种消

① 秦鹏：《生态消费法研究》，法律出版社2007年版，第三章第三节内容。

费状况。适度消费又称合理消费，是建立在生产发展和劳动生产率增长的基础上，既不断改善人们的生活水平，又把消费水平控制在经济、技术和资源、环境等客观条件所允许的界限之内。适度消费理念是对人类与自然相互依存、相互制约辩证关系的深刻认识和把握，是对消费主义消费观的扬弃，是人类在更高层次上对自身消费活动的理性约束与规范，是生态消费活动的基本原则。适度消费所追求的目标是人类需求和自然界运转相和谐，人的物质需求和精神需求相协调，消费数量增长与消费质量的提高相结合，力求改变消费不足和消费过度并存的不平衡状态。

（二）人与自然和谐共生的原则

人与自然的关系应该是一种互相依存、协调发展的关系。自然界是人类产生、生存和发展的前提，而人类则在生存和发展过程中能够主动调节人与自然的关系。生态消费观就是这种认识的产物和理论。消费是人们通过改变自然界以获得生活资料的过程，传统的消费主义消费观忽视了自然界与人的和谐关系的重要意义，片面突出掠夺自然，造成了十分严重的生态危机。要变革这种消费主义消费模式，使人类的生产消费活动沿着与自然相互协调的方向进化，就需要人类自觉地把自身置于整个人与自然所构成的相互依存的系统之中，使自身的消费活动不危及自然界的正常运转并且采取措施主动地促进生态系统的良性循环，使生态系统能保持良好的运行状态从而达到人与自然和谐共生的目的。这是人类文明发展进入到新阶段的重要标志，是变革消费观的重要原则。

（三）绿色消费原则

生态消费观的最终目标是人类合理利用自然资源，保护生态环境，实现生态系统内部物质、能量交换的良性循环和持续发展，达到经济发展与生态环境的动态平衡，从而实现经济效益与环境效益的统一。绿色消费正是生态消费理念的结果，它不仅是指对绿色产品的消费，而且是指一切无害于生态环境的各种消费。它强调在求得舒适的基础上，合理利用和保护资源环境，节约并高效地使用物质财富，促使人们的消费心理和消费行为向崇尚自然、追求健康转变，使绿色消费成为一种新的时尚。

（四）以人的全面发展为终极目标的原则

所谓人的全面发展是指社会的每一个成员都能完全自由地发展和发挥他的全部才能和力量。要实现人的全部才能和力量的充分发展，就必须满足人自身生存、发展、创造、享受的需要。作为满足这种需要的消费是人的生命存在和发展的首要条件，是确保劳动力再生产的必备条件。只有有了更高更好的消费才能再生产出更加接近于最高目标的全面而自由地发展的人。

三、生态消费的具体实现

要构建科学合理的生态消费观，必须通过政策调控、制度建设、宣传教育，使整个社会普遍接受生态消费这一新观念，自觉改变传统的人类中心主义消费观，积极实践新的生态消费方式使生态消费成为一种新的潮流。①

（一）促进生态生产，满足人的生态需要

消费与生产有着密切的联系。消费不是社会生活中的一个孤立领域，在任何一种社会历史形态中，消费在量上要受到生产力发展水平的制约，受到生产的制约。生态生产是以生态技术的应用为依托，以生态产品的开发和生产为目的的生产方式。生态技术的应用除了要求企业在生产过程中建立工业循环与环境之间的关系外，更重要的是开发生态产品。所谓生态产品就是在产品的生产过程、使用过程、回收过程中都不会或减轻对环境造成污染破坏的产品。过去，人类在生产的众多产品中，很多产品对自然环境是有害的。一些产品的消费所产生的各种废物不能在自然环境中被有效地降解或分解而进入生态系统的物质、能量循环，破坏了生态系统的平衡，而生态产品的消费将改变这一现象。

（二）加强宏观调控，实现生态公正

人们的消费方式、对消费资料的占有状况，在相当程度上体现着社

① 秦鹏：《生态消费法研究》，法律出版社2007年版，第六章内容。

会的公正与否。消费公正既包括国际公正、国内公正，又包括代际公正。消费的国际公正应致力于改善经济全球化中出现的南北差距及发达国家与发展中国家的消费悬殊。现实中，西方发达国家作为全球化主角享有对全球资源更大的支配权，凭借自己的资本优势和技术优势赚取更多的利润，并以邻为壑，把本国的生态危机、经济危机等转嫁给其他发展中国家。各个国家或主体应该严格履行国际机构的宏观管理，争取早日实现生态公正。

（三）制定有关政策和法律法规，鼓励和扶植生态消费，为推广普及生态消费提供可靠的依据和保障

通过政策调节人们的消费行为，限制和消除不合理的非生态消费，鼓励和扶植生态消费，从而为推广和普及生态消费开拓道路。消费问题事关人与自然的关系，涉及人与社会的和谐与稳定，直接影响社会经济发展状况，只有从我国人口、资源、环境的实际情况出发，建立起适合我国国情的生态消费模式，才能使科学发展观、构建社会主义和谐社会等问题落在实处。

（四）培育生态消费意识，构建更高级的生活结构

社会主义国家强调以人为本，努力克服资本主义非人道的消费方式，实行人道的消费。以人为本是通过超越以神为本、以物为本发展而来的，它把具体的现实的人看作主体、看作尺度、看作目的。按照以人为本的要求看待人的消费活动，就是要抛弃“消费至上”的价值观念，使消费成为个人自我发展的条件，而不能将其看成是生活的目的。我们要遏止消费陋习的抬头，消灭炫耀性的、奢侈性的消费现象，体现社会主义国家消费的文明特征。同时，我们必须加强社会宏观引导，使人们建立起科学合理的消费结构。实现可持续消费，必须实现价值观念的转型，必须彻底扬弃和超越传统工业文明的无限制发展、人类中心主义、物质消费主义的价值观，建构一种不仅是生态文明的，而且更重要的是充满人文主义的价值观。这种人文主义价值观不仅是对所谓人性的一种限制，而且还是克制物性对人性的宰割以及兽性泛滥的重要精神武器。要大力培育和树立可持续的健康文明消费价值导向。一是注重理性消费。在消费过程中，既考虑积极的效果，又考虑可能带来的负面影响，力求在总

体上趋利避害。二是倡导适度消费。适度消费否定浪费型消费方式，关注消费内容的质量而不是数量，通过适度消费提高人类的生活质量。三是强调公正消费。充分遵循代内平等和代际平等的法则，在进行消费时不能以损害别的地区或人们的利益为代价；当代人要自觉担当起在不同代际之间合理分配消费资源的责任，妥善利用可再生资源，保护好不可再生资源。四是大力倡导绿色消费方式，引导消费观念的转变，增强人们节约资源、保护环境的自觉性。

第三节 生态文明包含（孕育）着人的生产方式的改进

西方经济学的一个基本假设是人是理性的，理性人从事经济活动的目的是追求自身利益的最大化——消费者追求效用最大化、生产者追求利润最大化。经济学家们则研究如何充分地把资源投入使用（full employment)，如何最大限度地增加国民财富，如何提高经济增长率。效用最大化、利润最大化、产量最大化和成本最小化，是西方经济学传统的经济观。因此，工业文明时代的观念是最大限度地开发利用资源，最大限度地创造社会财富，最大限度地获取收益。走的是“先发展，先污染，后治理”或者是“边发展，边污染，再治理”之路。这种价值观是把自然环境看做是独立于人的经济活动之外的，大自然仅仅被看做是人类的衣食之源。大自然为人类服务，向人类的经济活动提供自然资源，人类活动的目的是向大自然索取，是要征服大自然。但是，历史和实践证明这样的人类生产活动是不可持续的，只有改变上述错误的观念和做法，从生态文明的角度去考虑，去发现更适合人类的生产方式，即生态化生产①。

---

① 赖章盛、张宇丰：《生态文明与现代生产方式的生态化转型》，《法制与社会》，2009 年第 9 期。

一、生态文明与生产力的关系

生态生产力是从生态学、生态哲学理论的视角研究生产力问题而提出的新概念。生态概念引入生产力研究是20世纪90年代以来生产力理论研究在方法论上的重大变革，它扩大了生产力理论研究的视阈。把生态概念引入到生产力的研究中来既是解决生态危机，探寻生产力生态化发展的现实要求，也是生产力理论本身发展完善的需要。而生态生产力理论研究的前提是对生态与生产力关系的科学把握①。

（一）生态文明是生产力的内在维度

马克思主义生产力理论认为生产力是人与自然之间物质变换的产物，从哲学来讲它首先是体现人与自然之间辩证统一关系的哲学范畴。而所谓生态，在人类生态学的视域中指的就是人与自然之间的辩证统一关系。因此，生产力内在的包含着生态维度。生产力的发展是人类与自然生态之间关系变迁的桥梁。社会历史发展的现实表明，当生产力水平较低时，人类自身的力量不足以与强大的自然生态力量相抗衡，人与自然生态之间是适应与顺从的关系，二者之间保持着相对平衡。当生产力水平发展到一定高度时，人类干预、影响自然生态的能力显著增强，二者之间的平衡被打破，自然生态成为人类可以利用技术任意开发、利用的对象。随之而来的便是诸多生态问题的产生，人类的生存面临着危机。面对日益严峻的人与自然之间的矛盾冲突，人类意识到，自然生态不仅仅是人类展示自身力量、满足需要的对象，更是人类赖以生存与发展的家园。人类开始反思自己的自然观、反思科学技术主导下片面发展的生产力，在反思与批判中重新定位人与自然之间的关系，探寻实现人与自然和谐共存、共同发展的新型生产力发展模式。可见，生产力本身包含的人与自然之间相互依赖、相互影响、相互制约的生态维度为其实现生态化提

① 马芹：《生态生产力研究中的问题探析》，《理论学刊》2010年第5期。

供了必然性与可能性。

（二）生态生产力是应对生态危机、解决生态问题的现实选择

生产力本身的生态维度决定了它既是生态问题产生的物质技术根源，又是人类未来解决生态问题的物质技术手段。人类历史发展的进程决定了人类不可能退回到前现代文明时期的生产方式，人类的未来只能寄希望于改变当下，寻求解决人与自然之间日益尖锐化矛盾的新型生产方式。生态问题的解决最终还是要依赖以科学技术为前提的生产力的发展。因此，为实现人类的可持续生存与发展，在保护自然生态环境的前提下发展社会生产力，成为未来生产力发展的必然要求和基本原则。时代呼唤适应生态化需要的新型生产力发展模式。绿色经济、循环经济、环保产业等的产生与发展正是适应生产力生态化需求而产生的这种新型生产力发展方式。学者们一般将这种新型生产力称之为“生态生产力”。与传统生产力相比生态生产力是一种新型生产力的发展模式和发展理念。与传统生产力无视生产力发展的自然生态维度不同，生态生产力将生态问题的解决、人与自然生态的和谐、可持续发展作为生产力发展的出发点和评价生产力发展状况的重要尺度，是凸显了生产力发展的自然生态维度的生产力形态。生产力把生态问题作为其理论与实践发展的核心，是应对当前的生态危机，实现人类可持续生存与发展的必然要求。

（三）传统生产力发展的片面性是生态问题产生的物质技术根源

传统生产力是指近代以来伴随着科学技术的发展而逐渐形成的以征服、改造自然为前提，以获取物质财富为目的，以现代科学技术为物质手段，以工业生产为主要依托的生产力发展模式。这种生产力发展方式片面强调自然与人类的对立，以及人类对自然的单向索取。它的快速发展打破了前现代文明时期人与自然之间相对和谐共处的关系，使过去被认为神秘不可征服的自然现象、自然力，成为被人类可以任意开发、利用，以满足人类不断膨胀的需求的外在对象。结果是，人类以开发、利用自然资源、自然力为前提的工业生产力的发展在创造极大丰富的物质财富的同时，造成了人类赖以生存的自然生态环境的满目疮痍、生态问

题丛生如河流污染、森林被毁、土地贫瘠、生物多样性锐减、资源枯竭、气候反常、自然灾害频发等等。生态问题的日益加深，已经威胁到人类自身的可持续生存与发展。这令关注人类生存的学者们疾呼："人类的力量影响到环境，已经达到了会导致人类自我灭亡的程度，这种情况似已确定无疑。如果人类为了满足贪欲而继续使用这些力量，必将自取灭亡。"

二、生态化生产方式及其构建

生产方式是："在特定的历史条件下，人们运用劳动能力生产使用价值的实际生产过程。"[①] 生产方式是历史唯物主义的基本范畴，是生产力和生产关系在物质资料生产过程中的统一，它们相互联系，相互影响，共同组成生产的循环运动体系。它为促进人与自然协调，经济与环境融合，形成"人—自然—社会"全面均衡发展的生态化生产方式提供了内在构架。

（一）生态化生产方式

历史上，人类的每一种文明形态都是在一定社会生产方式的基础上形成的。每当社会生产力的发展引发社会革命而形成新的社会生产方式，原有旧的社会文明形态就当然为新的文明形态所取代。当代绿色革命推动下产生的可持续生产方式，必将形成替代工业文明的生态文明。而"生态化生产方式"恰恰符合了生态文明的内涵及要求。它是一种立足循环经济，注重生态环境，同时注重生产内部关系、再生产环节以及产业经济实践的可持续发展的生产方式。其一，它立足循环经济，倡导一种资源与产品的循环反馈式生产模式，实现了低消耗、低排放、高循环和高利用。其二，它正视自然，注重实践。具体来讲，生态化生产方式出于生态利益考虑，以科技为支撑，以文化为先导，以生态产业为实践

① 赖章盛、张宇丰：《生态文明与现代生产方式的生态化转型》，《法制与社会》，2009 年第 9 期。

基础，以生态系统中的物质循环，能量转化和生物代谢的规律为依据，充分考虑经济产业间的紧密联系，并在集中了“末端治理”、“清洁生产”以及“循环经济”优势的基础上构建发展起来的一种系统全面的生产方式。其最终目的在于实现“人—自然—社会”的全面均衡发展。

（二）生态化生产方式的构建

要实现生产方式的生态化转型，就必须充分运用生产方式生态化演变过程中的实践经验，系统的认识生产方式的内在结构及外部运作。生产方式内在结构表现为生产力和生产关系的统一，它们共同构成生产方式改进的内在动力；生产方式的外部运作体现为循环经济和生态产业的系统化运行。因此，生态化生产方式要合理运用生产方式的理论基础与实践经验，从科技、文化、经济和社会四个层面上加以构建。

首先，生态化生产方式的构建要以科技为支撑，文化为先导。生态文明建设离不开环保科技的创新。而作为其实现过程的生产方式生态化转型更要依赖于科技力量，邓小平同志就曾提出“科技是第一生产力”的论断。而生产力的进步必然引起生产方式的革新。因此，加强科技创新，引导绿色生产力及绿色科技是促使生产方式生态化转型的必要措施。从经济产业的生态化转型来看，科技创新应主要集中在如下领域：第一，链接人类社会与自然的微观技术与宏观技术，微观技术包括纳米技术、微生物技术、核技术等，宏观技术包括水能风能及太阳能技术、生态监控技术、太空技术等。第二，联系社会各经济产业之间的技术，如物料转化技术、产业规划技术、废物处理技术、信息技术等。第三，各经济产业内的技术，如资源与能量循环利用技术、新材料合成技术、新能源与高效节能技术、清洁生产技术等。作为生产者，同时又是产品的消费者。其生活方式直接影响着生产与消费，同时影响着再生产的进行与循环经济的开展。因此，构建生态化生产方式应促使人们树立正确的生态文明观，促使人们自觉改变传统的浮华享乐观，减少或杜绝生态破坏、环境污染和资源浪费的行为。建立良性的消费机制，可以正确引导资源流向，实现节能降耗和生产循环顺畅，加速生产方式的生态化转型。

其次，生产方式的生态化转型重在产业实践。这种实践包括循环经济的实践和生态经济产业的实践。循环经济能较好地推进传统经济的生态化转型，是促进建设资源节约型和环境友好型社会的国际通用环保生产模式。发展循环经济要遵循减量化、再利用、再循环的“3R”原则，按照循环经济的思想，生产便形成了循环运转，实现了节能降耗。而要实现这个过程，少不了生态产业的带动作用。生态产业是按生态经济原理和知识经济规律组织起来的基于生态系统的承载能力，具有完整的生命周期、高效的经济过程及和谐的生态功能的网络型、进化型、复合型产业。生态产业的高效运作将有效解决循环经济发展的技术难题，形成科技带动下的拉动式生态产业系统，为实现全国经济生态化转型提供技术支撑。

再次，生态化生产方式的构建有赖于法规与政策的支持与引导。循环经济和生态经济都是高效的市场经济，应该由市场加以调节。然而，在生产方式生态化转型的关键时期，政府的支持和引导是必要的。其一，政府政策的调节作用。政府应充分运用行政规划和行政指导等手段对其加以调整。在经济的生态化转型中，政府的作用主要表现为：一是制定区域经济发展规划。将生态经济理念贯穿到区域经济发展计划和区域经济发展建设的各个领域。二是建立生态经济产业园区。推动建设生态科技园区、生态经济示范园区等。三是建立绿色经济核算体系。在中央和地方实行宏观绿色经济核算制度，研究经济发展过程中的环境效益。同时在企业实行绿色成本和绿色效益独立核算机制，实现环保效益的量化。四是进一步完善奖惩机制。对认真落实国家有关清洁生产和循环经济产业政策、生态技术开发和推广环保政策的企业，制定财政、税收、价格、金融以及政府采购方面的优惠给予支持。对落后产能、高污、高耗、低效的企业实行末尾淘汰或向物质循环型和产业共生型企业转型。五是政府应作环保的表率，宣传普及环保知识，营造生态文化氛围，提高公众参与生态建设的积极性。其二，完善环保法律法规和加强环保执法力度是实现生产方式生态化转型的必要保证。随着今年初《中华人民共和国循环经济促进法》的实施，我国环境保护有了系统全面的行为准则，循环经济发展规划、评价指标、考核与监督、污染控制、激励措施、生产者责任及相关生态产业政策都以法律的形式加以规定。环保法律的制定使经济的生态化转型有了更强的执行依据，同时结合环保部门的严格执法，统一监管共同筑起“环保高压网”，将为生态文明建设提供现实保障。只要努力在实践中不断推进生产方式的生态化转型，综合考虑各方因素，系统调节人、自然、经济和社会的相互关系，就能最终实现建设生态文明社会的目标。

此外，生态文明必须克服经济发展超越自然生态系统承载能力的矛盾，改变以往那种高能耗、低产出、重污染、不循环的产业模式，转变生产方式，建设以生态规律为指导的生态化产业。产业建设生态化的内容是多方面的，包括以下一些基本方面：调整产业结构，降低高能耗、重污染的工业在国民经济中的比重，加速发展第三产业；建设生态工业，提高工业结构层次，提倡生态工业园区式循环工业生产模式，发展高新技术产业和高附加值的知识经济；建设生态农业，改变大规模单作物的种植模式，减少农药化肥的使用，多利用有机肥料和生物防治技术，提高地力，减少农业对环境的污染，降低农产品残留的毒害；开发新产业，大力发展环保产业和新材料产业；改善生产方式，提倡清洁生产和循环利用；优化能源结构，逐渐降低对化石燃料能源的依赖，提高天然气、清洁煤和核能等低污染能源在能源中的比重，并大力开发生物质能源、风能、太阳能、地热能、海洋能等可再生能源和清洁能源等等。

第四节　生态文明改变了人的物质价值观

在当代，人类承受的愈来愈多的生命矛盾起源于自我生命意识过度膨胀的绝对化人类中心主义。绝对化人类中心主义作为战胜绝对化自然中心主义的观念产物，是近代以来人类发展的价值观念。在此种价值观念的引领下，人类的生命力量不断增强，人类的生活世界愈发丰富。但伴随人类社会进入“从两极到中介”的新时代，单一的绝对化人类中心主义的价值观念已无力继续承担人类发展的重任。变革传统的价值观念，塑造人与自然和谐共生的生态价值观成为当代学者研究的重大思想问题。人类在经历了在工业文明社会中所遭受的报复后，迎来了生态文明时代。生态文明观的树立也改变了人类原有的物质价值观念。由此，我们有必要从生态价值取向、生态文化、生态伦理道德和社会发展观等方面把握生态文明的物质价值观[①]。

一、生态文明在价值取向上否定了工业时代的拜物教文明和功利主义价值观

进入工业文明以来，由于人类自身的需要和欲望的不断膨胀，人对自然的占有和征服代替了人对自然的尊重。这是一个见物不见人的文明，是自然人沦为“经济人”、沦为“物质财富俘虏”的文明。人类在创造出惊人物质财富的同时，也把物质财富当成了这个时代的图腾，当成了衡量一切价值的基础。而且，亚当·斯密已经把自利心或者说对功利主义的追求，从理论上当成是社会繁荣进步的源泉。作为工业文明的一种主流价值观，功利主义已渗透到社会的每一个角落。生态文明强调并肯定整体性价值，生态价值观继承现代文化人本主义价值观，肯定人的物质文化生活需要，强调主体能动性、创造性的发挥，对自然价值进行了肯定；强调人与社会是自然生态系统的有机组成部分，人的生存价值既包含物质生活层面的价值，同时还包含与自然生态系统优化相关的生存质量优化层面。

---

① 徐春：《生态文明与价值观转向》，《自然辩证法研究》2004 年第 4 期。

二、生态文明肯定了生态文化价值理念

作为人与自然关系的体现，生态文化是一个历史范畴，因为文化本质上就是人类在自然中建构意义体系。人与自然的关系，是人类建构的意义体系中最根本、最重要的关系。纵观人类文明发展的整个历程发现，人类与自然建立的关系都是一种扭曲的关系。从原始时代的盲从到农业文明时代的顺从，再到工业文明时代的征服，人与自然的关系都是错位的。文化，本质上是与自然相对立的，由人类所创造和实践的文化，很大程度上，是引导人们去独占大自然——自然本来是所有生物共享的一个生态系统，人类只能是这个生态系统中的一个链接，是大自然生物圈中一个环，但拥有了文化的人类，却总是在改造着自然或者影响着自然，将自然生态系统当作主要甚至唯一为人类服务的领地。正如马克思所说："正是在改造对象世界中，人才真正地证明自己是类存在物。这种生产是人的能动的类生活。通过这种生产，自然界才表现为他的作品和现实。因此，劳动的对象是人的类生活的对象化：人不仅在意识中那样理智地复现自己，而且能动地、现实地复现自己，从而在他所创造的世界中直观自身。"① "自然是人类的作品和现实"，当然也就改变了自然作为一个生态系统的完整性。重要的不是文化与自然生态系统的这种对立，重要的是由于人类的价值观，而形成的人与自然的对抗。从这个意义上说，应该将生态文化看作是一种价值观。人与自然关系的错位，本质上是人类价值观的错位，并且，随着人类科学技术的发展和进步，人类对于自然的控制能力空前提高和增强，这种错位导致的后果就愈加严重，以至人类不得不重新来审视其价值观。显然，确立一种正确的价值观，重新建立人与自然的关系，在人类的能力，尤其是人类掌握科学技术能力已经足以让整个自然生态陷于毁灭的工业文明时代，有重要的意义。我们

① 陆梅林辑注：《马克思恩格斯论文学与艺术》，人民文学出版社1982年版，第123页。

必须构建一种符合生态系统运行规律的现代生态文化，而这种生态文化，又必须以生态价值观为理念。生态文化是以生态价值观为理念的人类的一种全新的生存发展方式，这是生态文化最根本的特征，是生态文化作为一种文化形态与此前所有文化形态的本质区别。

此外，生态文明倡导一种与工业社会里“过度消费，异化消费”的文化截然不同的可持续的“适度消费，绿色消费”生态文化。现行的消费方式实质在于鼓励人们突破合理的界限，造成消费欲望与合理的物质需求背离的奢侈。发达国家普遍存在衣、食、住、行等方面的高消费、高浪费包含着对人类健康生存无益的无意义消费和危害人类健康生存的有害消费，对于人的生存和发展而言并非是必要的。在这种经济需求背后隐藏着巨大的经济性浪费——经济增长中的挥霍性因素。在痛苦的反思中人们终于醒悟，对人性的摧残和对生产的破坏在根本上是一致的。其根源在于人们的消费方式和生产、生活方式。由此，生态文明首先倡导“崇尚高尚消费，适度消费”的生态文化。生态文化是指人类在实践活动中保护生态环境、追求生态平衡的一切活动的成果，也包括人们在与自然交往过程中形成的价值观念、思维方式等。生态文化的重要特征就是注重自然因素、自然规律、生态环境对人类社会的影响，它是人类社会发展到一定阶段后物质生产和精神生产高度发展、自然生态与人文生态和谐统一的文化。

三、生态文明在伦理道德上否定了人类中心主义的唯心史观

生态文明在伦理道德上否定“天人对立”、“人类中心主义”的唯心史观，确立“天人合一”、“人与自然和谐发展”的唯物史观。西方哲学在人与自然的关系上一贯主张“天人对立”，主张强化“征服自然”的能力，强化人类索取、占用和支配大自然的能力。在我国，人们在人与自然关系上的认识，也存在“人定胜天”这种误区，即人类可以随心所欲地“征服自然”。显然，这些都是对大自然生物圈系统运动规律毫无

认知的唯心主义的思维方式。这种“人类中心主义”、“人类沙文主义”思想对于今天已十分危急的人类生存状况负有不可推卸的责任。“人类中心主义”，也叫人类中心论，其核心内容是：一切以人类的利益和价值为中心，以人为根本尺度去评价和安排整个世界。其历史最为悠久的经典表述为古希腊哲人普拉泰戈拉的名言“人是万物的尺度，是存在事物存在的尺度，也是不存在事物不存在的尺度”。当然，“人类中心主义”在理论上的表达并无定势，但它的价值取向却是明确的，那就是尽最大的可能提高人的地位，扩大人的行为选择自由度。生态文明要求把保护生态环境作为伦理道德的首要准则。生态哲学强调，自然是人的无机的身体，人是自然界的一员。正如恩格斯所说：“我们连同我们的肉、血和头脑都是属于自然界，存在于自然界的。”① 保护自然系统就是保护人类自己，破坏自然系统无异于毁灭人类自己。要改善人类生态环境，必须倡导新的文化精神、新的伦理道德。生态伦理主张把道德对象的范围扩大到人以外的生物，把关爱、道义、责任的原则扩展到人与自然的关系上。这是一种全新的道德观念，传统的伦理道德只是用以调整人与人之间相互关系的，生态道德的产生，将伦理道德的视野扩展到了自然，是对传统伦理道德的补充与升华。总而言之，生态伦理文化是反映和研究人与自然关系的生态道德。

四、生态文明否定了工业文明时代的社会发展观

工业文明时代的发展观是“重增长、轻发展”和“高消耗、高污染”。确立人口、社会经济与环境、资源相协调的可持续发展观，生态文明建设的立足点是建立人与自然的和谐关系，其核心问题是实现人与自然的协调发展。马克思早就指出：“人靠自然界来生活。这就是说，自然界是人为了不致死亡而必须与之不断交往的人的身体。所谓人的肉体生

① 《马克思恩格斯选集》第4卷，人民出版社1995年版，第384页。

活和精神生活同自然界相联系，也就等于说自然界同自身相联系，因为人是自然界的一部分。”① 良好的生态环境是人类生存和发展的物质基础，同时又是人类文明的凝聚和体现。因此，生态文明提出，在生产方式上，转变高生产、高消费、高污染的工业化生产方式，以生态技术为基础实现社会物质生产的生态化，使生态产业在产业结构中居于主导地位，成为经济增长的主要源泉；在制定决策上，使科学家和经济学家、人文学者对有重大影响的发展战略决策进行生态效益评估，以期维护人类活动对自然的最小损害并能够进行一定的生态建设。生态文明强调可持续发展，合理配置资源，倡导绿色科学技术、环境协调技术，使生态潜力的增长高于经济增长速度，实现良性生态循环。

总之，生态文明是坚持以人为本，树立全面、协调、可持续的发展观，统筹人与自然和谐发展，步入“生产发展、生活富裕、生态良好”的良性循环轨道的明智选择。生态文明为人类与自然的互惠互生、协调发展提供了最佳路径，尤其是为自然赋予了与人类平等的伦理地位，为人类与自然和谐相处提供了新的价值标准。生态文明追求环境与发展的统一。人类有理由相信：经济发展、社会进步、生态环境优化、人类持续发展的绿色文明正在到来，追求人人和谐、促进人类全面发展的终极目标一定会早日实现。

① 马克思：《1844年经济学哲学手稿》，人民出版社1979年版，第49页。

第六章 人的发展是建立生态文明的前提和保证

人类在创造现代文明的活动中，面临着一种两难的境地。人们依靠科技进步、对自然的前所未有的开发实现了经济增长，拥有了巨大的物质财富；然而，与此同时，人类却把自己置于全球性的生态危机之中，资源枯竭、环境污染。在这种两难境地里建设生态文明、发展循环经济似乎是我们唯一的选择。而建设生态文明、发展循环经济与人的全面自由发展有着密切的联系。

第一节 人的发展是建立生态文明和循环经济的重要和主要因素

一、高投入高污染的粗放型经济增长方式对人的发展的危害

我国建设生态文明、发展循环经济的现状可以用一句话概括：问题严重、成果明显、还需大力推进。

长期以来，我国的高经济增长伴随高环境代价、高社会代价一直是一个非常突出的问题。以人的生产力和生态生产力的巨大牺牲为代价换取的物质财富增长，使我国的经济发展“反人性化”和“反生态化”问题日益严重。不注重环境保护问题，浪费资源、污染环境成为企业生产中相当普遍的现象。许多企业只考虑自己的私人成本，而不考虑环境资源这一社会成本，将自己的利润建立在掠夺性开发资源和污染环境之上。重大的生态危机、公共卫生安全问题频出。千里淮河治污问题始终不能得到很好的解决，政府花十年时间，耗资600亿，收效甚微。太湖、巢湖水域甚至长江流域2007年5、6月份再次出现的“蓝藻”问题，一度引起当地居民的恐慌，成为影响社会稳定的一个突出问题。这种忽视人与自然和谐发展的后果是地表沉陷、植被破坏、沙漠化加剧等一些环境危机。据估算，20世纪90年代，我国的GDP当中，至少有3%—7%是以牺牲自然资源和环境取得的。世界银行2007年公布的《中国环境污染损失》报告指出，中国每年因空气水污染而导致的GDP的损失达到5.8%之多。

为了解决这一突出问题，党的十七大报告首次明确提出：“建设生态文明，基本形成节约能源资源和保护生态环境的产业结构、增长方式、消费模式。”“生态文明观念在全社会牢固树立。”由此，我国进入了建设生态文明、发展循环经济的大发展时期。据新华日报2009年6月6日报道，国家应对气候变化领导小组暨国务院节能减排工作领导小组6月5日会议指出：“十一五”的前三年我国单位GDP能耗下降10.1%，二氧化硫、化学需氧量（COD）排放总量累计下降8.95%、6.61%。2009年一季度，单位GDP能耗同比下降2.89%，降幅上升0.27%。

但是，总的来看我国在生态建设和循环经济方面的投入还明显不足。发达国家的环保投入占GDP的2%—3%。我国在“七五”期间的环保投入仅占GDP的0.7%、“八五”期间为0.8%、“九五”期间为1%、“十五”期间为1.2%、“十一五”期间为1.35%。这还只是问题的一个方面。更重要的是：从理论和实践来看，我国建设生态文明、发展循环经济的难点还在于内在动力机制的不健全。以往的许多研究大多从生态危机对社会经济发展的影响出发，来论证发展循环经济的重要性和必要性，这样的论证显然是不够的。经济决策的主体是一个个的微观经济主体，这些微观经济主体显然是不能直接从社会的角度出发去考虑生态问题的，否则就不会有外部性问题和生态危机了。因此，这种论述只解决了能代表社会利益的政府建设生态文明、发展循环经济的动机问题。而在我们看来，只有在微观经济行为主体的层面上确立了建设生态文明、发展循环经济的动机，才能算真正建立了建设生态文明、发展循环经济的内在动力机制。

而引导微观经济个体确立建设生态文明、发展循环经济的动机的关键有两点：一是坚持人的全面发展的思想，二是坚持用市场机制引导个体产生建设生态文明、发展循环经济的动机。

二、人的自由全面发展与生态保护和绿色经济

人的全面发展对生态和绿色经济的关系可以体现在如下几个方面：

一方面，人的全面发展就意味着人存在于一种和谐的自然生态环境中，人与自然实现了和谐共处。换言之，人与自然的和谐是人的全面发展的必要条件（显然，不是充分条件）。但是，这一递减过程在当代发生了逆转。20 世纪 70 年代以来，生态环境作为制约经济增长的要素日益引起重视。只不过这种逆转，是以一种生态危机的形态出现的，是从生态环境对人的全面发展的负面的制约角度表现出来的。工业社会之前，一种新的文明取代旧的文明从来都不是因为旧的文明形态出现了环境问题。而只有到了工业文明时代，工业文明的快速发展遭遇了资源、能源和环境的巨大压力和挑战。对经济增长的片面追求导致了对自然资源掠夺式的开发。人试图成为自然界的主宰，无度地向自然界索取，而同时也在破坏人类自身生存与发展的基础，单纯的经济增长并不能给人们带来普遍的福祉，相反，它还同时引发了生态恶化。在这种视角下，生态

环境事实上已从人类生产要素，转变为社会意义上的人类生存的一票否决的因素。人们终于发现自己是不能对自然界为所欲为的。因此，当今语境下的“人与自然的和谐”与其他文明形态语境下对应物已不可同日而语了。人的全面发展的自然生态之维第一次成为人类必须考虑的现实因素。

另一方面，发展绿色经济依赖于人的发展，人的发展是绿色经济的前提和保证。

发展绿色经济、循环经济有利于树立适度消费的观念。这种消费观念认为，消费者在消费时不仅要考虑自身效用的最大化，而且要考虑他人利益乃至社会的利益；不仅要考虑当代人的利益而且要考虑子孙后代的利益，体现了人类的理性精神和道德自律，符合现代社会经济发展的要求。

这就是说，发展绿色经济还有利于树立可持续消费观，可持续消费观是一种环保理念，也是一种新的经济概念和文化概念，其着眼点是为一个民族、社会保护其自然资本和文化资本，而创造一个生态安全的环境则是保证社会和谐稳定的重要前提。可持续消费方式立足的原则是：承认地区资源的有限性和后代人的消费权利，当代人的消费不以破坏后代人的生存条件为前提。英国著名的经济学家舒马赫指出，人的需要无穷尽，而无穷尽只能在精神王国里实现，在物质王国里永远不能实现。因此要彻底解决人类面临的生存危机，唯一的出路是实现人的价值观念的转变，发展绿色经济有利于人们实现价值观念的转变，从而促进公平理念的实现和公平环境的成熟。

另外，发展绿色经济有利于树立新的生产观。传统工业经济的生产观念是最大限度地开发利用资源，最大限度地创造社会财富，最大限度地获取利润。传统的工业化道路是“先发展，先污染，后治理”或者是“边发展，边污染，再治理”，19 世纪英国的“雾都”就是这样形成的。绿色工业化道路是从循环、低碳、环保意义上发展经济，用清洁生产、环保要求从事生产。清洁生产是循环经济的生产理念。清洁生产不但是指生产场所清洁，而且包括生产过程对自然环境没有污染，生产出来的产品是清洁产品和绿色产品。

绿色经济的生产观念是要充分考虑自然生态系统的承载能力，尽可能地节约自然资源，不断提高自然资源的利用效率。并且是从生产的源头和全过程充分利用资源，使每个企业在生产过程中少投入、少排放、高利用，达到废物最小化、资源化、无害化。上游企业的废物成为下游企业的原料，实现区域或企业群的资源最有效利用。并且用生态链条把工业与农业、生产与消费、城区与郊区、行业与行业有机结合起来，实现可持续生产和消费，逐步建成循环型社会。这就要求企业在进行生产时，最大限度地利用可循环再生的资源替代不可再生的资源。例如，更多地利用太阳能和风能；尽可能多地利用科学技术手段，对不可再生资源进行综合开发利用；用知识投入来替代物质资源投入，努力使生产建立在自然资源生态良性循环的基础之上。

绿色经济学的经济观是把西方经济学的“最大化”变革为“最优化”：优化人与自然的和谐相处，优化资源，优化自然资源的利用，优化自然生态环境；人类在组织生产和从事经济活动时，不但要考虑生产成本，还要考虑生态成本和环境成本。循环经济不是单纯地把效用最大化看做是来自产品和服务的消费，而是把优美和谐的环境也看做是人们获取效用的来源。循环经济发展的目标是实现人与自然的可持续发展，实现经济与社会的可持续发展。这就要求我们转变经济增长方式，走依靠技术进步来促进经济增长的发展道路。循环经济、低碳经济等是要求先进的生产技术、替代技术、减量技术和共生链技术以及废旧资源利用技术、“零排放”技术等支撑的经济，而不是传统的低水平物质循环利用方式下的经济。这就要求在建立循环经济、低碳经济等的支撑技术体系上下工夫。

最后，传统经济的价值观是把自然环境看做是独立于人的经济活动之外的，大自然仅仅被看做是人类的衣食之源。大自然为人类服务，向人类的经济活动提供自然资源，人类活动的目的是向大自然索取，是要征服自然。这种价值观在西方主流经济学中的反映就是在单个厂商的生产函数或总量生产函数中，一般不考虑自然环境对（总）产出的影响。

绿色经济的价值观把人与自然环境的关系看做是相互依存、相互影响的，人和人类的经济活动不能脱离自然环境，而是融入自然环境之中；人类不能简单地向大自然索取，而是要保护自然，维持自然生态平衡；人类不能仅仅把大自然看做是可利用的资源，而是要维持自然生态系统的良性循环；绿色经济在考虑科学技术时，不仅考虑其对自然的开发能力，而且要充分考虑到它对生态系统的维系和修复能力，要使之成为有益于环境的技术；人类发展科学技术的目的是和谐发展和共同发展，这是循环经济的最终目的。

绿色经济在本质上是以人的全面发展为最终目的的。循环经济促进经济、社会和资源、环境的协调发展，其根本目的正是为了我们人类自身的长远发展和根本利益，满足我们人类的长远需要和根本需要，使人类更好地、更持久地得到发展。这一点揭示了循环经济的本质，即为了满足人的需要，维护人类自身的利益。但另一方面，循环经济也需要通过人的全面发展来实现，人的素质高低直接关系到循环经济的运行。当今社会在其发展过程中经济、环境、生态等方面所面临的严重问题，究其最终原因而言，都是由人的自身引起的，是人的素质的问题，人的文化价值观问题。因此，只有实现人的全面发展，努力提高人的素质，才能使经济、社会可持续发展能力不断增强，生态环境得到根本的改善，资源利用效率显著提高，从而使人和自然环境得到和谐发展。

第二节　人的需要是建立生态文明的动力

建立生态文明的动力是什么呢？最主要的是人自身发展的需要。人之所以需要和能够全面发展，除了环境因素外，与人们本身的生理、欲望以及需要有密切关系。就经济学来讲，人的需要和欲望应是经济学研究的重要内容和重要范畴，然而遗憾的是我国传统的经济学恰恰忽视了对这一问题的研究。研究建立生态文明必须要研究人的需要，又必须和人的全面发展密切联系起来，这既是建立生态文明和研究人的需要的目的，也是研究生态文明的前提。

一、马克思恩格斯人的需要理论

马克思和恩格斯从唯物主义出发，对人的需要问题一直是很重视的，进行了大量的深入研究。马克思第一次比较系统地论述人的需要问题是在1844—1845年。恩格斯设想社会主义社会人的需要是在1891年。那么，马克思和恩格斯关于人的需要理论其主要论点是哪些呢？我认为，他们对于人的需要的层次、人的需要的属性、人的需要的目的以及满足需要的条件等，都有精辟的分析。

（一）关于人的需要层次

马克思和恩格斯认为人的需要的层次，有一个由低级向高级的发展过程，因而在其中呈现出阶段性。

恩格斯曾经指出："在人人都必须劳动的条件下，生活资料、享受资料、发展和表现一切体力和智力所需要的资料，都将同等地、愈益充分地交归社会全体成员支配。①"这段话至少有以下含义：一是人们有生活、享受、发展和表现一切体力和智力的三个大方面的需要，从而相应的有三个方面的满足需要的资料；二是这些需要是一般的（至少是现代）社会都有的。但只有在人人都必须劳动的条件下（社会主义或共产主义条件下），满足各种需要的资料才能同等地、愈益充分地交归社会全体成员支配；三是人的生活、享受、发展三大方面的需要，体现了人的需要是一个不断地由低级向高级的发展过程。

---

① 《马克思恩格斯全集》第22卷，人民出版社1965年版，第243页。

马克思也曾指出："在现实世界中，个人有许多需要。"① 马克思在早期由于孤立地研究人的需要，因而只看到人的生活（生存）、享受的需要。例如1844年马克思就曾提过人有多种需要，如肉体生存所需资料、吃的需要、衣服和住宅的需要、交往的需要、捕猎活动的需要、劳动的及劳动以外的各种享受需要等。但当他把人的需要同个人活动特点联系起来的时候，就把它分成了自然的、精神的、社会的三种需要。以后，他又用十分明确的语言，把人的衣、食、住称为人的第一需要，并指出，当第一需要满足之后，"已经得到满足的第一需要本身；满足需要的活动和已经获得的为满足需要用的工具又引起新的需要"②。这就是说，首先必须满足人的生活需要，只有在这之后，才能产生新的需要。但是，在此要明确一个界线，即第一需要不是最终需要。马克思着重指出："固然，饮食和生育等等也是真正人类的机能，然而如果使这些机能脱离了人类活动的其他范围，并且把这些机能弄成最后的唯一的终极目的，那么，在这样的抽象中，这些机能是动物的。"③ 这之后，马克思在《哥达纲领批判》中又更加明确指出：社会主义、共产主义社会人的需要有两个方面的内容：第一，劳动是人的生活的第一需要；第二，就是每个人的"自由个性"，即人的全面性的需要。

马克思、恩格斯之后，列宁领导的十月革命取得了成功，建立了世界上第一个社会主义国家。列宁在总结社会主义初期经验的基础上，指出了社会主义社会劳动者的最高、最主要的需要是充分发挥他们的各种才能。列宁是这样说的："共同劳动的产品将由劳动者自己来享用，超出他们需要的剩余产品，将用来满足工人自己的各种需要，用来充分发展他们的各种才能，用来平等地享受科学和艺术的一切成果。④"

斯大林也根据苏联十月革命胜利后的苏联社会主义建设的实践，对

① 《马克思恩格斯选集》第1卷，人民出版社1995年版，第32页。
② 《马克思恩格斯选集》第4卷，人民出版社1995年版，第32页。
③ 马克思：《1844年经济学哲学手稿》。人民出版社1956年版，第56页。
④ 《列宁全集》第2卷，人民出版社1959年版，第81页。

社会主义社会人的需要又作了自己的论述。他说:“不应当以过去为出发点，而应当以现在工人日益增长的需要为出发点。必须了解我国工人的生活条件已经根本改变了。现在的工人已经不是以前的工人了。”① 斯大林还提出了一个原则，他认为,“马克思主义的社会主义，不是要缩减个人需要，而是要竭力扩大和发展个人需要，不是要限制或拒绝满足这些需要，而是要全面充分地满足有高度文化的劳动人民的一切需要。”②

他还说:“现在的工人，我们苏联的工人，希望满足他们的一切物质和文化的需要：既要满足粮食供应方面的需要，又要满足住宅方面的需要，还要满足文化及其他一切方面的需要。”③ 最后，在晚年，斯大林又进一步把人的需要归纳为两大类：物质需要和文化（精神）的需要。

（二）关于满足需要的条件和目的

马克思主义认为，满足人的需要是有条件的，这个条件即主要是应建立社会主义制度。

恩格斯曾指出:“社会生产力已经发展到资产阶级不能控制的程度，只等待联合起来的无产阶级去掌握它，以便建立这样一种制度，使社会的每一成员不仅有可能参加生产，而且有可能参加社会财富的分配和管理，……能够保证每个人的一切合理的需要日益得到满足的程度。”④“通过社会生产，不仅可能保证一切社会成员有富足的和一天比一天充裕的物质生活。而且还可能保证他们的体力和智力获得充分的自由的发展和运用。这种可能性现在是第一次出现了，但是它确实是出现了。”⑤

马克思说的更为明确:“我们的目的是要建立社会主义制度，这种制度将给所有的人提供健康而有益的工作，给所有的人提供充裕的物质生

① 《斯大林全集》第13卷，人民出版社1953年版，第318页。
② 《斯大林全集》第13卷，人民出版社1953年版，第55页。
③ 《斯大林全集》第13卷，人民出版社1953年版，第55页。
④ 《马克思恩格斯全集》第19卷，人民出版社1965年版，第123页。
⑤ 《马克思恩格斯全集》第3卷，人民出版社1960年版，第322页。

活和闲暇时间，给所有的人提供真正的充分的自由。”① 只有在自由人的联合体中，个人才能获得其全面发展的手段。马克思还认为“活动和享受，无论就其内容或就其存在的方式来说，都是社会的，是社会的活动和社会的享受。”② 此外，马克思还强调指出：“个人是社会存在物。因此，他的生命表现，即使不采取共同的，同其他人一起完成的生命表现这种直接形式，也是社会生活的表现和确证。”③

马克思并还认为，要满足由社会本身产生的新的需要，就需要“培养社会的人的一切属性，并且把他作为具有尽可能丰富的属性和联系的人，因而具有尽可能广泛需要的人生产出来——把他作为尽可能完整和全面的社会产品生产出来。”④ 恩格斯把这种人称为“全新的人”，并预言，社会主义社会“将创造出这种新人来”⑤。

列宁继承了马克思、恩格斯的思想，也曾明确地指出：社会主义要“充分保证社会全体成员的福利和自由的全面的发展”⑥。这既是社会主义制度的目的，也是社会主义制度下满足和发展人的需要的目的。

二、马斯洛的需要层次论与人的发展

在近代西方的心理学研究中，关于人的基本需要的研究，影响巨大并具有代表性的，首先要数马斯洛的人的需要层次论。因此，我们有必要重点对其进行论述。

（一）马斯洛的需要层次论的一般问题

马斯洛是一位美国的心理学家，1954 年出版了《动机与个性》一书，在其第一章的“人类动机理论”中，系统地提出了人的需要及其层

① 《马克思恩格斯全集》第 21 卷，人民出版社 1965 年版，第 570 页。
② 《马克思恩格斯全集》第 42 卷，人民出版社 1979 年版，第 121 页。
③ 《马克思恩格斯全集》第 42 卷，人民出版社 1979 年版，第 121 页。
④ 《马克思恩格斯全集》第 46 卷（上），人民出版社 1979 年版，第 392 页。
⑤ 《马克思恩格斯全集》第 1 卷，人民出版社 1965 年版，第 222—223 页。
⑥ 《列宁全集》第 6 卷，人民出版社 1959 年版，第 37 页。

次和分类。

马斯洛认为，人的基本需要可以归纳为五类，这五类需要有从低级到高级的层次：

1. 生理需要。这是人类最原始的最基本的需要，它指饥有食品、渴有饮料、寒暑有衣服和庇护所、疾病有药物治疗，这些需要如果不能满足，就会有生命的危险，所以是最强烈的，也是不可避免的最低层需要。这说明，当一个人为生理需要所控制时，那么其他一切需要都被推到幕后。

2. 安全需要。要求生活、生存的安全。每一个在现实中生活的人，都会产生安全感的欲望、自由的欲望、防御实力的欲望。

3. 社交需要。社交需要亦称归属与相爱的需要。当前一项需要基本满足之后，社交的需要就成为强烈的动机。

4. 尊重的需要。自尊、自重且需要别人的高度评价。满足自我尊重的需要导致自我信任、价值、力量、能力、适应性等方面的感觉。

5. 自我实现的需要。自我实现需要是人的需要层次结构里最高层次的需要。自我实现需要是指人们希望完成与自己的能力相称的工作，使自己的潜力、能力得到充分的发挥，成为所希望的人物。马斯洛说："音乐家必须演奏音乐，画家必须绘画，诗人必须写诗，这样才会使他们感到最大的快乐。是什么样的角色就应该干什么么事。我们把这种需要叫做自我实现。"

（二）自我实现的需要与人的才能的充分发展

从上述马斯洛的人的基本需要的五个层次里，我们可以看出，马斯洛的人的基本需要理论是与人的充分发展有密切关系的。

在马斯洛人的需要的五个层次里，除了第一个需要是人的最低层次的需要，主要指满足基本、起码的生活需要外，其他四个层次的需要无一不与人的发展有密切关系。如在第二层次上的安全需要里，马斯洛认为，每个人都有自由的欲望，而要实现自由欲望，显然人必须自由充分的发展；人只有充分自由发展，才可能实现他的自由欲望，才可能有安

全感。反之，正是人的自由欲望，决定了人渴望着才能能充分的发展。又如在第三层次的需要里，马斯洛认为，自我尊重的需要，导致自我信任、价值、力量、能力等感觉。这就是说，满足自我尊重的需要，要求着人们必须使自己的才能得到充分自由的发展，只有当每个人的才能能得到充分发展时，人才能谈得上实现自我尊重的需要。特别是马斯洛的第五个层次自我实现的需要，与人的才能、潜能充分发展更是密切相关。我们不妨做一比较详细的分析。

每一个有思考能力的人都能意识到：自己身上所存在的能力和品质将是如何地影响到他的前途和命运。人人都会渴求自己具有一种生机勃勃的精神状态，期望获得充满活力与效能的心理机能；人总是希望最高程度地发展自己的智力与才能，从而能为社会作出卓有成效的贡献。这是因为，从内部的心理机制来说，健康的个性是一种和谐发展的个性。从外部活动的效能来说，健康的个性是一种富有高度效能的具有创造性的个性。因此，健康的个性，就是在体力与智力、知识与道德、性格与才能、理性与直觉、美的体验与美的表现等诸方面获得高度和谐发展的人。所谓“自我实现者”，是已经或正在施展才能或充分发挥潜能的人。用马斯洛的话来说，“这种人好像是在体现他们自己并尽其所能”，在自我充实的基础上使个人的创造能力获得相应于个人禀赋特点的方向发展。

马斯洛的“自我实现”和人的才能充分发展的密切关系还表现在，它不是从外部，而是从人的本性中派生出价值体系。马斯洛认为，数千年来，人本主义者总是企图建立一个自然主义的、心理的价值体系，试图从人自己的本性中派生出价值体系，但历史上出现的这些理论，统统宣告失败。不过，由于最近几十年间心理学在现代科技发展的推动下，由于人本主义心理学家艰苦卓绝的努力，才一举解决了哲学家为之无效奋斗了若干世纪的价值问题。在马斯洛看来，似乎有一个人类的终极价值，一个所有人都追求的遥远目标。这个目标就是被不同的著作家分别地称为自我实现、自我现实化、整合、心理健康、个别化、自主性、创造力、生产力的东西。但是，所有的这些著作家都一致同意，这个目标就是使人的潜能现实化。也就是说，使这个人成为有完美人性的、成为这个人能够成为的一切。

在马斯洛看来，人的生物性潜能的实现就是人的价值，因而人的基本需要就是基本价值。基本需要得到满足，给予人们许多顶峰体验，每一个顶峰体验本身就是绝对的乐事和完美，足以证实人生不需要比他们自身更多的东西了。马斯洛还认为，人有一种内部的压力，指向个性的统一，创造力的产生，完美个性的形成。人的价值在于人的生物潜能的自我实现，这究竟有无科学根据呢？马斯洛认为是有的。他说："成百的实验已经证实，如果呈现给动物可供自由选择的对象足够多，那么就可以看出，各种动物普遍具备选择有益食物的天生能力……"

马斯洛还坚信，人的自我实现是人类共同具有的价值，生物学的资料和理论与自我实现的理论完全一致。他在《成长心理学》中生动地描绘道："器官系统坚持表现自身，一句话，坚持活动。肌肉发达的人喜欢运用他们的肌肉，的确，为了自我实现必须使用它们，这样才能达到主观感觉上和谐的、没有压抑的和满意的活动。这是心理健康的非常重要的方面。有智力的人必须运用他们的智慧。"

进一步分析马斯洛自我实现需要的内容，我们还可以清楚地区分两个方面，人的社会美德——人道主义需要与人的潜能活动的需要。

第一方面，马斯洛强调人具有先天的人道主义的需要。在他看来，这类需要源于人的生物学的遗传本性。

第二方面，马斯洛指出，人存在先天的智能的需要。他认为，智能就是需要，因而也是固有的价值，而且两者的关系已密切到这种程度：假如智能相异，价值也会因之有所不同。在马斯洛看来。有绘画才能的画家总会去埋头作画，有诗歌才华的诗人一定会呕心沥血地创造出新篇章，有经营能力的资本家总要去发财致富。

马斯洛断言，人按其本性，表明有指向越来越完善的存在，越来越多地完全实现其人性的压力。一颗橡树籽可以说"迫切要求"成长为一颗橡树；一只老虎可以看成是正向老虎的样子"推进"，一匹马也总是朝着马的模样前进。人最终不是被浇铸成或塑造成人，也不是被教育成人的。环境的作用，最终只是容许或帮助他使自己的潜能现实化，环境并不赋予人的潜能或智能，是人自身的萌芽或胚胎的形态具有这些潜能，人总要求自我实现。

三、我国现代需求观和需求层次结构的探讨

人的需要问题既是一个理论问题，又是一个社会问题，它在生态经济学中应占有不可忽视的地位。

从上面几节的论述可以看出，需要问题，不仅是西方心理学家、经济学家重视、研究的问题，更是马克思主义经典作家们十分重视、一直加以研究的问题。我国当前正在进行现代化建设，要实现现代化，就必须十分重视对人的需要问题的研究，必须建立适合我国国情的现代需求观。

作为一个社会主义国家，我国的现代化应该是社会主义现代化，马克思主义的需要、价值观应是主导的需要、价值观，这是没有疑问的。我国又是一个发展中国家，我们必须向外部世界开放，认真吸取发达国家的一切有利于经济社会发展的经验，包括一切合理的需要、价值观念。同时，我国有悠久的历史和文化传统，许多传统的需要、价值观念对于我们自己社会的进步和发展也是非常重要的。这就是说，我国当前需要、价值观的变革应该是在坚持马克思主义需要、价值观的主导作用的同时，实事求是地对待我国传统的需要观和西方文明的需求观。三者的关系应该是有主导、有继承、有吸收、有批判、有发展的关系，这样才能形成具有中国特色的马克思主义需求观的体系，才真正有利于促进我国社会主义现代化建设事业的蓬勃发展。

（一）我国当代需求观的主要特征

每一个社会，在发展的每一时期以及这一时期的不同阶段，人们的需要和整个社会的需求会呈现出不同的特征。

在我国，中共十一届三中全会以前的相当长的一段时间里，大多数

人民只是追求、满足基本生活资料上的温饱，而对于享受资料的需要，对于人的全面充分发展方面的需要，考虑是微弱的。那时，这两大类需要基本上没有进入大多数人民的视野，没有嵌入人民的思维之中。据统计，1977 年全国尚有 200 多个县生产水平只接近解放初期，其中有少数县的生产水平尚低于解放初期。据 1978 年国家统计，全国有 29.6% 的生产队年人均分配不到 50 元，有 16.3% 的生产队年人均分配不到 40 元，分配不到 50 元的县有 377 个。在 1955 年，我国每个农业劳动力年产值是 298 元，到 1978 年是 456 元。这 23 年当中，农产品的价格提高 68.9%，如果把农产品上涨价格予以扣除，那么在 1978 年，我国每个农业劳动力的产值只有 270 元，比 1955 年还低 10%。1957 年全国的粮食商品率达 23.5%，到 1976 年只有 16%。这些数字充分说明了，在中共十一届三中全会以前的几十年，人们终年劳动，物质生活不能满足最低的需要，绝大多数人们终年累月在为基本的、最低的生活需要而辛勤劳作着，没有时间也没有条件去追求享受资料和人的全面充分的发展所必需的资料。

中共十一届三中全会以后，1981 年全国农业人口平均提供商品粮比 1978 年增长 67.8%。1985 年粮食生产达 4000 亿公斤，棉花达 1 亿万担，基于当时的消费水平，已满足和超过了社会需要量。由于温饱问题的解决，由于基本的、最起码的生活需要得到了满足，从而使人民随之产生了享受的需要（欲望）和才能充分发展的需要（欲望），因而人民有可能去追求享受资料和人的发展所需的资料。我国的需求呈现了上升的趋势，不仅表现在需求总量上的变化，而且表现在需求结构上的变化。例如，1978 年至 1986 年，我国居民最终收入和居民消费的增长如下表：

表 6－1　　年度居民最终收入与居民消费　　（单位：亿元）

年　度	居民最终收入	居民消费
1978	1767	1714
1979	2063	1928

续表

年　度	居民最终收入	居民消费
1980	2462	2202
1981	2717	2451
1982	2992	2660
1983	3399	2910
1984	4137	3349
1985	4925	4182
1986	5689	4634

从需要的实现来看，就以消费和零售总额的增长而言：1978 年为 1264.9 亿元，1979 年为 1476 亿元，1980 年为 1094 亿元，1981 年为 2002.5 亿元，1982 年为 2181.5 亿元，1983 年为 2426.1 亿元，1984 年为 2899.2 亿元，1985 年为 3801.4 亿元，1986 年为 4374 亿元。

从需要结构的变化来看，人们用于生存资料的比重相对下降，用于享受资料、发展资料的比重不断上升，特别是用于高档耐用消费品的比重不断上升。例如，以城镇居民而言，这几年耐用消费品拥有量大大增加，根据国家统计局对 106 个大中城市的 1.7 万户居民家庭生活状况的调查：1982 年每百户拥有电扇 53.17 台，1987 年为 103.92 台；1982 年每百户拥有录音机 17.99 台，1987 年为 57.38 台；1982 年每百户拥有照相机 5.57 架；1987 年 14.37 架；1982 年每百户拥有彩色电视机 1.10 台，1987 年为 34.63 台；1982 年每百户拥有电冰箱 0.67 台，1987 年 19.91 台；1982 年每百户拥有洗衣机 16.09 台，1987 年为 66.77 台。农村的情况也相类似。又比如，1952 年，我国居民文化服务支出只有 15.8 亿元，1965 年为 48.5 亿元，1978 年为 85.5 亿元，1981 年为 111.46 亿元，1984 年为 177.1 亿元，1985 年为 218.4 亿元[①]。这说明我国居民文化服

① 国家统计局：《中国统计年鉴》(1986 年)，统计出版社 1986 年版，第 526 页。

务支出增长更快，生存资料所占比重相对降低，享受资料、发展资料所占比重逐步提高。需求上升可以说是社会主义基本经济规律的作用在消费领域的具体表现，需求是需要的实现。需求上升，反映消费需要的逐步实现，反映享受需要和发展需要的不断提高。在社会主义社会，需求上升规律的作用，正反映社会生产力不断提高，社会主义商品经济不断发展，人们物质文化生活需要不断得到满足，反映社会主义基本经济规律愈益为自己开辟作用的场所。

另外，我国现阶段，需要和需求的特征还表现为：需求的上升，不仅表现为对实物消费的需求上升，而且表现对精神文化消费的需求上升。需求结构、消费结构的合理化，社会主义生产目的所要求的人们需要的满足，不仅表现在物质需要的满足，而且更重要的是表现在精神文化需要的满足，不仅反映社会主义物质文明，也反映社会主义精神文明。精神文化需求的上升，有利于建立健康、文明、科学的社会主义生活方式。在社会主义初级阶段，随着商品经济的发展，随着物质生活的逐步改善，对精神文化消费的需求将不断增加，要求普及和提高教育科学文化，促进劳动力质量的提高和人的全面发展。精神文化消费在需求结构和消费结构中的比重将逐步上升，这将成为发展的必然趋势。精神文化消费需求的上升速度快于实物消费需求上升的速度，这是我国社会主义初级阶段需求上升规律起作用的又一特点。

（二）建立我国现代化需求观的几点设想

综上所述，建立适合我国国情的有利于实现我国现代化的需要观的结构，可以做以下几点设想：

1. 我国当代需要观的主体和指导思想是马克思主义的需要观，以最终在我国建成现代化的理想社会，促进和实现人的全面发展为目的。

2. 它是一个开放的体系，将吸收西方某些合理的关于人的需要的思想、需要观念（包括马斯洛的人的需要五层次思想和马歇尔的人的欲望两层次思想），坚持在满足人民基本生活需要的前提下，大力发展人的享受资料、发展资料，以鼓励和促进个人的健康发展和潜能的充分发挥。

3. 人类所以要认识世界，就是因为他有某种需要，需要永远激励人类去探索世界的秘密。人就是因为有某种需要才去行动、才去实践，为了满足某种需要才去劳动的，需要是一切社会实践的动因。人在行动和实践中与大千世界相接触，在接触中，人探索着应如何改造各式各样的物件以满足自身的需要，从而逐步认识世界，所以，我们说需要推动了人类认识世界。人类最基本的社会实践是物质生产，满足生产力中能动因素——人的需要，是生产力得以发展的直接动力。无论是什么国家、什么社会和什么人，要发展生产力，提高生产水平，必须满足生产力发展的需要，人是生产力中最主动、最积极的因素，没有人一切生产因素都是死的。劳动者的需要得到了一定的满足，他的生产积极性、创造性才能自觉地发挥出来，只有当生产者将自身的积极性、创造性与各种生产要素相结合的时候，才能形成真正的生产力；也只有劳动者在生产过程中，自觉地发挥生产积极性、创造性，生产力才能活化。否则，生产力是不会有活力的，而没有活力的生产劳动是不会增加物质财富的。不仅不能增加，而且生产上可能负增长。由此可见，需要是生产力发展的直接动力，社会主义条件下必须高度重视对人的需要的研究。

4. 人的全面充分发展的需要是人的最高层次的需要。马克思主义关于人的基本需要的观点，关于在满足人们的基本生活资料后应努力满足人们享受需要和才能充分全面发展需要的思想，在一些社会主义国家中长期不受应有的重视，没有得到贯彻，一些时候甚至适得其反，对此我们是有深刻教训的。如果我们不重视人的全面充分发展这一人的最高需要，不重视人的全面自由发展这一目标，而是把为实现这一目标的手段当作一切，那么我们离目标就是更远，而不是更近。

5. 既然人的需要是多层次的，并且人的才能充分全面发展是人的需要的最高层次，这就要求我们，在经济分析中，应按照从每一个人到一切人，有了每一个人就有一切人的逻辑来思考问题，使在这种分析基础上提出的政策建议，符合现代化社会下人的需要观，能真正为每一个人接受，并通过他们的努力，使一切人的利益都能得到实现。我们正在进行的经济体制改革，“必须把国民经济的一切大部门建立在个人利益的关心上面”[①]。“不是直接依靠热情，而是借助于伟大革命所产生的热情，依靠个人的兴趣，依靠从个人利益上的关心，依靠经济核算。”[②] 从这个意义上说，就是要造成一个使每一个人都能充分地发挥自己的才能，在为自身利益平等竞争的过程中，同时去增进社会整体利益的机制。

6. 人的需要既然是多层次的，从而目标也就是多层次的。“社会人”的目标就更不是单一的了。正因为如此，价值取向的多目标是能够成立的。人的需要是多方面的，行为动机是多方面的，因而行为目标也是多方面的，经济行为尤其如此。

7. 由于人的需要是多层次的，是由低级向高级发展的，因而经济发展的价值取向不仅应呈现多目标，也应具有一定的发展层次。自然经济和传统的计划经济重平等，市场经济重效率，社会主义市场经济应是效率、平等并重。

8. 从个人经济行为到社会经济总体，曾经出现过单一目标论，即经济增长。资本主义如此，社会主义也曾如此，都是马克思曾经批判过的“为生产而生产”。由于人的需要是多层次的，因此，经济增长并非我们的目标，而是手段，与之相联系的应是：人民生活水平的提高；生态环境和生态环境的改善以及人民生活质量的改善；人的才能的全面充分地发展。推进建立生态文明特别强调把这五者结合起来的“经济发展”。

（三）关于人的需要的层次结构之我见

根据我的研究，可以将人的需要的层次结构概括如下（见图6－1）：

---

① 《列宁全集》第33卷，人民出版社1957年版，第51页。

② 《列宁选集》第4卷，人民出版社1962年版，第572页。

- 高级需要（以人的才能的自由充分全面发展、精神满足为标志，体现为对理想的追求）
  - 活动与发展的需要
    - 劳动生活的需要
      - 低碳经济需要
      - 贡献的需要
      - 服务的需要
      - 为社会谋利的需要
    - 创造的需要
    - 探究的需要
      - 施展才能的需要
      - 充分发挥、挖掘人潜能的需要
      - 献身的需要
    - 竞技的需要
    - 学习的需要
  - 享受的需要
    - 审美的需要
    - 尊重和信任的需要
    - 交际的需要
      - 联络感情的需要
      - 交流信息的需要
    - 健康的需要
      - 环境保护的需要
      - 绿色经济的需要
    - 家庭的需要
- 低级需要（以物质占有为特征，体现为对金钱的追求）
  - 生存的需要
    - 安全的需要
      - 财产安全的需要
      - 生命安全的需要
    - 同化的需要
      - 衣、食、住、阳光、空气、水的需要

图 6－1　人的需要的层次结构

从上图我们可以看出，人的需要，就其层次结构、水平而言，可分为两大类：低级的需要与高级的需要。低级的需要包含较多的生物学因素，但其本质还是社会性的需要，它以对物质的需要形式表现出来，以物的占有为基本特征，在商品经济的社会里，则体现为人对金钱的追求。人的高级需要包含更为丰富的社会与精神的因素，它在对物质需要的基础上形成，以精神的满足、低碳经济、绿色经济、环保需要和人的才能的全面充分的发展为标志，体现为对理想和人的本性的追求、生态文明的追求、迫切希望发挥人的潜能的追求，从而对物质的需要有较大的调节作用。在人的高级需要中，充分全面发展人的才能的需要和生态文明是核心和主要的内容。因此，人类的两大类需要具有内在的辩证的关系。低级需要是人的基本需要，在它的基础上高级需要才可能产生。但是，人的高级需要一旦稳定地形成以后，它又对低级需要的内容与形式发生强烈的影响。人的高级需要决不是满足低级需要的工具与手段，而是具有最高调节作用的机构。

四、人的需要与环境要素和环境保护

人是环境的一个组成部分，从这个意义上讲，人也是环境要素。人和环境的关系是十分密切的，没有环境，就不可能有人，更不可能会有人的经济活动；没有人的经济活动，就不会有建立在人的经济活动基础之上的积极性。

人生活的质量不仅取决于产品的种类和数量，而且还取决于环境要素的质量。如果我们生活在被污染的环境（负产品）里，不管我们的物质生活如何丰富，我们的生活质量都不会高。同样的，如果我们生活在一个相互欺骗，没有信任的环境里，我们的生活质量也不会高。所以，生态经济学的目标不是经济增长，不是通货膨胀或通货紧缩，而是和谐的人与人的关系及人与自然之间的关系，是努力建立起一个生态文明的社会。

作为环境的一部分，人要和环境的其他部分进行物质、能量和信息的交换，在这个交换过程中，一方面是环境要素对人的影响，另一方面是人对环境要素的影响。

环境要素对人的影响包括环境要素对人的直接影响和环境要素对人的间接影响。我们最能感觉到的是环境要素对人的直接影响，当我们呼吸空气时，我们不仅在和环境要素进行物质交换，同时，也在和环境要素进行能量交换。如果我们呼吸的空气是被污染的空气或温度很高的空气，其后果是可想而知的。环境要素对人的间接影响，是通过环境要素之间的传递来完成的。甲地区的工业污染，通过大气循环和水循环的传递，很可能会形成乙地区的酸雨，进而影响乙地人的健康。

环境要素影响人的生活通过水、气、光、热及生态系统的失衡体现出来。水是生命之源，如果地球的水都受到污染，人的生存就会面临挑战。空气是人每时每刻的必需，如果大气受到污染，对人的影响是不言而喻的。没有光的世界将会是什么样的世界呢？人必须保持在一定的温度下才能生存，超过一定的温度，人是无法生存的。生态系统失衡对人的影响主要表现在一些动植物数量的迅速扩张或收缩，从而影响人的生活，如有些地方老鼠的增多就是其中的例子。

环境要素影响人的生产活动是通过影响产业链体现出来的。假设铁矿石全部用完，这时，以钢和铁为原料的产业，在没有替代品的情况下，会全面断裂，产业链断裂的结果是大面积的企业破产，大批的人员失业，其后果是非常严重的。

环境要素对人的生产、生活有着直接和间接地影响，环境要素在影响人时，人也在影响环境要素。有害环境要素的产生，有的是人经济活动作用的结果，有的则是自然界作用的结果。人的经济活动包括人的生活活动和人的生产活动，人的生活活动会产生生活垃圾，人的生产活动会产生生产垃圾，这两类垃圾都是有害的环境要素（负产品）。

我们每天会产生生活垃圾，这些垃圾是人类每天生活的结果。要控制生活垃圾，我们首先要知道各类生活垃圾对环境的影响，然后，根据生活垃圾对环境的不同影响，制定不同的策略。有些生活垃圾（如塑料垃圾），由于其不容易分解，对环境的影响时间比较长，对这类垃圾有严格控制。另外一些生活垃圾，对环境影响的时间比较短，对这类垃圾，在不影响环境的功能的情况下，可以维持在一定数量范围内。

控制生活垃圾有各种各样的手段，这些手段可以分为道德手段、经济手段、法律手段及行政手段。在所有的这些手段里，最起作用的是道德手段和生态文明意识。如果每个人都自觉地约束自己不产生或少产生生活垃圾，生活垃圾的数量自然会减少。

控制生活垃圾固然重要，处理垃圾更加重要。只有对生活垃圾进行处理，才能不断减少生活垃圾的数量。处理生活垃圾的关键是技术，因此，技术水平的高低，直接影响生活垃圾处理的水平。在生活垃圾可以回收利用的情况下，我们不仅可以处理生活垃圾，还可以利用生活垃圾，生产出能够满足人需要的产品。

生产垃圾主要是人在生产过程中产生的垃圾。生产垃圾多种多样，主要包括：大气污染垃圾、水污染垃圾、物理污染垃圾及土壤污染垃圾等。这些垃圾不仅会影响环境的质量，还会影响人的生活质量。例如，噪音不仅让人睡不好觉，还严重影响人的情绪。

对于生产垃圾，我们的办法有控制和处理两种。对于会产生生产垃圾的企业，要按照有关环境保护法规的要求，控制生产垃圾的规模。对于已经存在的生产垃圾，唯一的办法是对其处理，变生产垃圾为无害的环境要素或产品。

自然界作用会产生垃圾，我们通常见到的火山爆发就是自然界作用产生垃圾的例子。对于自然界作用产生的垃圾，我们的唯一办法是处理。随着人类技术水平的提高，也许有一天，我们会有能力控制自然界作用产生的垃圾。

环境是由环境要素构成的，环境要素质量的提高，意味着环境质量的提高，环境质量的提高，意味着人类生活环境的改善。环境要素质量的高低，直接关系到人的生活质量的高低。优美的环境、新鲜的空气、充足的阳光、清洁的水是我们生活质量的保证。

要提高环境要素的质量，首先要控制有害环境要素的出现，这是提高环境要素质量的第一步。提高环境要素质量的第二步是处理现存的有害环境要素。处理有害的环境要素需要一定的技术，如果没有相关的技术，处理已经存在的环境要素就是一句空话。有害环境要素主要分布在大气、水、土壤中，因此，处理有害环境要素的过程就是净化空气、水、土壤的过程。

第三节　人的权利资本是建立生态文明的保证

在经济学研究中，物质资本、人力资本的概念已为人们普遍接受；社会资本，在近些年来也日益进入经济学家的视阈并成为研究的热点。由于在市场经济运行中，制度规范是社会资本首要的存在形态，而制度规范的功能又是以确认权利“边界”为中心的，换言之，规范是权利运行的基本定制。因此，权利无疑是社会资本最活跃的表现形态，或者说“权利资本”是社会资本中最有价值的一部分。本章之所以将权利资本单列出来作为一节，出于两方面考虑：一是市场经济是一种权利经济（法治经济的另一种提法），权利资本运行的质量势必影响市场经济的运行效率；二是从生态文明视角下人的发展来看，自由（属于权利范畴）是人的发展的衡量尺度（至少马克思、阿马蒂亚·森是这样认为的），权利资本的成长（自由的扩展）应是人的发展的重要维度。正是基于此，笔者认为，人的权利资本是“生态文明视角下人的发展”无法绕开的一个论题。

一、权利的内涵

（一）法学中权利观的两种解释

严格地说，现代意义上的权利是一个纯粹的法学用语。关于权利的解释，法学领域出现了自然法学派与实证法学派的分野。前者认为，所谓权利是一种人所固有的天性，具有自然性（natural）的特点，它先验地存在于任何一个“人性”之中。持有这种观点的学者，如格劳秀斯、洛克、卢梭、康德等人。康德指出，所谓权利，“可以理解为全部条件，根据这些条件，任何人的有意识的行为，按照一条普遍的自由法则，确实能够和其他人的有意识的行为相协调”。[①] 这里，所谓“普遍的自由法则”说的其实正是权利的先验性或先天性，因此，可称为“应有的权利”或“道德权利”。后者认为，所谓权利，即法律所保护的利益，在实在法律的存在之初，并不存在所谓的“权利”。如亚里士多德宣称“权利就是为法律所保护的利益”，[②] 这种权利概念在边沁以来的实证主义法学那里得到了更广的传播、更多的认可。实证法学派代表人物除边沁外还包括奥斯汀、哈特、凯尔森等等。边沁在他的著作《无政府主义的谬误》一书中指出：那种宣称权利天赋或自然权利的学说“部分地是胡言乱语；部分地是危险的无政府主义……政府之所以存在于人们中间，并非由于那些人们拥有先于政府并且由政府加以保护的权利，而是若没有政府与法律的话，人们将无任何权利可言，并且一无所有。对好政府的检测标准不在于自然权利，而是被统治者的总幸福。”[③] 边沁在这里无疑是强调法律是权利存在的前提，因此可称之为，“实然的权利”或“法定的权利”。

综上，自然法学派的权利观所关注的是权利的性质和原则，认为权利的存在与人对权利的认识是两回事，人的权利是在人的活动中被发现和逐渐认识的；实证主义的权利观则侧重权利的内容和条件。从二者的辩证关系看，自然法学派的解释为权利的现实内容提供了道德支持，它是法定权利的逻辑前提；实证法学派的解释则是人们主体性价值的现实肯定，它是权利理想的具体化。因为道德在逻辑上先于法律，没有法律可以有道德，但没有道德就不会有法律。[④] 应当指出，马克思站在历史唯物主义的高度，对自然法学派的权利概念基本上是持否定态度的，他认为权利并非“先验性”，而是一个历史范畴，其归根结底是由社会经济

---

① ［德］康德：《法的形而上学原理——权利的科学》，商务印书馆 1991 年版，第 40 页。
② ［美］庞德：《普通法的精神》，法律出版社 2001 年版，第 60 页。
③ H. L. A. Hart, *Essays in jurisprudence and Philosophy*, The Oxford university Press, 1983, p. 181.
④ ［英］米尔恩：《人的权利与人的多样性——人权哲学》，中国大百科全书出版社 1995 年版，第 35 页。

关系决定的，其本质就是一定社会经济条件和文化背景下的人们对现实的人与人之间的利益关系的一种确认和调节机制。

（二）经济学中的权利观

传统的新古典经济学把现代西方经济的制度视若当然。在建立经济模型时，明确界定的产权、完备的信息和无摩擦交易一般均被当作暗含的假设。① 在他们那里，“世界是和谐的，制度并不存在，所有的变化都可以通过市场的完全运行来实现。”② 似乎只有土地、资本、劳动力才能引起他们的研究兴趣。直到制度经济学诞生，制度——权利规范的“载体”，才真正进入经济学家的研究视野。他们通过对制度的研究，得出与新古典经济学完全不同的结论，即制度决定着经济绩效。然而，“制度”是个较为宏观层面的概念，若从微观层面观察，制度所规范的则是人的“权利”。关于这一点，经济学家们有过不同版本的论述。例如，舒尔茨在其《制度与人的经济价值的不断提高》一文中，将制度定义为管束人们行为的一系列规则。科斯指出：“当代制度经济学应该从人的实际出发来研究人，实际的人在由现实制度所赋予的制约条件中活动。”③ 诺思认为：“制度经济学的目标是研究制度演进背景下人们如何在现实世界中做出决定又如何改变世界。”④ 可见，以上论述都指出了制度的微观层次，即“人如何行为”的问题，而这一问题，恰恰又是权利层面需要解决的问题。在这里，权利构成了制度的核心内容，行为主体权利状况则决定着经济绩效的优劣。或者说，权利具有资本属性构成制度经济学研究的一个隐含结论。本书认为，权利之所以具有“资本”的性质，主要是因为权利能够给不同层次的行为主体带来经济收益。例如，个人会因权利的取得或扩展而获得更多的经济机会、动员更多的经济资源；社会群体会由于合作性的权利规范而更容易实现集体行动；整个国家也会因不同

---

① ［美］科斯等：《财产权利与制度变迁：产权学派与新制度学派译文集》，上海人民出版社1994年版，第372页。

② ［美］诺思：《经济史中的结构与变迁》，三联书店上海分店出版1991年版，第5页。

③ ［美］科斯：《企业、市场与法律》，上海三联书店1990年版，第255页。

④ ［美］诺思：《经济史中的结构与变迁》，三联书店上海分店出版1991年版，第2页。

主体间良好的权利分配结构而减少运行成本。当然，和所有其他形式的资本（物质资本、人力资本）一样，权利作为资本并非在所有时候对任何层次的主体都产生有益的影响。例如，促成某一团体合作的权利规范可能阻碍在更大范围内的合作。

在西方主流经济学家的视野中，什么生产要素成为资本似乎是一目了然的事情，根本不需要对资本进行分门别类地加以研究。显然这种研究方法在探求各类资本的贡献率差异方面就显得力不从心了，特别地，权利资本对人的发展的重要意义也同时被淹没了。鉴于此，有必要对权利资本的概念予以界定，以突出其理论与实践价值。本书认为，权利资本是一种与一定社会经济形态相对应的资本形式，是社会发展与人的发展的微观动力机制。只要一个人（或企业等微观行为主体）权利资本存量增长（这要依赖于国家权利制度的供给、微观行为主体权利意识的增强）以及权利的正当行使即权利资本健康运行等，就能够获得超出边际收益的利益（包括精神利益）水平，因此，对权利资本的所有者或持有者会产生一种激励机制，从而使其发挥优化资源配置和促进人的发展的基本功能。

与前资本主义相比，资本主义的现代文明主要地体现在对劳动力产权的基本确立。尽管资本主义国家强迫劳动者成为雇佣工人的过程充满了血腥，尽管资产阶级关于“法律面前，人人平等”的口号是那么虚伪，但劳动者毕竟有了在获得人身自由的前提下争取自身权利的可能。一方面，劳动者摆脱了人身依附，可以促进人格的独立化，从而有助于消除等级、特权、强权和依附意识，有助于培养和确立个人的自由、平等、竞争和进取精神，提高自己的生产能力、交往能力、资源配置能力以及开拓创新能力。同时，人格独立化还为商品经济的发展提供了良好的环境，因为商品经济就是自由选择、自愿交换产品和劳务的经济形式。劳动力的商品化为建立界定劳资双方产权的制度安排创造了有利条件，也极大地促进了社会财富的增长和社会生产力的发展。而社会财富的增长和社会生产力的发展为劳动者全面发展个人能力提供了现实的物质基础。[①] 另一方面，劳动力产权的确立，使劳动者成为独立利益的主体，有助于从制度上保证劳动者对自身人力资本投资的收益，从而使人力资本存量不断增加。而雇主为了追求利益最大化，也希望改善劳动者的素质，因而从两方面推动了劳动者人力资本的提升。可见，社会化大生产向前发展，不仅要求生产力中“劳动力”的产权得到完全实现，而且也因此促进了劳动力素质和能力的不断丰富和全面发展。所以可以说，劳动力产权的实现，是人本身的全面发展和人类社会进步的基础。

二、平等权利

平等权最初是在资产阶级革命时期提出来的。资产阶级启蒙思想家洛克和卢梭为了反对封建专制和封建特权，先后提出了“天赋平等论”和“自然平等论”。1789 年法国人权宣言第 1 条宣布：“在权利方面，人们生来是而且始终是平等的。”从此，“法律面前，人人平等”成为各国宪政的普遍原则。

马克思指出：“平等是人在实践领域中对自身的意识，也就是人意识到别人是和自己平等的人，人把别人当作和自己平等的人来对待。”[②] 人类之所以会产生平等观念和平等要求，根本原因在于人区别于动物界的本质——劳动。人在劳动实践中意识到自己和动物的不同，意识到自己和其他人的共同之处，从而产生了和其他人的平等的观念和平等的要求。一切人，或至少是一个国家的一切公民，或一个社会的一切成员，都应当有平等的政治地位和社会地位。这是自然而然的、不言而喻的结论。

在奴隶社会和封建社会，由于社会生产力水平低下，人的潜能和价

① 姚先国：《再论劳动力产权——用“劳动力产权”概念超越“劳动力商品概念”》，《学术月刊》2001 年第 3 期。

② 《马克思恩格斯全集》第 2 卷，人民出版社 1957 年版，第 48 页。

值还没有充分显示出来，人对自身和别人的认识还非常淡薄，这时人们的平等要求只能在较小范围和较低水平上实现。随着生产力的发展，交换日益广泛，平等就成为人们普遍的观念与基本的要求了。列特隆指出："交换按其性质来说是一种契约，这种契约以平等为基础，也就是说，是在两个相等的价值之间订立的。"① 因而，平等权利是商品所有者最基本最重要的权利，没有这种等价交换的权利，就不可能有真正的商品交换，因而也就不可能有真正的市场经济。平等要求之所以会成为资本主义社会普遍的要求，根本原因就在于资本主义经济是以商品生产和商品交换为基础的市场经济，商品交换必然产生商品所有者的平等观念和平等要求，因而平等和自由必然成为资本主义社会普遍的基本的权利要求，因而，平等观念有其深厚的经济根源。

平等权是人的基本权利体系中的一种，也是实现其他基本权利的手段，并为这些权利的实现提供基础和环境。具体来说，平等权的含义包括三个方面（莫洪宪、孙晋，2005）：

第一，任何公民不分民族、种族、性别、职业、家庭出身、宗教信仰、教育程度、财产状况、居住期限，都一律平等地享有宪法和法律规定的权利，也一律平等地履行宪法和法律规定的义务。任何公民享有宪法和法律规定的权利，同时必须履行宪法和法律规定的义务。

第二，任何人的正当权利和合法利益都一律平等地受到法律保护，国家机关在使用法律时，对于任何人的保护或惩罚都是平等的，不得以任何理由歧视任何公民，一切违反宪法和法律的行为必须受到追究。

第三，在法律面前，不允许任何组织或者个人享有宪法和法律规定以外的特权，任何人都必须在宪法和法律规定的范围内活动，国家机关不得强制任何公民承担法律以外的义务，不得使公民受到法律以外的处罚。平等和特权从来就是不能并存的，凡是存在特权的地方就没有平等。

平等权以法律规定为前提，本质上是人人平等地享有权利和承担义

① 列特隆：《论社会利益》，转引自《马克思恩格斯全集》第23卷，人民出版社1979年版，第181页。

务，禁止任何差别对待，不得对同等条件的人们给予不同的待遇，在法律关系上人们的地位是平等的。社会身份、职业、出身等原因不应成为任何受到不平等待遇的理由。

三、自由权利

从语言学的意义上讲，自由包括两种可能的含义：其一是主体不受外在的拘束；其二是主体可以或有能力做他（她）自己想做的事情。作为哲学名词，把人认识了事物发展的规律性，自觉地运用到实践中去，叫做自由。作为法律名词，自由是指在法律规定的范围内，随自己意志活动的权利。[①] 可见，自由的内涵是比较丰富的，根据所在的领域不同，自由一般可分为政治自由、经济自由、文化自由及社会自由等。在经济研究领域中，经济学家大多关注的是经济自由。

经济自由，就是人们遵循经济运行的客观规律，实现自身经济利益的自由。它包括劳动的自由、贸易的自由、竞争的自由、消费的自由等等。如果没有经济自由，就没有生产要素的自由流动，也就不可能有资源的有效配置和社会福利的增加。经济自由，以尊重个人的经济权利为基本前提，以保障和实现个人权利为根本宗旨，主张通过规范经济主体基本的权利和义务，赋予主体在社会经济活动中自主决策和行动中的独立人格。它是确认每个人独立的人格与尊严的保证。经济自由包括对经济活动的自主选择和自我负责两个方面，其中对自己经济行为的一切后果负责，是实现个体自由的充分必要条件，没有无义务的权利，也没有不负责任的自由[②]。

在学理上，自由还可以分为积极自由与消极自由。柏林（Isaiah Berlin）在《自由四论》中写道："freedom 或 liberty（我在同一个意义上使用这两个词）的政治含义中的第一种，（遵从许多先例）我将称作'消

---

① 《现代汉语字典》，人民出版社1996年版，第1669页。

② 陈士军：《自由与平等视角下的中国特色社会主义》，天津师范大学2008年博士论文。

极自由’，它回答这个问题：‘主体（一个人或人的群体）被允许或必须被允许不受别人干涉地做他有能力做的事、成为他愿意成为的人的那个领域是什么？’第二种含义我将称作‘积极自由’，它回答这个问题：‘什么东西或什么人，是决定某人做这个、成为这样，而不是做那个、成为那样的那种控制或干涉的根源？’”。① 静态地看，积极自由强调自由乃是成为自己的主宰，消极自由强调个人行动免于别人妨碍；动态地看，消极自由突出的是个人不可侵犯的私域，发展的方向是限制政府权力，积极自由突出自我的主体地位的实现，发展的方向是创造条件以使自己按照自己的愿望行事。更重要的是，这种动态的积极自由往往和“能力”有关，而“能力”的大小往往与财富挂钩，进而会产生一种观念，即人若要自由，会存在要求财富的重新分配的危险，这会导致政府对个人的私域进行侵犯。如此一来，积极自由与消极自由便会通过对不同方面的强调而走向对立。

弗里德曼的经济自由思想所主张的是一种消极自由。弗里德曼认为，自由指的是个人有决定个人命运的自由并承担个人决定的后果。自由，即意味着避免任何个人或专制对自由的强制，因为这种自由所要求的是当个人行使自由，只要他人不加以强制，个人的自由即得以保障，即自由免于强制。弗里德曼信奉古典自由主义，即强调把自由作为最高和最后的目标，而把个人强调为社会的最后实体。古典自由主义思潮认为扩大自由是改进福利和平等的最有效的手段，历史上，它带来了资本主义经济的繁荣和社会的长足进步，确保了个人自由的发挥。弗里德曼同时认为，自由就是按照我们自己对价值的看法，自由地使用我们所拥有的资源。其中包括在严格自愿的基础上，自由使用资源从事任何职业、自由加入任何企业、自由贸易等。限制自由使用资源，其结果是资源得不到合理流动，从而造成资源的闲置与巨大浪费。因此，要想做到经济自由，资源自由流动是必不可少的因素。

---

① ［英］以赛亚·柏林：《自由论》（《自由四论》扩充版），译林出版社2003年版，第189页。

哈耶克，与很多自由主义思想家一样，是按照消极意义来理解和构建他的自由理论的。认为这种自由的状态指“一个人不受制于另一人或另一些人因专断意志而产生的强制”，这是一种“个人自由（individual-freedom）”或“人身自由（personal freedom）[①]”。根据哈耶克的定义，自由主要是个体性的。他认为，自由历来是指人们按照自己的决定和计划去行动的可能性，对自由的传统解释是“不受他人武断意志的支配”，亦即自由是指一个人在多大程度上能够自行其是[②]。他说：“如果一个自由社会不承认每人都有他自己有权遵从的价值，那么便不可能尊重个人的尊严，也不可能真正了解自由的真谛。”[③]

阿马蒂亚·森选取自由的视角看待发展，即自由是发展的首要目的，自由也是促进发展的不可缺少的重要手段。他说：“发展可以看做是扩展人们享有的真实自由的一个过程。聚焦于人类自由的发展观与更狭隘的发展现形成了鲜明的对照。狭隘的发展观包括发展就是国民生产总值（GNP）增长、或个人收入提高、或工业化、或技术进步、或社会现代化等等的观点。”[④] 财富、收入、技术进步、社会现代化等等固然可以是人们追求的目标，但它们最终只属于工具性的范畴，是为人的发展、人的福利服务的。森认为，以人为中心，最高的价值标准就是自由。森的“自由”概念是在“实质的”意义上定义的，即享受人们有理由珍视的那种生活的可行能力。一个人的“可行能力”，就是对于此人是可行的、列入清单的所有活动的各种组合。在这个意义上，能力就是一种自由——能过有价值的生活的实质自由。这样的自由观既意味着个人享有的“机会”，又涉及个人选择的“过程”。

显然，在森的理论框架中，“自由”在发展中首先具有建构性作用，但同时，自由也发挥手段性作用，即促进发展的五种最重要的工具性自

① ［英］哈耶克：《自由秩序原理》，北京三联书店 1997 年版，第 4 页。
② ［英］哈耶克：《自由宪章》，中国社会科学出版社 1999 年版，第 30—31 页。
③ ［英］哈耶克：《自由宪章》，中国社会科学出版社 1999 年版，第 117 页。
④ ［印］阿马蒂亚·森：《以自由看待发展》，中国人民大学出版社 2002 年版，第 1 页。

由：政治自由、经济条件、社会机会、透明性担保以及防护性保障。在此，森将“自由”当作发展的手段，更看做是发展的目的。

另外权利与自由，作为法律名词，自由是指在法律规定的范围内，随自己意志活动的权利，即自由是从事一切无害于他人的活动的权利，是从一定的社会关系中得到许可的、按照自己意志的活动。关于这一点，黑格尔强调：“法定的权利，不论私人的或是国家、市镇等公共的，原先就称之为‘自由’。诚然，每一部真正的法律就是一种自由。”① 在此，他指出权利的基础是自由。由于法律的确定地位和出发点是意志，意志是自由的，所以意志是权利的实质又是权利的目标，而权利体系是已经成为现实的自由王国。于是，“那种宣称某种程度的自由应当被认为是人的一种‘自然权利’的观点，并非完全没有实际意义。”② 可以说个人拥有这种自由完全是无条件的，不能因任何理由和要求被削减，它拒绝个人之间的比较。

霍菲尔德认为，在司法推理中，一方面，自由作为一种法律关系，是宽泛和种属意义上的“权利”，是和特权完全相同的东西；另一方面，“自由”绝不是一个像“特权”一样普遍或明确的词，前者更多地在身体或人身自由（也就是说，不存在身体约束）的意义上使用而区别于法律关系，此外，它还往往有一般的政治自由的含义而区别于两个确定的个体之间的特殊关系③。

由此可知，关于权利与自由关系的探讨，无论在学理上还是在司法实践中，“权利”是一个包含着“自由”，因而是更加宽泛的概念。正是在此意义上，许多法学家（如，德沃金）使用了“自由权”的概念，以示“自由”包含于“权利”之中。也可以说，权利是对人的自由范畴的一种制度性规定，它体现的是人作为主体的自我需要和自我满足。在这里，国家法律上的“自由”或“自由权”与“法定的权利”相对应；社

① 周辅成：《从文艺复兴到十九世纪资产阶级哲学家政治思想家有关人道主义人性论言论选辑》，商务印书馆1966年版，第681页。

② ［德］E. 博登海默：《法理学：法律哲学——与法律方法》，中国政法大学出版社1999年版，第281页。

③ 陈端洪：《宪治与主权》，法律出版社2007年版，第359—366页。

会或道德的自由则可以在“应有的权利”或“道德的权利”中找到渊源。因此，权利概念的形成与发展过程必然也是人的自由能力与范围的不断变化和发展过程。关于这一点，马克思的权利观特征，在于它以整体的自由代替了个体的自由，以精神的自由超越了感性的自由。在他看来，人的自由是多层次的、不断发展的，尊重个人的权利，实际上就是对个人的主体能动性的承认与激励，即是对个体自由能力的推进，而只有每个个体充分发挥自己的自由能力，社会整体自由的发展才能成为可能。

四、“权利资本”概念的提出

（一）“人的权利”何以成为“资本”

“人的权利”能否成为“资本”，关键要看权利是否具有资本的属性。关于资本的属性问题，可以说众说纷纭，莫衷一是。但一般认为：第一，资本是一种工具，通过使用它，预期在未来增加收益（可以是物质利益，也可以是精神利益）。如边际效用价值论的创建人之一瓦尔拉斯认为，资本是产生收入或服务的源泉，而收入或服务则是由资本产生出来的流量[①]。埃莉诺·奥斯特罗姆认为，“人类交易活动中花费时间与精力创造出来的所有资本形式都是为了发展出可以在未来增加收益的当前工具和资产。”[②] 应当指出，创造资本以期未来增加收益，只是创设资本的初衷，至于能否如预期增加收益，则应看资本的使用或运行是否得当，也就是人们常说的资本投资存在着风险。例如，“人类创造的所有资本都涉及创造新的机遇、实施限制、投资可能失败的风险，以及资本运用产生危害而非收益的可能性。”[③] 第二，资本体现人与人之间的关系。如马

① 冯子标：《人力资本运营论》，经济科学出版社2000年版，第27页。

② ［美］埃莉诺·奥斯特罗姆：《社会资本：流行的狂热抑或基本的概念?》，《经济社会体制比较》2003年第2期。

③ 同上。

克思认为，资本在本质上不是物，而是体现人与人之间的一种关系。这与权利的属性在内容上是基本一致的，因为权利，一方面可以表现为主体可以为或不为一定的行为；另一方面，也可以表现为主体可以要求他人为或不为一定的行为。显然，权利人的这种“资格”是相对他人而言的，因而在一般意义上，权利所反映的是人对物的关系或者人与人的某种关系，但归根结底是人与人的关系。鉴于“权利”属性与“资本”的第二个属性内容上的基本一致性，“权利”可以成为“资本”在此是无须赘言的。因此本书重点考察“权利”是否具有“资本”的第一个属性，即“权利”作为一种工具被使用，能否在未来增加收益。

客观地说，迄今为止，在中西方经济学说史中，尚没有明确提出“人的权利资本”这一概念，但这不等于说没有“人的权利资本”的思想渊源。这里列举几位作家的有关将“权利”作为一种工具被使用能够产生未来收益的关联性论述，以此窥见一斑。

在《国民财富的性质和原因的研究》一书中，亚当·斯密把人的自由权利作为经济正常运行的必要条件。他认为，只有在对劳动者和经营者赋予充分权利的条件下，才会形成和谐的经济关系和经济联系，而对劳动、资本等生产要素的自由活动的外在限制，实际上是侵犯和破坏了整个社会的经济结构，而不仅仅是某一生产要素本身。斯密指出：“劳动所有权是一切其他所有权的主要基础，所以，这种所有权是最神圣不可侵犯的。一个穷人所有的世袭财产，就是他的体力与技巧。不让他以他认为正当的方式，在不侵害邻人的条件下，使用他们的体力与技巧，那明显的是侵犯这最神圣的财产。显然，那不但侵害这劳动者的正当自由，而且还侵害劳动雇用者的正当自由。妨害一个人，使不能在自己认为适当的用途上劳动，也就妨害另一个人，使不能雇用自己认为适当的人。一个人适合不适合雇用，无疑地可交由有那么大利害关系的雇主自行裁夺。立法当局假惺惺地担忧着雇主雇用不适当的劳动者，因而出于干涉，那明显地不只是压制，而且是僭越。”[1] 可见，斯密在这里是把劳动的权利作为“最神圣的财产”看待的，显然具有“工具”性意义。而且，在斯密看来，之所以需要权利这种“工具”，就是因为缺少它则违反“利益最大化”资源配置原则，或者至少是降低了资源的使用效率；换言之，如果权利这种“工具”使用得当，则可以使未来收益增加到极致（即个体和社会利益最大化的实现）。

应当指出，在斯密整个经济学说中，自由思想是一以贯之的，他认为，尊重劳动与资本的权利是经济增长、富国裕民的基本前提。因此，从这个角度看，与其说“权利”是经济增长的外生条件，毋宁说是经济增长的内生变量。在此，人的权利被作为工具使用，显然增加了未来收益，因而人的权利所显示的资本属性是不言自明的。

在现代经济学家当中，对自由、权利关注较多的，阿马蒂亚·森可谓是首屈一指。他的《贫困与饥荒——论权利与剥夺》一书，围绕权利分析了贫困产生的具体原因。森指出贫困现象基本上不是食物匮乏而是关于食物所有权的反映，因此，要说明这种现象，就必须深入研究所有权的结构，而所有权关系又是权利关系之一。所以，要理解贫困首先必须理解权利关系，并把贫困问题放在权利关系中进行思考。森指出，在一个私有制的市场经济中，“人们所公认的典型的权利关系包括：以贸易为基础的权利、以生产为基础的权利、自己劳动的权利、继承和转移权利。所有这些，多少都具有直接性的权利关系，而在实际生活中还存在着其他更有复杂的权利关系。”[2] 交换权利就是其中的一种。交换权利是指个人在交换中能够获得的各种商品所构成的集合，也就是人们具有的购买某种商品的基本能力。决定它的因素有：他是否可以找到一份工作，如果可能的话，时间有多长以及工资是多少；他出售自己的非劳动所得资产能够得到多少收入，购买他希望得到的东西需要多少钱；用他自己

① ［英］亚当·斯密：《国民财富性质和原因的研究》（上），商务印书馆 2007 年版，第 115 页。

② ［印］阿马蒂亚·森：《贫困与饥荒——论权利与剥夺》，商务印书馆 2001 年版，第 7 页。

的劳动力以及他可以购买和管理的资源（或资源提供的服务）能够生产什么；购买资源（或资源提供的服务）的成本是多少，他能够出售产品的价值是多少；他有权享受的社会保障福利以及他必须交纳的税金等。[①]森强调一个人避免饥饿的能力依赖于他的所有权以及他所面对的交换权利的映射。与斯密不同，森这里是以反例的形式证明了权利作为一种工具的不可或缺性，论证了“权利贫困”即权利工具的缺失才是人类贫困的真正原因。在森看来，之所以权利这种“工具”不可或缺，就是因为如果没有权利，例如交换权利，人们就无法购买某种商品，“商品”一词在这里是个较宽泛的概念，可以指“行为”，诸如寻找工作、享受社会保障福利等。显然森认为，没有权利，人们就无法选择“行为”，也就无所谓未来利益，更谈不上未来增加利益。如果对森的观点进行逆向理解，权利的工具性以及作为工具的权利的正当运行必然创造收益，则是显而易见的。可见，权利的资本属性在森的著作中昭然若揭。

由上分析可知，人的权利资本是能够给行为主体带来经济收益的，因而具有“资本”的性质。首先，权利资本能够给不同层次的行为主体带来经济收益。个人会因权利的取得或扩展而获得更多的经济机会、动员更多的经济资源；社会群体会由于合作性的权利规范而更容易实现集体行动；整个国家也会因不同主体间良好的权利分配结构而减少运行成本。值得注意的是，和所有其他形式的资本（物质资本、人力资本）一样，权利资本并非在所有时候对任何层次的主体都产生有益的影响。例如，促成某一团体合作的权利规范可能阻碍在更大范围内的合作。

（二）“人的权利资本”的基本内涵

在西方主流经济学家的视野中，什么生产要素成为资本似乎是一目了然的事情，根本不需要对资本进行分门别类地加以研究了。显然这种研究方法在研究各类资本的贡献率差异方面就显得力不从心了，特别地，人的权利资本对人的发展的重要意义也同时被淹没了。鉴于此，有必要

① ［印］阿马蒂亚·森：《贫困与饥荒——论权利与剥夺》，商务印书馆2001年版，第9页。

对权利资本的概念予以界定，以突出其理论与实践价值。本书认为，人的权利资本是一种与一定社会经济形态相对应的资本形式，是社会发展与人的发展的微观动力机制。只要一个人（或企业等微观行为主体）权利资本存量增长（这要依赖于国家权利制度的供给、微观行为主体权利意识的增强）以及权利的正当行使即权利资本健康运行等，就能够获得超出边际收益的利益（包括精神利益）水平，因此，对权利资本的所有者或持有者会产生一种激励机制，从而发挥优化资源配置和促进人的发展的基本功能。

1. 人的权利资本具有资本的一般规定性。

首先，“资本”是一种社会关系。权利资本的社会关系属性是指权利资本体现一种人与人之间的社会关系。在现代文明社会，权利作为一种“资本”是为法权体系所确认的，标示市场经济各行为主体相互关系的“规范性”保障。例如，企业是市场经济的基本行为主体，但在传统计划经济体制下，企业的决策权、交易权、定价权等权利不足，这直接导致企业交易范围的狭窄及契约能力的低下，因而表现为获取资本能力的缺失；与之相反，改革开放以来，伴随企业权利的归位与扩展，企业逐步摆脱政府的附庸地位，企业的自主权拔高了其市场谈判地位，不但扩大了国内交易范围，而且融入了国际贸易关系之中。企业不仅逐渐生成了追求利益的动力也拥有了扩张资本的能力。

其次，“资本”存在于运动之中。“它只能理解为运动，而不能理解为静止物。”① 人的权利资本的运动性是指权利具有潜在的在不同主体之间流转性。权利不是抽象的，权利资本的运动以交易的形式表现出来，目的在于提高资源的配置效率及主体利益最大化的实现。权利资本正是在运动中，才能实现权利的扩展及其资本的增殖。因而，权利资本必须也必然存在于其得以维护和实施的行动之中。例如，制度经济学揭示，权利体系特别是产权体系的形成，是西方世界“兴起”的重要动力源。

① 马克思：《资本论》第2卷，人民出版社1975年版，第112页。

正是因为产权的确定，产权主体才拥有了相应的“收益权”，在基于产权交易的权利运作的进程中，权利的“资本”性得以体现。

再次，资本具有“收益性”。权利资本的收益性是指权利能给行为者带来利益和效用。登姆塞茨说：“要注意的很重要的一点是，产权包括一个人或其他人受益或受损的权利。”① 可见，产权作为权利的一种，其收益性与权利制度的激励效率密切相关。人的行为的基本动力和目的是追求自身利益和满足某种需求，而权利资本是保障这一目的实现的一项最基本的条件。此外，行为主体只有在获得一定的权利资本收益时，才有行动的激励，其创造力才有可能充分发挥。

最后，资本具有“排他性”。权利资本的排他性是指权利资本的主体的唯一性，它表现为主体对其权利资本垄断，而对一切非主体的行为进行排斥。例如，诺思认为：“产权的本质是一种排他性的权利”。② 阿尔钦认为：“私有产权是给予人们对物品那些必然发生矛盾的各种用途进行选择的权利，这种权利并不是对物品可能用途施以人为的或增加限制，而是对这些用途进行选择的排他性权利。”③ 这些论述对作为私权范畴的个人权利当然是适用的。

2. 权利资本具有区别于其他资本的特殊规定性。

首先，权利资本具有基础性，直言之，其他一切资本失去权利资本的保障将失去存在的根基。它一方面把物质资本与人力资本进行不同配置，对资源配置效率产生影响；另一方面，界定了各行为主体的行为空间、影响约束和风险规避效率。例如，失去权利资本的保障，其他一切资本无法成为现实，也就是说，权利资本是其他资本发挥效用不可或缺的要件。

其次，权利资本具有互补性。它必须与其他条件相配合才能体现自

---

① ［美］科斯等：《财产权利与制度变迁：产权学派与新制度学派译文集》，上海人民出版社1994年版，第97页。

② ［美］诺思：《经济史中的结构和变迁》，上海三联书店1994年版，第21页。

③ 《新帕尔格雷经济学大词典》第3卷，经济科学出版社1996年版，第1101页。

身的价值。一方面，权利资本与其他资本是互补的，仅有权利资本通常没有生产性，例如，一个人力资本不足的行为主体，则缺乏运用权利的能力，此时，权利资本对其是虚假的和无意义的；另一方面，不同形式的权利资本之间是互补的，例如，政治权利、经济权利、文化权利及社会权利单独运行就很难发挥效用，只有当它们相协调时，权利资本才能发挥更大的作用，否则就会导致个人及社会成本的浪费。

再次，权利资本的投资主要依赖于国家和社会。权利资本像物质资本和人力资本一样，其形成都是人们投入人力与物力所生产出来的。所不同的是，权利资本的投资主体主要是国家与社会，因为其来源主要体现在法律规范及社会规范的构建上。

五、权利资本与社会资本，以及人的权利资本是建立生态文明的保证

（一）权利资本是社会资本的首要存在形态

现代意义上社会资本的使用，最早可追溯到1916年，其含义为植根于社会关系和社会网络中的资源。[①] 20世纪70年代，经济学家洛瑞（Loury G.）首先把社会资本的概念引入经济学。在他看来，无论是古典经济学还是新古典经济学，其"经济人"的假设与现实社会中的人相距甚远。因为现实的人总是处于一定的社会网络中的，并非以独立的方式去实现目标，个人追求的利益也不是完全的以自我为中心。因此他主张：经济学家必须修改理论假设，以使之更符合社会现实。洛瑞通过论证社会资源对发展人力资本的重要影响，来描述社会资本。洛瑞认为，社会资本是诸种资源之一，它存在于家庭与社区的社会组织之中，为儿童和青少年的心理发育、社会化过程以及人的发展都提供了许多有利条件。其后，社会学家布迪厄（Pierre Bourdiea）、詹姆斯·科尔曼（Coleman J.）和罗伯

① 杨先明：《论社会资本》，《思想战线》2003年第6期。

特·普特南（Putnam R.）等对社会资本理论的发展做了卓越的贡献，使得社会资本概念在20世纪90年代后引起了广泛的关注，其影响也越来越大。

布迪厄把社会资本界定为“实际的或潜在的资源的集合体，那些资源是同对某种持久的网络的占有密不可分的，这一网络是大家共同熟悉的，得到公认的，而且是一种体制化的关系网络”。[①] 科尔曼认为：“和其他形式的资本一样，社会资本也是生产性的，使某些目的的实现成为可能，而在缺少它的时候，这些目的不会实现。”[②] 在科尔曼看来，社会资本是个人所拥有的表现为社会结构资源的资本财产，人们建立了各种社会关系，并形成了各种人际关系网络，这种关系网络为个人提供了新的资源——即社会资本。普特南认为，社会资本是一种组织特点，如信任、规范和网络等。它是通过人们之间的“互惠”行动而产生的，并能显著地增加物质资本和人力资本的投资回报率，如获得就业的机会、得到社会的支持等。

在经济学研究领域，弗朗西斯·福山、E. 奥斯特罗姆等对社会资本的研究颇具建树。弗朗西斯·福山认为，社会资本是一种有助于两个或更多个体之间相互合作、可用事例说明的非正式规范。正是因为互惠性规范在人际交往中存在并发挥作用，才会产生信任、网络、公民社会等诸如此类的事物，因而这些事物是社会资本的结果或表现形式。[③] E. 奥斯特罗姆明确指出，社会资本是自然资本、物质资本、人力资本的必要补充，所有资本都是发展所不可缺少的。她说：“在缺乏以知识与技能形式存在的人力资本参与的情况下，物质资本将无法运作，这些人力资本是使用和维护物质资产以生产新产品和创造收益所必需的。如果物质资

① 包亚明：《文化资本与社会炼金术——布迪厄访谈录》，人民出版社1997年版，第202—203页。

② ［美］科尔曼：《社会理论的基础》，社会科学文献出版社1990年版，第354页。

③ ［美］弗朗西斯·福山：《社会资本、公民社会与发展》，《马克思主义与现实》2003年第2期。

本被多个人有效地利用，那么社会资本也将如此。”①

我们看到，尽管众多社会学家和经济学家对社会资本内涵的理解，见仁见智，存在分歧，但他们一般都认为，一个人社会资本的多少，取决于他对社会关系的占有程度，以及驾驭社会关系的能力或资格。而对社会关系调整的任务则主要是由社会规范——现代文明社会更多地体现为法律规范完成的。对此，世界银行的研究报告说得更真切，所谓社会资本是“体现一个社会的社会互动质量和数量的制度、关系和规范的总和。”② 如前所述，在规范结构上，权利规范在各种制度、规范中处于核心的位置。因此，结合上述“权利是一种资本”的命题，我们从逻辑上可以自然而然得出结论：权利资本是社会资本的首要存在形态。

（二）权利资本构成人的发展和建立生态文明的重要维度

马克思在论述人的发展的历程时指出，人最初只是“在狭窄的范围内和孤立的地点上发展着”，那种封闭、保守的小生产方式使得人如同一个个马铃薯一样具有天然的同质性，缺乏相异于他人的独特能力和独立本质。然后逐步发展到劳动者“全面的流动”、“普遍的社会物质交换、全面的关系”，最终是人的全面发展的实现。显然，马克思始终是沿着社会关系这条线索来考察人的发展状况的，并以个人社会关系的繁简作标尺来检视人的发展的程度。表现为个人如何在社会关系中投资，并通过运用社会资本来摄取和使用嵌入在社会网络中的资源，以获得工具性行动中的回报和保持情感性行动中的收益。由此我们可以得出结论，至少从个体的角度即微观层次观察，社会资本与人的发展是一个问题不同侧面的两种表达，呈现出部分竞合的现象。③ 由于社会资本与人的发展具有这种特殊的关系，权利资本又是社会资本的基本内核，因此，权利资本就构成了人的发展的一个维度。

---

① ［美］埃莉诺·奥斯特罗姆：《社会资本：流行的狂热抑或基本的概念？》，《经济社会体制比较》2003 年第 2 期。

② 世界银行：《2000/2001 年世界发展报告——与贫困作斗争》，中国财政经济出版社 2001 年版。

③ 陈培秀：《经济学视域中人的全面发展的维度》，《生产力研究》2008 年第 11 期。

总之，人的权利资本是人的发展和建立生态文明的重要维度，是建立生态文明的重要保证。其政策含义是：一方面，市场经济的完善有赖于国家通过不断完备的法治，来逐步扩展公民的权利和自由；另一方面，国家必须不断增加教育投入，提高全体国民的素质，特别是法律素质，让“法条”上人的权利与自由真正“运动”起来，成为人们实实在在的资本。唯此，构建社会主义生态文明的和谐社会与促进人的全面发展才不至于成为一句空话。毋庸讳言，笔者提出“人的权利资本”概念，只是试图拓宽生态经济学生态文明的研究领域，但囿于笔者知识和视野的局限，本书的探讨只能是初步的。对“人的权利资本”和权利资本与生态文明的关系的进一步研究，尚需求教于学界同仁。

第四节　人的全面发展是建设生态文明的指导思想、目的与原则

一、人的全面发展与建设生态文明的指导思想和目的

生态文明和三大文明建设协调发展理论，已成为生态经济协调可持续发展理论框架中的重要内容，它使可持续发展理论与实践必然出现一些新的特质。主要表现为：首先，这个理论修正和规范现代文明的发展，为现代文明指明了一个新的发展方向。这就是说，三大文明的同步推进与协调发展必须是，也应当是经济发展、社会发展和生态发展的同步推进与协调发展，其中生态环境是衡量现代文明发展的质量、水平和程度的一个重要标志。因此，我国社会主义现代化的可持续发展，不仅要求物质文明有一个大的发展，而且要求精神文明也有一个大的发展，还要求生态文明应有一个大的发展。我们把可持续发展由仅有物质文明的发展转向寻求物质、精神与生态文明同步推进与协调发展的方向发展。换

言之，由仅有经济发展转向寻求经济、社会与生态同步推进与共同发展的方向发展。只有沿着这个方向发展，才能保证现代文明发展的可持续性。其次，这个理论对现代文明发展规定了新的战略目标，或者说为可持续发展提出新的战略任务。我们建设富强文明民主的社会主义现代化国家，实现中华民族的伟大复兴，不但需要发达的物质文明，而且需要先进的精神文明，还需要良好的生态文明。因此，不论是物质文明建设，还是精神文明建设和生态文明建设，都是我国社会主义现代化建设的重要目标和目的。努力发展我国的现代生产力，努力建设我国的先进思想文化和优美生态环境，都是实现可持续发展的战略任务。所以，我们完全可以说，生态文明和三大文明建设协调发展理论，为我们“努力开创生产发展、生活富裕和生态良好的文明发展道路”提供了坚实的理论基础。可见，可持续发展文明观的核心，就是物质、精神和生态三种文明的高度统一与协调发展，这个新文明观本质上是非人类中心主义的。

特别的是，无论建设生态文明，还是实施可持续发展战略，都应当既是通过按照人与人的和谐发展的价值取向，使人类实践活动具有可持续性的社会经济机制；又通过按照人与自然的和谐发展的价值取向，使人类实践活动具有可持续性的自然生态机制，形成可持续发展的双重协调机制。只有在这种双重的和谐发展中，人的全面发展和自然的充分发展及其可持续发展才是现实的，现代人类选择的双重的最终目标或终极目标才能真正实现。

可持续发展是一种以人与自然的和谐发展、生态与经济的协调发展的生态文明为基础的现代发展模式，这种全新的发展模式遵循两条基本原则，即以人类可持续和发展为主导，以自然可持续发展为基础（或者说是以经济社会可持续发展为主导，以自然生态可持续发展为基础）。前者指的就是我们应当是以人的全面发展和可持续发展为根本宗旨和终极目标，这是现代人类实践发展的一条基本法则，也是可持续发展的一条最高原则；后者指的是在推进人类可持续发展的同时也必须同等推进自然生态可持续发展，这也是现代人类实践活动的根本宗旨和终极目标，并应当成为现代人类实践发展的一条基本法则，也应当是可持续发展的一条最高原则。因此，我们说人的全面发展是建设生态文明的指导思想和目的[①]。

二、人的全面发展与建设生态文明的原则：发展生态消费力，促进消费和谐与社会和谐

发展生态消费力，提高消费力主体、客体和消费环境的质量，促进人与大自然、人与人、人与社会之间的和谐，有利于弘扬生态文化、生态文明。十年前，笔者在一篇短文中曾提出："生态文化是生态消费的闪光点……生态需要得到较好的满足，正反映了生态平衡，反映了生态美……反映了高层次的社会文化、社会文明。有人说："21世纪是生态文明的世纪。" 1997年我在日本参加"东亚社会经济与后工业社会"国际学术会议的发言中就着重指出："赫尔曼、卡恩把人均GNP超过4000美元的国家称之为'后工业社会'，我们认为还应加上一条：人民免于环境污染，生态需要得到较好的满足，出现高层次的生态文化，才谈得上进入'后工业社会'，……我们研究'后工业社会'，也应该研究'后工业社会'的生态问题，研究生态需要得到满足的问题，以促进人的全面发展，促进社会经济文化协调发展，促进生态文明的发展，促进生态文明新世纪的来临。这些都说明，发展生态文化、弘扬生态文明的重大意义。这正有利于落实胡锦涛同志在党的十七大报告中所强调的："建设生态文明，基本形成节约能源资源和保护生态环境的产业结构、增长方式、消费模式……生态环境质量明显改善。生态文明观念在全社会牢固树立"。

还应该看到，生态文化是中华民族优秀的传统文化的一个重要方面。江泽民同志在党的十六大报告中提出："推动整个社会走上生产发展、生

① 《刘思华文集》，湖北人民出版社2003年版，第524—535页。

活富裕、生态良好的文明发展之路”之后，还强调：“中华文明博大精深，源远流长，为人类文明进步作出了巨大贡献。”我们当前发展消费生产力，弘扬生态文化、生态文明，正有利于发扬“博大精深，源远流长”的中华民族优秀的生态文化的精华，这就更说明发展生态消费力的重大意义了。

马克思在谈到共产主义“作为完成了自然主义”、“人道主义”时就指出：它是人与自然界之间、人与人之间的矛盾的真正解决，是存在和本质、对象化和自我确证、自由和必然、个体和类之间的斗争的真正解决，就是历史之谜的解答。发展生态消费力，促进三大消费力（物质消费力、精神消费力、生态消费力）协调发展，促进三大文明（物质文明、精神文明、生态文明）相互辉映，实现“人与自然之间、人与人之间的矛盾的真正解决”，解答“历史之谜”，这就大大有利于促进消费和谐、社会和谐，真正落实胡锦涛同志在党的十七大报告中所强调的：“努力形成全体人民各尽其能、各得其所而又和谐共处的局面，为发展提供良好的社会环境。”这就大大有利于加速构建社会主义和谐社会，这正是我们研究生态消费力的最终目的①。

在人类文明的发展历程中，人与自然的关系一直是人类面临的一个基本问题。在人类文明早期，人类还不了解自然界的规律，饥饿、寒冷、猛兽、疾病、死亡威胁着人类，人类必须本能地同自然界斗争。火的发明和使用、工具的出现与普及，是人类生产力历程上的重要进步，也是人类改造自然能力的强化。“不管自然展示和发出什么力量——严寒、猛兽、洪水、大火——来反对人，人也精通对付它们的手段，而且是从自然界取得这些手段，运用这些手段对付自然本身的。”② 这种改造能力既是控制能力的增强，也是破坏能力的增强。不过由于人类文明的早期生产力水平十分低下，人类对自然界的破坏力是十分有限的。历史学家汤恩比认为：“对自然界的这种初期的损害还只不过是局部的。限于当时人

① 尹世杰：《关于发展生态消费力的几个问题》，《经济学家》2010年第9期。

② ［德］黑格尔著，梁志学等译，《自然哲学》，北京商务印书馆1980年版，第7页。

类的技术能力，对于自然界的破坏有一半是无意中受到了限制。”①

自文艺复兴以来，西方工业文明迅速突飞猛进。以蒸汽机为代表的近代科学技术成功将人类推进到工业文明的时代。新的蒸汽机替代了水磨推动的机器，新的大工业生产替代了旧的工场手工业，从生产方式、生活方式到社会结构都发生了根本的改变。技术的进步、制度的变化、思想的传播、观念的普及，一步步将人类带入到过去难以想象的“文明”时代，人类的生产力水平也达到了前所未有的高度和水平。正如马克思所说：“资产阶级在它不到一百年的阶级统治中所创造的生产力，比过去一切时代创造的全部生产力还要多，还要大。自然力的征服，机器的采用，化学在工业和农业中的应用，轮船的行驶，铁路的通行，电报的使用，整个大陆的开垦，河川的通航，仿佛用法术从地下呼唤出来的大量人口，过去哪一个世纪能够蕴藏有这样的生产力呢？”②

如果说在人类文明早期乃至于农业时代，人类必须要依赖自然、利用自然，那么，到了工业文明时代，人类与自然的关系便发展成为改造自然、征服自然。“生产力”的概念是人类对自然的态度和观念改变的一个缩影，它反映了人类进入到工业时代的思维方式：越是能够征服自然，人的发展程度就越高；越是能够改造自然，人类的发展程度就越高。人是征服者，人是改造者，是凌驾于自然界的力量。当人类过分强调征服自然和改造自然物质力量的时候，它与自然成为一种对立的关系。

特别进入20世纪之后，全球性的生态失衡和人类生存环境恶化突然使得人类意识到，工业文明一方面带给了人类优越的生活条件和工作条件；另一方面也给自然界造成了空前严重的伤害，使得人类面临着深刻的危机。

---

① ［英］汤因比，［日］池田大作著，荀春生等译，《展望21世纪》，北京国际文化出版公司1985年版，第31页。

② 《马克思恩格斯选集》第1卷，北京人民出版社1995年版。

由于人类对自然的态度和做法违背了自然的规律，超出了自然界能够承受的限度，自然界向人类敲响了警钟。工业文明在带给人类物质财富和精神享受的同时，也带来了生态失衡、环境污染，以及全球性的温室效应、臭氧层破坏，它们正一步步将人类推向深渊，从而在一定程度上破坏了人类赖以生存的基础。

工业文明打破了人与自然的平衡，并逐渐走向全面失衡，人与自然对立了起来。卡逊的研究详尽描述了人与自然的平衡被打破后产生的严重后果，她的研究引发了人类重新认识人与自然关系的思潮。1986 年，在意大利人贝切伊的倡议下成立了“罗马俱乐部”，对人类当前和未来困境的问题开展研究。他们进行了关于生态危机问题的首次国际性研讨，提出了“人类困境”和“人类全球王国时代”的概念。贝切伊认为，人在地球上的状况发生了变化，技术的根本性改变引起人对自然的新作用。但是，人类没有意识到这种新作用，以及它对人类命运的影响，由此出现了人类文明的全球性危机。

在生态危机的打击下，人类不得不对人与自然的关系进行反思。把人与自然的关系限定在“人征服自然”是靠不住脚的，人与自然的关系必须寻求新观念的支撑。米萨诺维克（Mesarovic）认为：“这场全球性危机程度之深、克服之难，对迄今为止指引人类社会进步的若干基本观念提出了挑战。这些基本观念在过去为人类进步铺平了道路，但也最终导致了目前的这种状况。目前，人类正处在转折点上，必须做出选择，是沿着老路继续走下去，还是开辟一条新的道路。如果人类要探索新的发展道路，那么必须对若干旧的观念进行重新评价。”①

进入 20 世纪 70 年代，环境问题不单停留在对原有的“人与自然关系”的检讨上，它更是沿着推进“人与自然和谐相处”的方向迈进，并从学术讨论进入到政治领域，构成国际社会高度关注的话题。

在这一转变过程中，环境问题得到前所未有的重视，更为重要的是，

① ［美］米哈依罗·米萨诺维克、［德］爱德华·帕斯托尔著，刘长毅等译，《人类处在转折点——罗马俱乐部研究报告》，中国和平出版社 1987 年版，第 9 页。

一些基本理念得到认同和接受。比如，承认生命的多样性和内在价值的观念开始逐渐成为国际公约的有机组成部分。1972 年，在瑞典斯德哥尔摩召开的联合国人类环境会议上，通过了《人类环境宣言》。[①] 1979 年，通过了《欧洲野生生物和自然界的伯尔尼公约》。公约指出："野生动植物构成具有美学、科学、文化、创造性、经济和内在价值的自然遗产，必须保存它们并将之传给后代。" 1982 年，联合国大会通过《世界自然宪章》。宪章指出："每种生命形式都是独特的，无论对人类价值如何，都应得到尊重，为了承认其他有机体的内在价值，人类必须受行为道德准则的约束。" 它还指出，"人类是自然的一部分"，人类不再被视为自然界之上或之外，而是与自然界相互联系、相互依赖的一部分。"人类的文化必须建立在对自然的极度尊重上，具有与自然一致的观念，并认识到人类的事务必须在与自然的和谐平衡中进行。" 人与自然的和谐开始被看作是这些具有约束力的公约和宪章的组成部分，它们承认环境的内在价值，而不再把人类看做是自然的征服者。这些公约和宪章的颁布表明，人和自然关系必须进入到协调和平衡的时代。人类不能外在于自然，更不能凌驾于自然之上，而应该是"自然的一部分"，是和自然界相互联系、相互依赖的一部分。在这样的时代中，我们不是自然的征服者，而是自然的一部分。

1987 年，联合国世界环境与发展会议在《我们共同的未来》报告中，提出了"可持续发展"概念，将其定义为"既满足当代人的需求，又不对后代人满足其需要的能力构成危害的发展"。"可持续发展"概念的提出，是环境保护和人类环境研究新征程的一个重要起点，它提出并倡导一种能够将环境问题与社会发展密切结合的发展方式——可持续发展。"可持续发展"概念提示我们，不仅应当追求同一代人的环境公平，而且还必须考虑代际之间的环境公平，换言之，当代人与后代人之间的环境公平。1992 年，在巴西的里约热内卢召开的联合国环境与发展大会

① 联合国环境与发展大会文献汇编：《人类环境宣言（1972 年联合国环境会议）——迈向 21 世纪》，北京中国环境科学出版社 1992 版，第 156—160 页。

上，通过了《里约热内卢环境与发展宣言》和《21 世纪议程》。“可持续发展”成为大会的主题，围绕着“可持续发展”的行动依据、目标、活动和实施手段等方面提出的议程方案得到许多国家的认同。大会希望将这些议程变为现实，推动将环境保护与人类社会发展紧密结合，号召“建立促进可持续发展的全球伙伴关系”。同时，大会也明确了可持续发展的定义：既符合当代人的需求，又不会损害后代子孙满足其需要的能力的发展。2002 年 8 月，在约翰斯内堡召开的可持续发展首脑会议再一次深化了人类对可持续发展的认识，确认人的发展、经济的发展、社会进步与环境保护相互联系、相互促进，共同构成了可持续发展的四大支柱。目前，可持续发展理论已被世界各国广泛理解和认同，越来越多的国家已制定和实施了可持续发展战略。

作为人类面临的一个基本问题，人与自然关系一直是人类文明发展历程的重大议题。从 20 世纪下半叶全球环境保护的实践和观念转变来看，在新的有关人与自然关系的议题中，人类作为自然保护者的义务和责任将进一步突出，成为 21 世纪最重要的主题之一。

建立在责任基础上的对自然的利用，才是合理的利用。意识到人类对自然的责任，这种对自然的开发才是人实现全面发展的需要，才有可能是建设性的而不是破坏性的。这种建立在人类对自然的责任上的开发，也是人类自身走向成熟的标志。它表明一个新的时代——人与自然的关系已经进入协调关系的新时代：人类是人与自然关系的协调者、责任的担当者、他能够通过调整自身的行为，力求正确认识和运用自然规律，通过相互影响实现与自然界的和谐相处和协调发展。

更为重要的一点是，保护自然也应当包含在人与自然的关系中。将保护自然纳入到人与自然关系的认识，是百年来思维方式的一个重要转变，也是人对于自身认识的重要转变。在生态危机的压力下，为了子孙后代，为了我们自己，我们必须重新探讨人在自然界中的位置，重新确立人与自然的关系。我们必须认识到，保持地球上的基本生态过程和生命维持系统，就是保护人类生存和发展所必需的基本资源和生存条件。

自然界不仅是人类实践的对象和一切物质财富的源泉，而且是每个人不可缺少的生存条件。从这一角度看，保护环境也是人实现全面发展的需要。

“认识自然、利用自然、改造自然和保护自然”，是实现人与自然和谐相处的基石。“认识自然”为科学地处理人与自然关系确立了基础，“利用自然”和“改造自然”是改善人类物质和精神条件的重要保证，“保护自然”则确立了人类的义务和责任，为人与自然的和谐相处提供了基本的原则。对自然的基本态度应是协调而不是征服。只有这样人们才能实际运用那些在理论上被接受的观点，即人是自然界不可分割的一部分。

马克思根据社会发展和人的发展的内在联系，把人的发展过程分为三个基本历史阶段：第一阶段是人的依赖关系占统治地位的阶段，在这一阶段中，个人没有独立性，直接依附于一定的社会共同体；第二阶段是以物的依赖关系为基础的独立阶段；第三阶段则是建立在个人的全面发展和他们共同的社会生产能力成为他们的社会财富这一基础上的自由个性的阶段。而循环经济所提倡的人与自然的协调则可以使我们摆脱传统经济模式中人对资源的依赖，使人类从第二阶段向第三阶段迈进。

总之，建设生态文明，发展循环经济以对自然资源最小化损害取得最大化收益为目标，在实现人类社会发展的同时达到人与自然和谐相处。其落脚点必然是人类社会以及人自身的发展，它的经济目标同社会、生态目标在根本上是统一的。循环经济在考虑人自身发展时，不仅考虑人对自然的征服能力，而且更重视人与自然和谐相处的能力，促进人的全面发展，在这一过程中，与自然的和谐相处仍然服务于人的全面发展这一目标。人的全面发展不是一个孤立的过程，而只能是在各种关系中完成的，主要表现为人的社会关系的和谐和人与自然关系的和谐，只有在这种双重的和谐中，人的全面发展才是现实的。

第五节　当前建设生态文明和发展绿色经济的关键是人的智慧的发展和策略的协调

一、人的智慧的发展与生态文明策略协调

传统的经济学认为，“经济人”唯一的目标就是实现利润最大化。因此，传统的经济增长方式是高投入、低产出、低效率、高污染的粗放型经济模式。而传统的发展观是一种不可持续的、片面的发展观、经济观，它以物质财富的增长为核心，以经济增长为唯一目标，并认为单纯的经济增长必然带来社会财富的增长和人类文明的发展。因此，追求经济及财富的无限增长成了至高无上的目标。从20世纪30年代以来，凯恩斯主义经济学对国内生产总值、经济高速增长目标的热烈追逐，驱使着人们的经济行为和发展方式向片面发展。它几乎不考虑经济增长对环境和生态系统的破坏性影响，把大自然看做是取之不尽、用之不竭的原料库，向它索取更多的东西，再把生产、消费中的废弃物返回到大自然，将之视为垃圾场。殊不知，这种无限的、片面的经济增长积累的结果是破坏了自然的生产力，破坏了自然的自净能力、再生能力、自我修复能力，使不同的自然系统濒临自我修复的极限，最终导致了生态系统运转和进化受到越来越严重的影响。其结果是，经济的高速增长是以对环境的永久性的生态破坏为代价换来的。恩格斯曾经说过：“到目前为止存在的一切生产方式，都只在于取得劳动的最近的、最直接有益的效果，那些只是在以后才显示出来的、由于逐渐的重复的积累才发生作用的进一步结果，是完全被忽视的。”这一语道出了人们在追逐经济利益中无视生态效益所表现出来的短视和急功近利行为。而作为一种既强调经济的可持续性，更重视生态的可持续性的经

济方式——循环经济的出现无疑是实施可持续发展战略的最佳模式和最切实可行的途径。因为绿色经济正是利用经济规律和生态规律来调节人类社会经济系统，实现人类活动的生态化转向，并使之达到与自然生态系统和谐的一种经济增长方式。它的3R原则能够尽可能地提高资源和能源的利用效率，并最大限度地减少废弃物的生产和排放，从而使经济发展和环境保护有机统一起来，实现就业、社会和环境的“共赢”发展。应该说绿色经济使可持续发展不再停留在理论上，而成为一种切实可行的战略，因而绿色经济是可持续发展的重要体现和必经之路。

从建设生态文明、发展绿色经济的视角出发，我们会发现：现代社会以牺牲环境为代价的经济增长是一种低效经济均衡。但是，实际上，这种低效均衡是一个纳什均衡，换句话说，是任何一个经济个体不能单独偏离的均衡。离开政府主导，市场不能自觉地实现绿色经济就是一个明证。但是，这一问题的特殊性就在于，摈弃市场，完全依靠政府的力量也不能实现绿色经济。关键的问题在于，市场为什么不能依靠自身的力量实现循环经济。造成这个问题的原因，并非是单纯立场、视野使然，其中还包含了分析技术的局限。作为一种均衡分析，不能量化的变量显然是要被忽略的。即便是当代的关于循环经济的研究，也是务虚者多、务实者多，唯独沟通两者的研究少之又少。而沟通的工作就是要在微观经济行为主体的层面上建立建设生态文明、发展绿色经济的动机。在这里，第一步我们会看到，人们的行为之所以只能实现低效率均衡，是因为他们的经济策略是协调失败的。

在形如表6-1协调博弈[①]的例子中，我们会看到协调失败造成的低效率均衡。该博弈存在两个纳什均衡（NE）：（污染环境，污染环境）、（保护环境，保护环境）。两者可以进行帕累托排序。显然，相对于（污染环境，污染环境）而言，（保护环境，保护环境）这一纳什均衡是具有帕累

① 该博弈引于Cooper等人1990年的试验，对策略做了简单修改。见Cooper R W. r, Dejong., Forsythe R. , Ross T W “Selection Criteria in Coordination Games : Some Experimental Results” *The American Economic Review*, Vol. 80 No. 1 (March 1990) p218-233.

托优势的。基于此，我们称（保护环境，保护环境）是帕累托占优的纳什均衡。但是，列局中人选择保护环境策略是具有一定的风险的。如果行局中人不信任列局中人会同样选择保护环境策略，那么，行局中人就会选择污染环境策略。这对列局中人而言，支付就从550变成了250。同样的分析对于行局中人也是成立的。但是，均衡（污染环境，污染环境）就不会出现这一情况，因此我们称（污染环境，污染环境）是风险占优的纳什均衡。当然，这是一个最坏的博弈结果。这意味着如果所有的经济个体都牺牲生态环境、唯利是图，就会形成一种均衡，任何一个企业单独脱离这一均衡就意味着自外于这个群体，还会付出市场份额丧失的代价。因为，粗放的非循环经济显然比循环经济具有成本上的优势，单独实施资源的循环利用总是意味着高于同行的、额外的成本支出。因此不会有人单独偏离，这就形成了一个纳什均衡。所幸，这个均衡并不是一个强均衡[①]。在这个是否发展循环经济的博弈中，一旦有一个足够大的联盟（足够多的企业）实施了循环经济、保护环境，那么这个联盟就可以单独偏离最坏博弈结果，将博弈引向新的均衡。因为这个联盟将达到足可以左右市场定价的地步。

在表6-1所示的博弈中，一旦博弈的结果是非帕累托占优的纳什均衡——（污染环境，污染环境），就产生了协调失败。这种协调失败的含义是：一旦局中人可以用某种机制协调他们的策略，结果一定是帕累托占优的纳什均衡（保护环境，保护环境）。

表6-1　协调博弈

		列局中人	
		污染环境	保护环境
行局中人	污染环境	350　350	350　250
	保护环境	250　350	550　550

① 博弈中，任何联盟都不能单独偏离的纳什均衡称为强均衡。

对于以上这一类协调失败的博弈，Cooper 和 John（1988）提出了一个分析框架①。假设有 I 个局中人，标记 $i=1,2,\cdots\cdots,I$，局中人 i 的策略变量 $e_i \in [0, E]$，局中人根据其他局中人的行为决定其行为策略。当所有其他局中人均采取 $\bar{e}$ 时，局中人 i 采取 e_i 的支付用 $V(e_i, \bar{e})$ 表示。

定义 1：假如 $V_2(e_i, \bar{e})>0$，则该博弈表现为正的外部性。

定义 2：假如 $V_2(e_i, \bar{e})<0$，则该博弈表现为负的外部性。

定义 3：假如 $V_{12}(e_i, \bar{e})>0$，则该博弈表现为策略性互补。

定义 4：假如 $V_{12}(e_i, \bar{e})<0$，则该博弈表现为策略性替代。

在这里，所谓正外部性是指经济活动的行为主体增加产出的策略会导致其他经济当事人获益的增加。假如某经济当事人增加产量的策略导致其他经济当事人的最优产量的增加，我们就称之为策略互补。相应的，我们还可以用博弈的语言定义正外部性和策略互补。假设一个两人博弈，两个人的策略是单维度的。假如某个局中人的策略的增长会增加另一个局中人的支付，就称之为正外部性。② 按照 Bulow，Geanakoplos，Klemperer（1985）的表述③，假如局中人的策略增长引起了另一局中人的最优策略的增长，就称之为策略互补。前者涉及个体之间支付水平的相互影响，后者涉及策略水平的相互影响。

在进行了如上定义之后，Cooper 和 John 发现了如下的性质：策略互补是存在多个均衡的必要条件。给定多重均衡和总的正外部性，则这些均衡可进行帕累托排序。换言之，局中人更偏好支付高的行动均衡。这点结论的现实意义是明显的。策略互补机制将启动局中人之间的轮番的策略增长，

① Cooper R.，John A.，"Coordinating Coordination Failures in Keynesian Models" *Quarterly Journal of Economics* 103（August 1988）：441—463.

② Cooper R.，John A.，"Coordinating Coordination Failures in Keynesian Models" *Quarterly Journal of Economics* 103（August 1988）：441—463.

③ Bulow J.，Geanakoplos J.，Klemperer P.，"Multimarket Oligopoly：Strategic Substitutes and Complement" *Journal of Political Economy*. 93（1985）：488—511.

这将导致经济行为主体都采取积极的经济活动。大家都努力地实现对全社会有益的良好的生态型经济均衡，而不是去实现个人风险最小，而社会利益最小的破坏生态的低效均衡。在策略互补的过程中，纳什均衡排列的顺序就是满足循环经济要求的经济产出不断提高直至最优纳什均衡（实现循环经济的均衡）的顺序。

总结以上的论述，我们会发现，对于企业而言，实施绿色经济、保护环境并非不可能，反而是必要的。关键是建立有利于企业实施绿色经济、保护环境的外部制度环境，促使策略互补机制的形成。使企业认识到，只有实施绿色经济、保护环境才能促进物质利益的追求。本书作者认为，这种制度环境中最主要的因素就是利用现代经济各部门之间的复杂的相互依赖关系。我们可以首先发展一批具有广泛正外部性的绿色产业，对这些产业的产品实施财政补贴，降低其成本，然后借助于这些产业的正外部性降低其相关产业部门的产品成本，而这些相关产业部门的成本下降又会回过头来惠及绿色产业。这就会形成一个良性的循环，并最终能脱离政府的引导，自我维持下去。事实上，企业实施绿色经济、保护环境还会降低其他企业的资源环境压力，这也是正外部性的一种，是一种利他的行为。但是，在现代经济的多部门相互依赖的社会经济整体网络背景下，这种利他的行为会由于大家相互实施绿色经济、保护环境而变成曲折的利己行为。一旦形成这样的策略互补过程，市场机制将最终实现良好生态的最优帕累托均衡。

二、政策建议

从人的全面发展目的和以上博弈论的分析出发，我们会发现政府在建设生态文明、发展绿色经济中的作用就是作为协调博弈的局外人，通过自己的政策在客观上为协调博弈确立一个生成互补机制的制度环境，以影响经济行为主体的策略选择。针对以上的分析，我们提出如下的政策建议：

第一，循序渐进，发挥市场机制。通过对建设生态文明、发展绿色经济的国际比较，我们会发现一些发达国家的经验值得借鉴。例如，美国、日本、德国等发达国家在发展循环经济形势大多遵循了3R原则——“减量化、再利用、再循环”。这个3R原则也应该是我们遵循的原则。更重要的一条经验是，这些国家发展循环经济也经历了四个阶段：污染治理阶段、废物回收再利用阶段、清洁生产阶段、生态化研发与设计阶段[①]。可以看到这四个阶段的过程是由自发向自觉过渡，由短期行为向长远规划过渡。这是符合事物发展规律的，那种想跨越前面阶段，直达高级阶段的想法是幼稚和空想的。另外，发达国家在建设生态文明、发展循环经济的过程中始终坚持市场为主导的方式。正如前文所论述的，市场对发展绿色经济的基础作用是不可忽视的，离开市场力量建设生态文明、发展绿色经济是不可想象的。

第二，改变政府的绩效评价机制。部分地方政府本身对科学发展观和人的全面发展作为经济发展的目标、目的没有理解透彻或不甚理解，仍然将GDP作为政绩考核的唯一重要的砝码。在此情况下，部分企业为追求一己之利，而污染环境、违背循环经济要求就会得到不同程度上的默许和保护。在这种情况下，不能持之以恒的环保执法行为实际上传递了相反的信息。建立绿色GDP的核算机制是势在必行的措施。但是，指望绿色GDP完全扭转目前的局面是不现实的。因为，绿色GDP还是没有脱离GDP的“阴影”。我们认为，直接用一些环保指标评价地方官员的政绩更可行一些，例如低碳经济、减排量等等。

第三，强化中央政府的引导作用，加强各地方政府间的策略协调。李猛（2009）指出：若中央政府不从内在动力上引导地方政府的环境资源配置，几乎所有的污染排量在短期内都回大幅上升。[②] 这充分说明，地方政府对建设生态文明、发展绿色经济的重要性是认识不足的；或是了解其重

① 赵景华：《德日美循环经济发展模式的比较和借鉴》，原载王勇军、陈灵主编：《循环经济论集》，北京经济科学出版社2006出版。

② 李猛：《污染减排的内在动力——给予地方政府视角的研究》，《中国经济问题》2009年第2期。

要性，但因眼前利益而不愿为之；或因隶属于不同的行政区划而不能采取统一、协调、有效的措施以实施之。因此，中央政府的引导，各地方政府之间的协调就是打破这一怪圈的重要途径。

第四，通过政府的微观经济政策引导人们进行低碳经济、绿色消费、保护生态环境。在人的全面发展的基础上构建建设生态文明、发展绿色经济的微观动机，关键在于彻底改变人们的消费习惯。将人们追求对物质财富的过度享受的消费习惯，转变成一种既满足自身需要又不损害自然生态的绿色消费习惯。应当说，绿色消费的实质在于使人过上真正的符合人类本性及社会道德的生活。要想加速这一演进，政府通过微观政策在经济利益上引导是必不可少的，例如，减免税收、增加对绿色产品的补贴等等。

第五，创新环保监督体制。政府以往的监督体制监督成本太高，导致监督不力。随着我国经济总量规模的不断扩张，监督体制的问题会进一步突出。这就形成一种局面，监督的人永远没有违规的人多。例如，在治理污染问题上，很多企业购置的治污设备仅仅是为了应付检查，除此以外是不使用的。可想而知，若想达到社会、政府所预期的监督效果，需要增加多少人、财、物的投入。因此，创新监督体制，提高监督效率是唯一可行的出路。而如何创新监督体制，是后续研究亟待解决的问题。

总之，人的全面发展是建设生态文明、发展绿色经济的必由之路和终极目标。正因为如此，在实现三者良好互动的意义上，政府所起的作用主要是引导，将被扭曲、误导的市场机制恢复到生态可持续发展的轨道上来。那种完全由政府主导的绿色经济是很难生存的。同样我们也反对在生态学的基础上重构经济学的努力，生态文明、绿色经济只不过是经济学的又一个核心题目而已。我们还是不能离开经济规律谈环保。经济发展中出现的问题还是应该由经济发展来克服，舍此别无他途。

第七章 倡导生态生产和消费，保证人的可持续生存与全面发展

第一节　促进生态生产满足人的全面需要

一、传统生产导向下全球和中国的现实问题

（一）全球性问题

在人类出现以前，自然界通过其内在的自我调节机制始终保持着相对的平衡状态。当地球上出现人类以后，便开始了人与自然界的相互作用，开始了人与自然的对立统一过程。随着人类社会的发展，尤其是工业革命之后，人类对自然生态系统的影响越来越大，主要表现在以下几个方面：

一是世界人口的急剧增长。史前由于生产力水平以及人类抗拒自然的能力极其低下，人口增长极其缓慢。以后随着的生产力的发展，人口增长逐步加快。据估计，1750 年世界人口为 7.91 亿人，150 年后的 1900 年，世界人口增加到 16.5 亿人。世界人口在 1850—1950 年的一个世纪内翻了一番，而在 1950 年至 1990 年的 40 年里，又翻了一番多。据联合国报道，1999 年 10 月 12 日世界第 60 亿人个公民诞生。人口的爆炸式增长对地球的

资源和环境造成了巨大压力。

二是生态破坏。人类开发和利用自然资源的各种活动造成了生态严重的被破坏。2005 年 11 月，联合国粮农组织公布了 2005 年世界森林资源评估的主要结果。2005 年全世界森林面积约为 39.52 亿公顷，占陆地面积的 1/3，只占曾经森林面积的不到 1/2。2000—2005 年，全世界每年减少森林面积 730 万公顷。

三是环境污染。人类通过工农业生产直接或间接地向自然生态系统排放了大量物质和能量，超过了自然系统的自我调节能力，从而使环境的质量降低。联合国水资源世界评估报告显示，全世界每天约有 200 吨垃圾倒进河流、湖泊和小溪；每升废水会污染 8 升淡水；所有流经亚洲城市的河流均被污染；美国 40% 的水资源流域被加工食品废料、金属、肥料和杀虫剂污染；欧洲 55 条河流中仅有 5 条水质差强人意。

（二）中国的问题

新中国成立后的很长时间内，中国实行的是计划经济体制，在“计划生产”时期，森林资源遭到了严重破坏，矿产资源受到掠夺性开采。改革开放以来，中国大力建设社会主义市场经济体制，以经济建设为中心，环境服务于经济的发展。在这样的思路下，中国的经济建设固然取得了举世瞩目的成就，但也付出了巨大的自然生态成本。据中国环境统计数据显示，我国工业“三废”的排放量、建设用地、能源生产总量等都在逐年递增，而水资源总量等却呈下降趋势。（见表 7－1）

表 7－1　　2000—2008 年中国环境数据表（部分）

年份（年）	2008	2007	2006	2005	2004	2003	2002	2001
水资源总量（亿立方米）	27434	25255.2	25330.1	28053.1	24129.6	27460.2	28261.3	26867.8
工业废水排放总量（亿吨）	241.7	246.6	240.2	243.1	221.1	212.3	207.2	202.6

续表

年份（年）	2008	2007	2006	2005	2004	2003	2002	2001
工业废气排放总量（亿标立方米）	403866	388169	330990	268988	237696	198906	—	—
建设用地（万公顷）	3305.8	3272	3236.5	3192.2	3155.1	3106.5	3073	3032.1
能源生产总量（万吨标准煤）	260000	235415	221056	205876	187341	163842	143810	137445

注：表中所缺数据因资料收集原因，没有查到相关数据。

资料来源：据中国国家统计局国家统计年鉴资料整理，http：//www. stats. gov. cn。

二、生态生产概念的理论背景

如上所述，在传统生产模式的导向下，生态系统和自然环境出现了一系列的问题。理论界在对生态系统和自然环境的研究讨论中，提出了“生态生产力”的概念，但并没有产生明确统一的“生态生产”的概念。事实上，“生态生产力”必然是以“生态生产”为基础的，所以，我们有必要对“生态生产”进行相关论述。

对于“生态生产”概念的阐释，有两种观点。第一种观点可以归纳为“生态系统的生产”，即生态系统内部的物质循环和能量流动，是生态系统的生产和再生产过程；第二种观点可以归纳为“生产的生态化”，即从经济战略上利用和补偿自然资源。其实这两种观点并不冲突，可以把这两种观点归入更为广义的“生态生产”概念中。广义上讲，“生态生产”包括人口的生态生产、物质资料的生态生产，以及生态系统内部的生产与再生产。于是，广义的生态生产便具有自然性和社会性两重意义。

生态生产的自然性指的是生态系统内部要素之间不断进行着的物质循环和能量流动，正是这物质循环和能量流动，促使生态系统生生不息地不断向前发展，形成了生态系统的生产和再生产过程。生态系统在生产和再生产过程中具有几种基本能力：生态生产能力、生态自净能力、生态自我调节能力和生态稳态反应能力等。

生态生产的社会性是对人类来说的，即人类社会的社会经济生产必须与生态生产进行复合，将生态生产纳入社会经济发展的经济计量中，使“生态理性经济人”在新的高度上对这个整体进行统筹。

三、促进生态生产，满足人的全面需要

（一）人口的生态生产

所谓“人口的生产”，源于恩格斯的两种生产理论：“一方面是生活资料即食物、衣服、住房以及为此所必需的工具的生产；另一方面是人类自身的生产，即种的繁衍。”①

人口的生态生产，即相对于一定历史条件下的资源、环境、经济和社会发展说来，人口数量是适当的，质量是稳步提高的，结构是比较合理的，即能够促进人口与其他发展因素协调发展的人口。人口的生态生产包括人口数量的生态化、人口质量的生态化、人口结构的生态化和人口分布的现代化四个方面。

首先，必须在现有的生态环境系统和社会生产条件下，通过各种措施，对人口的数量和增长速度进行干预和适度控制，将人口数量限制在环境资源和生态系统的承载容量之内，将人口增长速度限制在生态系统提供物质和能量的补充和再生速度内。在一定的时间和空间等条件下，生态系统向人类提供的物质和能量是有限的，如果人口的生产超过了生态系统所能承受的限度，将会损害生态系统的结构和功能，使其无法正常运行，严重的甚至会使其崩溃。

在这里必须特殊说明的是，生态系统对于人口数量和增长速度的限制

① 《马克思恩格斯选集》第4卷，人民出版社1972年版。

不仅有上限，而且有下限。上限很好理解，所谓的下限是指在特定的生态系统内不至于使人类作为一个物种出现性状退化乃至灭绝所应具有的最小人口数量。

20世纪70年代以来，我国实行的是计划生育政策，在很大程度上控制了中国人口数量的增长，若能辅以正确生育观念的教育等措施，效果将会更好。

其次，必须充分利用现有条件，通过教育训练和环境影响，提高人口的身体心理素质、科学文化素质和生态素质。不同时期人类从事社会实践活动的能力和水平取决于人类的各项素质，而这些素质尤其是人口生态素质的提升，能使人类以生态思维方式和生态行为规范参与到与生态系统相关的社会实践中，实现和谐发展。

再次，人口的性别结构和年龄结构等也要符合生态化的要求。男女比例的协调能保证人类正常的繁衍生息，而失衡则会影响人口的再生产，还会带来一系列的社会问题。一定的年龄结构决定了人类整体发展的态势。面对目前世界人口总体爆炸式增长的态势，很多人会认为人口增长放慢或者零增长、负增长才是好的，但事实未必如此。目前西欧和日本都出现了老龄化问题，这就是未能实现人口年龄结构生态化的结果。

最后，人口的时间空间分布也要符合生态化的要求。人口分布的生态化包括了人类在地球空间的地理分布，还包括了人口的代内分布和代际分布。目前社会和政策层面关注的重点还是在于人口的地理分布，人口在整个地球上并不是均匀分布的，而是呈区域分布格局，人口的过度集中会带来交通、就业等一系列的问题，过度分散则会带来劳动力不足等问题，都会影响区域的可持续发展。人口分布生态化的目标是使具有不同人口特质的人自觉或自然地分布到一定的地区。

人口的生态生产是一个长期的动态的过程，所以政策等干预措施也必须着眼于长远，切忌急功近利，因为，为了短期目标的实现而采取的行动很可能对中长期发展构成巨大的隐患。

（二）物质资料的生态生产

物质资料的生态生产，即物质生产的生态化，是指用生态意识指导物质资料生产活动，既讲求经济效益，又注重生态效益，实现社会经济效益和生态效益的双赢。生态意识是指人类对于自己在内的自然界中一切生物与环境的关系的认识成果为基础而形成的特定思维方式和行为取向。它直接决定着人类在面对生态系统问题上的态度和行为。

不管是吃、穿、住、行等基本需要，还是文学、艺术等更高层次的要求，都离不开物质资料的生产活动。物质资料生产，是指劳动者按照预期目的，运用劳动资料加工于劳动对象，改变劳动对象的形状、性质或地理位置，使它适合人们需要的过程，是人类最基本的实践活动。正因为其基础，所以重要，所以从传统物质资料生产到物质资料的生态生产的转变所产生的效果也就越明显。

物质资料的生态生产有如下几个特点：第一，生产的主动性。这种主动性主要是相对于盲目生产而言的，物质资料的生态生产是在综合考量了社会需要和生态系统发展的基础上，有目的地自觉行为。第二，劳动者的主导性。如前所述，人类实践活动的能力和水平是由人类的各项素质所决定的。在物质资料的生态生产中，劳动者具有自觉的生态意识，起主导作用，能积极施行有利于生态环境系统的物质生产活动。第三，整体的协调性。物质资料的生态生产，服从于物质资料生产的系统，这是一个有机的整体，需要用全局的眼光进行考量，在自我调节的基础上，对其内部各因素进行协调，物质生产不能大于或快于生态生产的发展，不能超出生态系统的供应和承载极限。

其实，物质资料的生态生产离我们并不遥远，人类已经在许多地方进行着实践，如生态农业、生态养殖业、工业生态园等。我们应该在现有的条件下，大力倡导各个行业的生态生产，提供生态的产品，同时改善生态环境，使人类社会向一个更加文明和健康的层次迈进。

（三）生态系统的生产与再生产

生态系统的生产可分为狭义的和广义的，这里指的是狭义的概念，即生态系统内部的物质循环和能量流动这一动态过程。广义的生态系统的生产还包括了人口的生态生产和物质资料的生态生产两种形式的社会生产，因为人类也是生态系统的一个组成要素。

就狭义的生态系统的生产与再生产而言，主要指的是生物的生产与再生产，通过这一环节，物质在生态系统内部进行循环，能量在生物体内进行流动和转化，为人类提供丰富的资源。生态系统的生产与再生产有其基本的规律：第一，整体协调规律。生态系统本身是一个有机联系的整体，其内部各要素相互依存、相互制约，故而人类在处理生态系统问题时要具备全局观念，从整体考虑。第二，供给小于生产的规律。生态系统通过生产与再生产，从而产生了源源不断的物质和能量，但其并不能提供其生产出的所有物质和能量，因为其自身也是需要物质和能量维持运行的，所以，人类从生态系统中所获得的量必须小于生态系统生产的量，这样才能使生态系统能够维持自身再生和更新的能力，反之，则会使生态系统衰竭甚至于崩溃。第三，自我调节规律。生态系统在演进的过程中，能对内部变化和外部冲击进行自我调节，维持其稳定正常的生产与再生产。但是，生态系统的这种自我调节能力是有限的，如果超过了一定的限度，那么这种调节能力就会衰弱甚至于消失。

生态环境系统是人类安身立命的根本，人类社会的发展依赖于生态系统的稳定健康运行，宣传并良性介入生态系统的生产与再生产，对人类社会的发展具有重大意义。

上述三种生态生产，即人口的生态生产、物质资料的生态生产和生态系统的生产，共同构成了广义的生态生产。要解决开篇所提出的各种问题，满足现代社会人的全面需要，必须借助于生态生产这一实现可持续发展的最现实、最有效的途径。

第二节　加强生态为主导的宏观调控，实现生态公正

一、生态公正与政府职能

公正的本质在于权利与义务的对等交换，生态系统本身并不存在所谓的公正问题，只有当生态成为人类活动的载体和对象、自然资源和能量进入社会生产活动，为人类提供价值时，才有了公正的内涵。生态公正就是运用公正理论的一般原理去协调和处理各种利益主体在生态问题上的利益关系，使之保持各自在权利与义务上的均衡和对应。①

生态公正的内涵和外延非常广，它包括如下几个方面的内容：

第一，非人类存在物的生态公正问题，即对生物和自然界的公正。人类作为生态系统的一个要素，与其他动物、植物等要素在地位上是对等的，同样享有对自然生态系统的权利。但是，动物、植物等并没有行使权利的主体行为能力，所以人类必须规范自己的行为，公正地对待其他要素，保障其权利的实现。

第二，人类的生态公正问题，这又包括了三个方面的内容：个人的生态公正、“代内公正”、“代际公正”。个人的生态公正是指公民个人有要求良好生态环境的权利，包括对生态环境状况的知情权和生态环境参与权，主要是相对于政府而言的。“代内公正”是一种横向的原则，强调代内的所有人，不论其国籍、种族、性别、经济发展水平和文化差异，在对生态系统的利用和谋求自身发展上的机会均等、权利平等。生态系统提供的物质和能量是有限的，因此不能以损害其他人为代价谋求自身的发展。“代

① 马保华：《我国的生态公正及其实现研究》，《天中学刊》2007年第22卷第2期，第33页。

际公平”是一种纵向的原则，强调每一代的人都要合理使用自然生态资源，实现代际之间的机会平等。因为，人类社会是一个世代发展的过程，每一代人都要生产和发展，都需要利用自然生态资源满足自身需要。

生态公正在强调发展的同时也强调保护自然生态环境，它主张处理好局部经济发展与整体生态环境的关系，处理好人类当前利益与长远利益的关系，处理好经济效益与生态效益的关系，是保证人类和谐可持续发展的需要。

现代政府，就其主要职能来说，无非就是保持经济可持续发展和促使社会稳定、公正、公平和文明。这主要包括两个层面：一是向社会提供有形的公共物品，如公共教育、公共交通与经济基础设施等；二是提供无形公共物品，如社会公正，即通过立法、司法和执法以及行政政策保护各种合法权利，监督各种义务的履行，鼓励创造，并以同样平等的第三方立场协调与仲裁各种利益冲突等。所以，实现生态公正是现代政府的应有之义，政府必须加强以生态为主导的宏观调控，实现生态公正。

目前，国家宏观调控的重心在于降低能耗、减少污染和破坏，保护和恢复自然生境，促进可持续发展，这正是生态公正所要求的。

胡锦涛在党的十七大报告中指出，为了促进国民经济又好又快发展，要“加强能源资源节约和生态环境保护，增强可持续发展能力。坚持节约资源和保护环境的基本国策。”“必须把建设资源节约型、环境友好型社会放在工业化、现代化发展战略的突出位置，落实到每个单位、每个家庭。要完善有利于节约能源资源和保护生态环境的法律和政策，加快形成可持续发展体制机制。落实节能减排工作责任制。开发和推广节约、替代、循环利用和治理污染的先进适用技术，发展清洁能源和可再生能源，保护土地和水资源，建设科学合理的能源资源利用体系，提高能源资源利用效率。”“发展环保产业。加大节能环保投入，重点加强水、大气、土壤等污染防治，改善城乡人居环境。加强水利、林业、草原建设，加强荒漠化石漠化治理，促进生态修复。加强应对气候变化能力建设，为保护全球气候作出新贡献。”

二、我国以生态为主导的宏观调控

（一）农业

我国传统的农业文明顺天时地利而为，可以说还是环境友好和可持续的，但这种持续是在低技术、低效益、低规模、低影响基础上的持续，不能实现生态效益和经济效益的统一。因此，要改变目前农业生产中不利于生态公正实现的方面，促进可持续发展的实现。中央已经有许多年的1号文件是关于农村农业发展的，其中都有对农业进行生态导向的宏观调控。

2009年12月31日，中共中央国务院发布《关于加大统筹城乡发展力度　进一步夯实农业农村发展基础的若干意见》，指出，要“构筑牢固的生态安全屏障。”

具体措施如下：“巩固退耕还林成果，在重点生态脆弱区和重要生态区位，结合扶贫开发和库区移民，适当增加安排退耕还林。延长天然林保护工程实施期限，抓紧制定实施办法。继续推进三北、沿海、长江等防护林体系和京津风沙源治理、湿地保护与恢复等重点林业生态工程建设。统筹推进青海三江源生态保护和建设。加大力度筹集森林、草原、水土保持等生态效益补偿资金。从2010年起提高中央财政对属集体林的国家级公益林森林生态效益补偿标准。建立造林、抚育、保护、管理投入补贴制度，开展造林苗木、森林抚育补贴试点，中央财政对林木良种生产使用、中幼林和低产林抚育给予补贴。编制林地保护利用规划，启动森林经营工程，增强森林生态服务功能，提高林地综合产出能力。大力增加森林碳汇。

“切实加强草原生态保护建设，加大退牧还草工程实施力度，延长实施年限，适当提高补贴标准。落实草畜平衡制度，继续推行禁牧休牧轮牧，发展舍饲圈养，搞好人工饲草地和牧区水利建设。推进西藏草原生态保护奖励机制试点工作。加大草原鼠虫害防治力度。加强草原监理体系建设，强化草原执法监督。

“实施国家水土保持重点建设工程，加快岩溶地区石漠化和南方崩岗治理，启动坡耕地水土流失综合治理工程，搞好清洁小流域建设。加强农业面源污染治理，发展循环农业和生态农业。”

（二）工业

以大规模的化石能源消耗、化工产品生产以及自然生态系统退化为特征的工业文明推行的是一类掠夺式、耗竭型、高经济效益、高环境影响的生产方式，追求的是局部的、眼前的经济效益，生产力虽高，但对生态环境的负面影响大，持续能力低。因此，要改变目前工业生产中不利于生态公正实现的方面，促进可持续发展的实现。中央每年都会对工业和产业发展进行宏观调控，以生态为导向的条目都是赫然在列。

2009 年 12 月，工业和信息化部部长李毅中在《2010 年全国工业和信息化工作会议工作报告》中指出，要“加强节能降耗和减排治污”。具体宏观调控措施有以下四点：

一是推动重点行业企业节能降耗。分行业制订工作计划，推进行业企业对标达标，落实产品能耗物耗限额标准，完善工业投资项目节能降耗评估和审查制度。抓好工业节水、节材及电力需求侧管理，大力倡导节约生产。

二是加强工业减排治污。制定原材料等重点行业减少温室气体排放指导意见，推动削减钢铁、有色金属、化工、水泥等行业大气污染物排放量。促进工业清洁生产，开展造纸、化工、酿造、印染等行业污水治理专项监督检查，研究开展重金属等减排治污工作。

三是促进综合利用，发展循环经济。制定工业循环经济指导意见，实施示范工程，促进尾矿、赤泥、工业副产石膏等综合利用，开展废旧电子电气产品回收再利用示范工作，继续推进机电产品再制造试点工作。

四是推进新能源和节能环保产业的发展。制定专项规划，建立准入标准，引导多晶硅、风电装备等产业突破关键技术，实现有序发展。加快研发和推广节能减排新技术、新工艺、新设备和新材料，编制重点技术推广专项规划和推荐目录。

（三）法律、机构与政策

1973 年第一次全国环境保护会议召开。国务院批转颁布了原国家计划委员会《关于保护和改善环境的若干规定（试行草案）》。该草案指出："各地区、各部门要设立精干的环境保护机构，给他们以监督、检查的职权"。

1978 年 3 月，五届全国人大一次会议修订我国《宪法》时将环境保护定为基本国策，1979 年 3 月，颁布了《中华人民共和国环境保护法（试行）》。

1981 年国家环保总局成立以后，着手进行有组织、有系统的环境标准的研究、制定和颁布工作。同时，开始制定大气、水质和噪声等环境质量标准及钢铁、化工、轻工等 40 多个国家工业污染物排放标准。

在 1983 年召开的第二次全国环境保护工作会议上，时任国务院副总理的李鹏同志提出，环境保护是中国现代化建设中的一项战略任务，保护环境是我国一项基本国策，经济建设、城乡建设和环境建设要"三同步"，做到经济效益、社会效益、环境效益的"三统一"，成为长期指导我国环境保护与经济社会发展的基本国策和战略方针。

1989 年，《中华人民共和国环境保护法》颁布实施。1996 年全国人大八届四次会议正式把可持续发展确定为国家的发展战略。党的十七大报告首次把"建设生态文明"明确列为新时期全党全国人民建设小康社会的新目标。

第三节　培育生态消费意识，构造符合人的发展的生活结构

一、为什么要培育生态消费意识

人类社会发展的动力来自于人类的需求，这种需求在现代社会的表现方式就是消费。毫无节制的消费观和挥霍浪费的生活方式给生态环境带来了灾难性的后果，人类的持续生存受到了严重威胁，同时，又剥夺

了地球上其他生命体正常的在生态系统中生存和发展的权利。从20世纪开始，许多人开始对这一问题进行研究，力图寻找出更适合的消费方式，逐渐形成了生态消费的理念。

对于生态消费的定义，不同学者有各自的见解和看法。生态消费本来是指人类从生态系统中索取物质和能量直接或间接用于满足自身需要的行为，这是从生态需要角度上的定义。尹世杰认为"生态消费是人们最基本、最重要的消费"，这是生态消费从重要性角度上的定义。还有从生态学角度的定义，如生态消费是一种绿化的或生态化的消费模式，它是指既符合物质生产的发展水平，又符合生态生产的发展水平；既能满足人的消费需求，又不对生态环境造成危害的一种消费行为。

综合各种定义，我们可以得到生态消费广义和狭义两种叙述。对广义的生态消费可以定义如下：生态系统中的生物对生态资源的直接或间接（包括通过工业形态而产生的一切产品及服务）的消耗。对狭义的生态消费的定义如下：人类在遵循生态规律的基础上以可持续的方式对生态资源和由之而产生的一切产品的服务和消耗。本书的相关研究和叙述以生态消费的狭义的定义为基础。

生态消费是一种全新的生活理念和消费方式，是建立在人、自然和社会和谐统一基础上的高层次理性消费。生态消费涉及两大主体——人类与生态系统。人类是消费者，是具有主观能动性的一方，是生态消费的主导力量。对人类而言，首先得保证人类消费时所选择的产品应该是对人体健康有益的，其次，要保证消费过程和消费结果都是生态的。于是，这就对消费者在生态消费意识和生态消费能力上提出了要求。

意识是指我们的觉知状态，即人类对自身、对外界的环境事件以及自己与外界环境事件关系的觉知状态。生态消费意识即对生态消费及其自身与生态环境等关系的理解和认知。意识使我们的有目的的活动得以持续并使自己的行为朝向这一目标，因此，发展生态消费，必须首先培育生态消费意识。

二、培育生态消费意识的方式

生态消费意识的培育，离不开教育。其实，生态消费意识教育是环境教育的分支，因为环境这个概念，如果从广义上进行理解，是指生物生活周围的气候、生态系统、周围群体和其他种群，包括了自然生态系统。以下内容通过将环境教育细化到生态消费意识教育来进行叙述。

联合国教科文组织 1978 年对环境教育的定义如下：环境教育是一个学习过程，使得受教育者提高关于环境及其问题与挑战的意识与知识，提升其应对环境问题的相关技能，使其形成积极的态度和良好的动机，从而做出最优决策并采取负责任的行动。

相对应的，我们可以给出生态消费意识教育的定义：生态消费意识教育是一个学习过程，使得受教育者提高关于生态消费及其问题的意识与知识，使其形成积极的态度和良好的动机，从而做出最优的消费。

生态消费意识教育不仅仅是有关生态消费知识的传授，这只是生态消费意识教育的第一阶段，生态消费意识教育还要使被教育者获得批判性思维或者说是判断思维，同时增强其解决问题和做出决策的能力。

生态消费意识教育按时间维度可分为儿童教育、中学教育、大学教育与成人教育；按照空间维度可分为学校教育、家庭教育和社区教育；按照形式维度可分为课堂教育和非课堂教育。从时间维度上讲，成人教育效果最弱；从空间维度上讲，学校教育要远远强于社区教育和家庭教育；从形式维度上来说，非课堂教育要弱于课堂教育。综合来看，在学校对学生进行长期的课堂教育，收效最大。因此，普及生态消费学校课堂教育，提升平均教育年限可以说是培育生态消费意识的最好办法。

学校的生态消费意识课堂教育应帮助学生认识实行生态消费的必然性，理解生态消费的含义及特征，能对生态消费和相关概念进行辨析，知道如何进行生态消费。于是，我们有必要继续深入理解生态消费这个概念。

三、进一步理解和认知生态消费

（一）生态消费的特征

与传统的消费模式相比，生态消费具有如下几个特征：

1. 以生态需要为着眼点。如前所述，“生态需要是人们最基本、最重要的需要。”“人们的消费需要，不仅包括物质需要和精神文化需要，还应该包括生态需要在内。”① 同时，人的需要是有层次的，生态需要不仅仅是最基本的生存需要，而且是很重要的享受需要和发展需要。因此，生态需要的满足对消费质量的提高和人的全面发展具有极其重要的意义，可以说生态需要是生态消费的着眼点。

2. 以“生态人”为理论假设。传统的消费经济学是以“经济人”为理论假设的，追求效用最大化，于是产生了严重的负外部性问题。生态消费理论则突破了“经济人”的局限，以“生态人”为理论假设。中国社会科学院环境与发展研究中心的徐嵩龄先生曾提出“理性生态人”假设，认为：“当代严峻的环境问题，其实质都是生态问题，生态可解读为生命的存在状态。”人的存在，不仅仅要对自己负责，对社会负责，而且要承担生态责任，这种责任的履行对于自然生态环境和人类自身的发展来说都是十分有益的。

3. 以“生态生产”为支撑。要发展生态消费，必须要有生态消费的对象——生态产品，因此，要大力发展生态生产和生态产业，如生态农业、生态工业等。

4. 以生态环境为立足点，以生态承载力为界限。生态承载力，简单来说，就是生态系统中各因素存在的最高极限。一个生态系统有其一定的物质、能量和信息流，如果人类的行为不当，则会导致生态系统失衡退化甚至崩溃。生态消费强调以生态承载力为极限，要求人类应该以对

① 尹世杰：《关于生态消费的几个问题》，《求索》2000 年第 5 期，第 14 页。

其他物种和生态系统产生最小影响的方式来生活，将消费活动限制在生态环境能够承受的范围之内。

5. 生态消费符合人对自身本质的最高追求，即人的全面发展。本来消费的意义是通过对人类需求的满足不断促进人的自由存在本质和人类发展的需求，因此，消费仅仅是人类生活的手段而已，而非人类生活的目的。但是，传统的消费方式使人的需求被片面地引向物质的享受之中，消费的本质已经被扭曲了，反而制约了人类的发展。而生态消费观念则是从完善人的本质的角度审视消费行为，能够促进人的全面发展。

（二）生态消费与其他概念的辨析

1. 生态消费与适度消费。适度消费是指在一定的条件和环境下，如在特定的生产力水平和自然环境中的消费应该符合生理标准、经济标准和社会标准，即能满足生理上的基本需要，符合生产力发展水平，又能满足消费者的心理需要并符合消费伦理。适度消费研究的是消费本身的数量和质量，并没有反映以自然为中心的消费理念，二者并不能等同。

2. 生态消费与绿色消费。所谓的绿色消费，是指人们在满足自身生理和社会需要的前提下，对符合生态和环境保护的产品和劳务进行的消费活动。狭义的绿色消费则是从消费的对象——产品来进行界定的。尽管与传统的消费观念对比而言，绿色消费是进步的，但是与生态消费观相比，绿色消费观念还是存在几个方面的不足。首先，绿色消费关注是产品和生产消费过程的绿色和生态化，没有对数量进行关注；其次，绿色消费难以真正体现消费中的公正性，即绿色消费没有体现出在生态系统中人类与其他物种的公平性、不同国家和地区间的公平性。

3. 生态消费与可持续消费。1994 年联合国环境规划署在其报告《可持续消费的政策因素》中正式提出了可持续消费的定义，即“提供服务以及相关产品以满足人类的基本需求，提高生活质量，同时使自然资源和有毒材料的使用减少，使服务或产品的生命周期所产生的废物和污染物最少，从而不危及后代的需求。”可以把这个定义概括为这几个关键词组：满足基本需要、提高生活质量、提高利用率、减少排放污染；代际公平。可持续消费是由可持续发展衍生而来的，有其自身的合理性，但其概念和原则都有一定的模糊性，如强调的主体仍然是人类，没有指出人类在生态系统中应承担的责任等。

四、构造符合人的发展的生活结构

随着社会的进步和环境生态教育的普及，越来越多的民众开始主动改变自己的生活结构，力图构筑与自然生态和谐发展的生活模式。但是，“罗马不是一天建成的”，生态消费观指导下的生活结构的改变也不是短期内可以完成的。目前，与生态消费的生活结构相关的最热门词汇，当属“低碳生活”了。

2009 年末，哥本哈根气候变化大会的旋风让“低碳”一词席卷全国。一时间，低碳经济、低碳生活、低碳住宅等名词不绝于耳，低碳成为时尚生活方式的新标签。低碳生活是一种简约、简单、简朴的生活方式，它通过个人适度减低碳排放量来达到集体总和碳排放的减少，达到保护环境、促进生态文明的发展的目的，从而促进整个地球生态环境的可持续发展。因此，可以说低碳生活是生态文明在现阶段实现的可行方式。

如今在许多发达国家，很多人已经自觉接受了低碳生活方式，他们愿意放弃享受，从生活的点点滴滴做起，从关掉暖气到放弃驾车上班。今天欧洲人越来越喜欢乘坐火车出行，一个主要原因是乘高速列车带来的人均碳排放只有飞机的 1/10。

简约生活，也正在成为更多中国人家庭生活的准则。一些收入早已进入中等水平的市民，也会穿着旧衣服去早市买便宜青菜、骑自行车出行、使用最老款的手机、煮鸡蛋早关一分钟煤气、用洗衣服的水冲厕所、随手关灯、打印用双面纸等，这些习惯早已深入到那些最有教养的阶层中去，从而带来心灵的宁静。[①]

---

① 陈晓凤：《简约生活》，《资源与人居环境》2008 年第 5 期，第 78 页。

然而，能够自觉接受生态消费价值观指导，做到生态消费的人是不够多的，追求高消费依然是社会生活的主旋律。在此，笔者建议大家从以下的小事做起，不求一步达到生态消费的目标，但求每天都有进步和收获。①

1. 每天的淘米水可以用来洗手、擦家具、浇花等；

2. 将废旧报纸铺垫在衣橱的最底层，不仅可以吸潮，还能吸收衣柜中的异味；

3. 用过的面膜纸也不要扔掉，用它来擦首饰、擦家具的表面或者擦皮带，不仅擦得亮还能留下面膜纸的香气；

4. 喝过的茶叶渣，把它晒干，做一个茶叶枕头，既舒适，又能帮助改善睡眠；

5. 出门购物，尽量自己带环保袋，无论是免费或者收费的塑料袋，都减少使用；

6. 出门自带喝水杯，减少使用一次性杯子；

7. 多用永久性的筷子、饭盒，尽量避免使用一次性的餐具；

8. 养成随手关闭电器电源的习惯，避免浪费用电。

第四节　尊重生命和自然界，实现人的生命尊严的消费

一、倡导尊重生命和自然的价值观和消费观

社会发展总是在一定的观念的指导下进行的。从 17 世纪开始，科学技术的发展与工业文明和市场经济相结合，由此发展并逐步形成了工业

① 百度百科：低碳生活，http：//baike. baidu. com/view/1930641. htm？fr = ala0_ 1_ 1。

文明的价值观——以人为中心的价值观。这种思想认为，人是大自然的主宰。在这种价值观框架下，人类仅仅将自然视为利用的工具，为了获取更多的财富而肆意的开发和破坏自然。伴随着经济的发展，生态危机和环境污染已然成为人类生存的头号公敌。

为了拯救地球、拯救人类，非人类中心主义应运而生。在非人类中心主义看来，人类中心主义所持有的“一切以人的利益和价值为中心”、“人是大自然的主宰”、“自然是人的工具”等观念是造成当今生态危机和环境污染的深层原因。非人类中心主义认为动物、植物甚至整个生态系统、自然界和人一样都具有内在价值，主张把人与人之间的道德关怀扩展到非人类存在物（动物、植物、整个生命过程和生态系统）；要求以整个生命共同体或整个生态系统的利益为中心看待非人类世界的价值，反对把人的利益和价值作为唯一的评判尺度。非人类中心主义尊重生命、尊重自然界，认为万物平等，维护生命共同体的整体利益。

马克思主义关于人与自然的思想超越了人类中心主义和非人类中心主义，认为人是自然的一部分，自然是人类生存和发展的基础，人与自然是一个不可分割的整体，在处理人与自然的关系时，要坚持发挥主观能动性和尊重客观规律性的统一，坚持当前利益和长远利益的统一。因此，我们要倡导尊重生命和自然界的价值观和实现人的生命尊严的消费观。我们要以马克思主义为指导，尊重生命和自然界，实现人的生命尊严的消费。

二、古今中外的生态价值观

（一）中国传统的生态思想

中国传统生态思想的核心是“天人合一”，这是中国古人对待人与自然关系的经典概括，是中国古代思想的最深层的观念和最基本特征。在中国的传统文化中，各家学说对“天人合一”从不同角度进行了论述，尤为影响深远的是儒家、道家和佛家的思想。

儒家认为“天地之大德曰生”、“上天有好生之德”，万物包括人在内都是天地自然化育的结果。儒家的生态价值观经历了由“仁者爱人”到“仁民爱物”再到“民胞物与”的过程，将“仁爱”的思想扩展到了自然万物，倡导万物平等，体现了对生命和自然界的尊重。

道家讲究“自然无为”，强调的是在“无为之为”基础上的与自然的和谐。老子说：“人法地，地法天，天法道，道法自然”，即在他看来，人不过是自然的一部分，世间万物都应该遵循“自然”的法则运行，物无贵贱，万物平等。

佛教的“缘起论”在整体上认为人与自然是统一体，天地同根。佛教生命观的基本态度是众生平等、生命轮回，所谓的“众生”包括人和一切动物，他们在生命的本质上是平等的。佛教认为诸恶当中杀罪最重，所以要求佛徒素食、放生，善待生命。

虽然各家学说都有其局限性，但其进步意义是相当明显的，都在一定程度上体现了对生命的关怀和尊重，表达了与自然和谐共生的意愿。

（二）西方现代生态价值观

西方现代的生态哲学和生态伦理学以自然生态学为基础，将整个生态系统看做一个整体，以整体的视角来分析和评价人类活动对自然的影响，以及对人自身的影响。虽然非人类中心主义思想产生于20世纪六七十年代，但是在这之前已经产生了生态主义思想，比较为大家所熟知的是梭罗的环境伦理思想。

亨利·戴维·梭罗，《瓦尔登湖》的作者，在19世纪就提出了一系列生态主义的思想。梭罗认为：自然万物都是有生命的，要“尊爱生命”；尊崇生命的存在、珍爱自然的秀美、珍视人的生命价值；他认为人是自然的一部分，人与万物同处于一个生命体中，人与自然万物相互依存，人类离不开自然，因此要处理好与自然万物相互依存的关系；自然与人处于平等的地位，人类并不是自然的中心，“众生平等”，自然有其自身的价值，人与万物在权利上是平等的。所以，人与自然要和谐共处，人类要领悟自然、呵护自然、尊重自然、回归自然，在自然进化的同时实现人的全面发展。

三、实现人的生命尊严的消费

（一）拒食野生动物

如前所述，自然界的万物与人类在生态系统中的地位是平等的、权利是平等的，人类捕食野生动物没有任何道德立足点可言，反而，丢失了人作为具有主观能动性物种的尊严。野生动物非法交易是除毒品和军火外全球第三大非法交易，中国是消费野生动物的大国，相信大多数人都不会对这一事实感到陌生，仔细想想，这其实是一种悲哀。

2003年，梁从诚、徐凤翔、张瑞敏等37位国家环保总局环境使者联合发出倡议，号召全体公民拒食野生动物、不购买野生动物制品、摈弃一切不利于环境保护的陈规陋习，自觉实践有利于环境的生活方式。

倡议书指出，有科学家认为，“非典”病毒的传播是由人与野生动物密切接触造成的。这场灾难警示我们，人类要尊重自然、珍爱生命，要重新审视自己的行为方式，摆正人与自然的关系。

环境使者提倡：拒食野生动物，不购买野生动物制品；发现有人捕杀、买卖或烹制野生动物，及时向有关部门举报；不制作和购买野生动物标本；不破坏生态，尤其是不破坏野生动物的栖息地，保护好生物物种的生存环境和食物链的完整；摈弃一切不利于环境保护的陈规陋习。

如倡议所言，光“拒食野生动物”是不够的，还要持续做好对野生动物的保护工作，不破坏其栖息地，不购买被猎捕而来的野生动物圈养。更重要的是，要向身边的每一个人传递这样的意识和观念，形成整个社会的共识。

（二）简约生活

在现代社会，广告作为传播消费信息的特殊形式，会对消费者购买行为产生很大的影响。轰炸般的商业广告不断刺激人们去换最新款的手机、电视、衣服、鞋子，煽动着公众一潮高过一潮的消费欲望，把人变成商业利润的工具。试问这样的被广告牵着鼻子的消费如何可以体现出公民个人的独立性？又怎样可以实现自身的生命尊严？

不少刚参加工作不久的年轻人，用1个月的收入买1款新式手机或1个名牌皮包，眼睛都不眨。在提倡生态消费的今天，"能挣会花"的口号不再象征着现代化理念，而象征着一种浪费资源的野蛮消费方式，不仅不能实现人的生命尊严，反而是人类尊严的丧失。

其实，我们并不需要如广告所煽动的如此多的消费，简约生活的理念已逐渐被人们所接受。在价值观的改变之下，高收入群体由高消费回归简单生活的人越来越多，"清贫主义"已悄然在中国白领中兴起。清贫主义不再意味着吝啬，而意味着让生命摆脱过度物欲的挤压，意味着对环境的责任，这才是能实现人的生命尊严的消费方式。

第八章 生态发展与人的发展相协调的中国绿色发展道路

全球变暖与环境污染已经成为当今世界面临的一个最为紧迫的问题。但是，在这一紧迫问题面前，全世界对这一问题的认识却是不统一的。这种不统一表现在多个层面：有科学层面的不统一，例如，有人就提出，目前为止，并没有极为完整的逻辑链条表明全球变暖与人类的二氧化碳排放有直接关系；也有经济层面的不统一，例如，是否要推行绿色经济、绿色产业革命，以及如何推行；也有政治层面的不统一，例如，发达国家和发展中国家谁应该在减排中承担更多的责任。本书并不打算讨论科学层面的意见不统一，这并非作者的专长。但这并不影响本书讨论的前提，事实上，即使全球变暖非人力所为，也不能掩盖环境污染是人为所致的事实。另外，值得我们关注的政治层面上的意见不统一，事实上总能归结为经济层面上的不统一（甚至于许多经济层面的意见不统一也总是打着科学的旗子）。因此，本章所论述的重点在于如何厘清在经济层面的意见不统一。换言之，就是阐明推行绿色经济、绿色产业革命的重要性，生态经济与人的发展相协调的中国绿色发展道路以及如何在我国推行绿色经济、绿色产业革命。

第一节 推行绿色经济，走低碳发展之路

一、推行绿色经济的重要性

人类与自然的关系经历了三个阶段。从人类文明早期乃至于农业时代，是第一个阶段。人类必须要依赖自然、利用自然。到了工业文明时代，人类与自然的关系便发展成为改造自然、征服自然。这是第二个阶段。我们现在即将开启的是第三个阶段。

回顾前两个阶段，我们发现人类所走过的一些错误路径。伴随着人类从一个从属于自然、依附于自然的第一阶段，转变为征服自然、改造自然的第二阶段，人类对自然的态度发生了转折性的变化。这一态度的变化集中体现在对“生产力”这一概念的工业化思维方式上：越是能够征服自然，人的发展程度就越高；越是能够改造自然，人类的发展程度就越高。人是征服者、改造者，凌驾于自然之上。在这里我们看到人类过度膨胀的自负。进入20世纪之后，全球性的生态失衡和人类生存环境恶化突然使得人类意识到，工业文明一方面带给了人类优越的生活条件和工作条件，另一方面也给自然界造成了空前严重的伤害，使得人类面临着深刻的危机，而这一危机正是前述自负的必然后果。

米萨诺维克（Mesarovic）认为：“这场全球性危机程度之深、克服之难，对迄今为止指引人类社会进步的若干基本观念提出了挑战。这些基本观念在过去为人类进步铺平了道路，但也最终导致了目前的这种状况。目前，人类正处在转折点上，必须做出选择，是沿着老路继续走下去，还是开辟一条新的道路。如果人类要探索新的发展道路，那么必须

对若干旧的观念进行重新评价。”[①] 米萨诺维克的论述正是我们即将开启的人与自然关系的第三阶段的核心命题。

但是，有哪些旧的观念需要重新评价，又如何探索新的发展道路呢？几十年来的争论并没有给出一个确定的答案。事实上，传统经济学的投入产出分析根本不可能给出答案。数百年来的习惯也不可能在一朝一夕改变。但是，需要提醒大家的是，我们已经没有争论的时间了，现在是该采取行动的时候了。由此，绿色经济的概念便应运而生了。在这里需要避免一个误区——绿色经济是克服目前全球变暖和生态危机的唯一出路。实际上，最准确的表述是：绿色经济仅仅是我们现在可以找到的最可行的方式，不排除未来有更好的办法。但是，在生态危机的打击下，我们没有时间等待更好的办法了，人与自然的关系必须从现在开始由绿色经济这一新观念来支撑。

绿色经济是以对自然资源最小化损害取得最大化收益为目标，在实现人类社会发展的同时达到人与自然和谐相处的一种经济形式。单从字面上看，这与传统的投入产出分析没有什么区别。但其实不然。传统的投入产出分析适用于某一个决策个体的最大化，而绿色经济是全人类不同代际间的人类的总体最大化。因此，绿色经济的落脚点必然是人类社会以及人自身的发展，它的经济目标同社会、生态目标在根本上是统一的。绿色经济在考虑人自身发展时，不仅考虑人对自然的利用能力，而且更重视人与自然和谐相处的能力，促进人的全面发展，在这一过程中，与自然的和谐相处仍然服务于人的全面发展这一目标。人的全面发展不是一个孤立的过程，而只能是在各种关系中完成的，主要表现为人的社会关系的和谐和人与自然关系的和谐，只有这种双重的和谐才是人的全面发展的必要条件。

从以上论述不难看出，在目前的情况下，我们要建设和谐社会主义，就不得不推进绿色经济的建设；建设绿色经济是推动科学发展、提高可

---

① ［美］米哈依罗·米萨诺维克、［德］爱德华·帕斯托尔著，刘长毅等译《人类处在转折点——罗马俱乐部研究报告》，中国和平出版社 1987 年版，第 9 页。

持续发展能力的内在要求。因此，吴邦国在2010年3月份的全国人大会议上指出：我国作为负责任的发展中大国，一直高度重视气候变化问题，并为此做出了巨大努力，把节约资源和保护环境作为基本国策，把实现可持续发展作为国家战略。可以毫不夸张地说，绿色经济是中国未来长时间内的发展方向。

二、积极提倡零碳、保持低碳、走绿色低碳发展之路

低碳经济模式核心在于低排放。尽管“零碳”即零排放是不现实的，但作为人类的理念和目标却有积极、现实的意义。保持低碳，意味着社会发展过程中不断降低碳的净排放量，对高碳单位实行碳税调节、指标减排、制度约束；同时，保护森林，增加绿地面积，发挥森林的固碳作用。走向活碳的含义则是，把经济发展与生态保护等统一到可持续发展上，建立碳信用、发行碳股票、促进碳交易、推进碳贸易、实现碳致富，走绿色低碳发展之路。

我们日常生活中二氧化碳的排放量很大：一辆每年行程2万千米的汽车释放二氧化碳2吨；发动机每燃烧1升燃料，释放二氧化碳2.5千克；电脑使用一年间接排放10.5千克二氧化碳；洗衣机间接二氧化碳排放量年均7.75千克；用飞机运输1吨进口水果，飞行里程为1万千米，排放二氧化碳为3.2吨……

每个人都有自己的碳足迹，所以减排人人有责，低碳生活方式应该成为时尚。不使用一次性筷子、自带水杯、随手关灯、尽量步行等，都能减少二氧化碳的排放。

另外，“低碳生活”并不是让大家降低现有的生活水平，而是选择科学合理的绿色生活方式。人们平常用电、驾车、乘电梯、过度使用空调、浪费纸张等行为，都会产生二氧化碳的排放。而“低碳生活”提倡大家从自己的生活习惯做起，将个人的二氧化碳排放量减至最小。比如，每天减少3分钟的冰箱开门时间，一年下来约可省下30度电，相应减少

二氧化碳排放30千克；及时给冰箱除霜，每年可以节电184度，相应减少二氧化碳排放177千克。此外，减少吸烟也能减排，1天少抽1支烟，每人每年可节能约0.14千克标准煤，相应减排二氧化碳0.37千克。这说明“低碳生活”就在身边。

森林生态系统是陆地中重要的碳汇和碳源，在这个系统中，森林的生物量、植物碎屑和森林土壤固定了碳素而成为碳汇，森林以及森林中微生物、动物、土壤等的呼吸、分解释放碳素到大气中成为碳源。如果森林固定的碳大于释放的碳就成为碳汇，反之成为碳源。在全球碳循环的过程中，森林是一个大的碳汇，但随着森林破坏、退化的加剧以及一些干扰因素（如火灾）的影响，森林生态系统就可能成为碳源，这将加剧全球的温室效应。因森林破坏导致的温室气体排放占排放总量的五分之一。如果能够把破坏森林遏制住，温室气体减排就取得了非常大的成功。扩大森林资源，是一种成本非常低的政策工具。

科学研究表明，森林蓄积每生长1立方米，平均吸收1.83吨二氧化碳，放出1.62吨氧气。造林就是固碳，绿化等同于减排。人工林的固碳作用更加显著，如人工桉树林生产力相当于天然林（针叶林）的20至30倍，5至7年就可以成材，生物量相当于原始林在自然情况下100至150年的产量。据预测，到2050年我国人工林可达158万平方千米。若人工林平均蓄积量提高一倍，将使人工林固碳总量达到88.4亿吨。

除此之外，还可以采取碳补偿的方法，捐资给专门机构，用以植树或其他减排项目，来抵消自己二氧化碳排放量。联合国开发计划署中国区亲善大使周迅，曾购买238棵树苗，来抵消她2008年的航空飞行所排放的二氧化碳。

创历史之最的群众性低碳运动、“世博绿色出行碳计算器”、精彩演绎低碳模式的展馆……“低碳”思维贯穿了上海世博会的每个细节。上海世博会在展示一个未来可持续发展城市的同时，让人们看到，中国历史文明的传承同样也是低碳和环保的。

第二节　绿色 GDP 与绿色产业革命

一、国际环保主义与绿色产业革命

推行绿色经济在目前最大的阻力就是庞大的传统产业如何转型的问题。换言之，最大的困难在于如何稳妥地进行产业结构调整，如何用最小代价进行一场绿色产业革命。

西方工业化国家走了一条先污染、后治理的缓慢转型之路。由于时间上的充足性，各方面的矛盾有充分的时间去化解。而像中国、印度这样的发展中国家，经济正在腾飞阶段，刚开始污染就需要治理，各方面的矛盾集中在一起，短期内化解的难度可想而知。一言以蔽之，中国需要时间。但是，国际环保主义恰恰不给我们时间。所谓国际环保主义，指的是今天很多发达国家的精英人士已经不顾科学的争论，而直接相信人类必须减排二氧化碳。他们认为，人类减排二氧化碳是唯一改变气候变暖的经济方式①。事实上，这些国际环保主义者认为，气候变暖完全是人类活动带来的，中国、印度等发展中国家没有任何理由不立即采取行动减少二氧化碳的排放。在他们看来，西方国家在没有足够科学知识的情况下已经犯了错误，排出了大量的二氧化碳，而中印等后起国家有了先进科学知识的武装，不能够犯同样的错误，必须承担起减排的重任。

我们不应将这种国际环保主义的要求仅仅看成是政治和舆论上的压力；实际上，它已经实实在在的变成了一种经济上的压力。在西方工业化国家，绿色环保主义经历了从一种自发的社会现象，演变为一种政治行为乃至政府行为的过程。因而也就成为政治经济斗争的工具，成为贸

① 李稻葵：《催生绿色产业：调结构的必然选择》，《新财富》2009 年 12 月 17 日。

易保护主义的工具，演变成了绿色保护主义。所谓绿色保护主义，就是以绿色环保为名义，对本国进口商品设置绿色壁垒，以达到保护本国生产目的的一种新的贸易保护主义。绿色环保主义的具体形式是：凭借发达国家先进的环保技术，通过“碳关税”和非关税如环境标准等手段，阻碍他国产品进入本国市场。尤其是在后金融危机时期、经济复苏缓慢的背景下，碳保护主义和碳歧视主义等等各种绿色保护主义形式更是层出不穷。

由于这种绿色保护主义的存在，对中国这样的出口导向型国家影响巨大。中国的对外出口市场，80%以上集中在发达国家与新兴工业国家，而这些国家大多数是世界贸易组织（WTO）“贸易与环境委员会”成员。如果这些国家均采取不同程度的绿色保护主义，并日益与世贸组织挂钩，那么，中国出口必将面临严重的困境。

根据以往的经验，保护主义就像多米诺骨牌，具有强力的自我实现能力，一旦一个国家采取了绿色保护主义，其他国家均会跟进实施，这不是中国一个国家所能左右的形势。

另外，反对绿色保护主义是困难的。首先，它打着环保主义的旗号，是以保护世界资源、环境和人类健康为名，实行的贸易保护措施。同时，大多数绿色保护措施都是以国内、国际公开立法作为依据，在形式上具合法性。其次，绿色保护主义的保护内容相当广泛，不仅涉及资源、环保与人类健康有关的商品的生产、销售方面的规定和限制，而且涉及工业制成品的生产过程，可以说是无孔不入。所以，主动的推进绿色产业革命是应对这一压力的主要途径。并且，如果我们换一个角度去看这个问题，我们会发现，推进绿色产业革命是挑战更是机遇。正如李稻葵所认为的：催生出中国的绿色产业，对于启动内需，对于应对绿色环保主义，对于占领意识形态争论的制高点，以及在世界经济下一轮激烈竞争中占领先机，都具有极其重要的战略意义①。

① 李稻葵：《催生绿色产业：调结构的必然选择》，《新财富》2009年12月17日。

二、绿色 GDP 与经济发展方式和经济结构调整

如何走向绿色 GDP 的时代，要做到看得更远，高碳行业就要跳出产量来思考结构调整，要为即将到来的低碳时代做好准备，寻找更适宜的发展和生存模式。说得再直白些，就是要产能结构、产品结构、企业组织结构以及发展思路，多管齐下共同调整。其实，这样的理念已经有企业在践行。

什么是低碳经济？教科书没有现成答案，但人们普遍认为它是以低能耗、低污染、低排放为基础的经济模式，而且是人类社会继农业文明、工业文明之后的又一次重大进步。

用这个流行词汇来衡量，以水泥、玻璃为代表的中国建材业就很是落伍了，因为它是典型的高碳行业，一年要消耗 1.95 亿吨标准煤。其中水泥的高碳属性尤为突出，不仅耗能高，而且生产过程中要产生大量的二氧化碳。据不完全的统计，建材工业一年消耗的标准煤中，水泥占到 70% 左右；去年全国二氧化碳排量 51 亿吨，建材 9 亿吨，水泥在里面占 7 亿吨。要知道，全世界的二氧化碳排放只有 260 亿—270 亿吨。

在“低碳”流行的时代，高碳行业遭遇了产能过剩，这意味着什么？在水泥行业，一些企业已经向下游制品延伸产业链条，通过水泥高标号化、特种化、制品化，走减量化发展的道路。在玻璃行业，一些企业早已把触角伸到了太阳能膜电池、风力发电机叶片等新能源产品领域。

面对全球控制温室效应的实践和努力，面对中国转变经济发展方式、建立“两型”社会的实践和努力，水泥、玻璃这样的高碳行业一定要居安思危。中国建材集团董事长宋志平在接受记者采访时，多次提到碳税问题，“水泥是释放二氧化碳非常大的产业，如果中国收碳税，就算每吨加收 10 元人民币对我们水泥行业意味着什么？靠涨价消化涨得起来吗？”虽然这是个离现实还有些距离的问题，但他觉得事关企业利益和未来的生存，所以很迫切。也许，只有站在建立“两型”社会的高度，正视高

碳的现实，思考低碳的挑战，才能洞悉先机、抓住机遇，产能过剩行业的结构调整才会有更长远的目标。

对于中国积极进行经济发展方式转变和经济结构调整，世界一些国家、世界组织和海外媒体都给予高度评价。例如，中国政府于2009年11月26日公布了控制温室气体排放的行动目标，并提出相应的政策措施和行动。国际社会对此给予积极评价。

日本前首相鸠山由纪夫就中国宣布温室气体减排行动目标一事作出评价，称赞中国“提出了相当不一般的目标，具有重大意义”。

2009年欧盟轮值主席国瑞典首相赖因费尔特和欧盟委员会主席巴罗佐发表联合声明，肯定中国在应对气候变化方面所采取的措施，认为中国提出的温室气体减排量化目标是积极的。

“中国提出了一个具有宏大抱负的减排目标。”英国《独立报》对中国政府公布控制温室气体排放的行动目标给予极大关注。其他英国媒体对此也积极评价。英国《金融时报》指出：中国决定到2020年使单位国内生产总值二氧化碳排放量比2005年下降40%—45%，同时国务院总理温家宝将出席在丹麦首都哥本哈根举行的气候变化大会，“上述决定彰显出中国政府在对待气候变化谈判上的认真态度”。承诺削减温室气体排放强度，表明中国政府正在出台有力的政策。路透社播发的分析文章表示：中国提出具体的温室气体控制目标广受欢迎，这是中国努力参与应对全球气候变化的积极信号。

巴西总统府官员科斯·辛特拉表示：中国政府宣布节能减排的重大承诺，将推动发达国家承担更积极的责任，推动世界向节能低碳经济方向发展。

印度前财政部长经济顾问、政策选择方案研究中心负责人莫汉·古鲁斯瓦米表示：中国政府公布的控制温室气体排放目标考虑到了很多因素，是较为现实的。他指出，中国政府实际上在多年前就开始采取节能减排行动，最为明显的就是陆续关停了许多小型火电厂，这使得中国政府对进一步减排更具信心。他说：“中国政府展示了应对气候变化的决心和负责任的姿态。”

国际能源机构对中国公布控制温室气体排放行动目标表示欢迎。该组织在声明中表示：美国和中国双双宣布二氧化碳减排目标，是哥本哈根气候变化大会达成全球性重要协议的“关键步骤”，同时与国际能源机构所倡导的大气中二氧化碳浓度控制目标是一致的。

世界自然基金会全球气候行动项目负责人卡斯藤森认为：考虑到中国经济的规模和发展阶段，做到经济增长与减排并重，殊为不易，意义重大。

《联合国气候变化框架公约》秘书处执行秘书德博埃尔表示：中国提出自主行动、自愿采取措施控制温室气体排放，必将对国际社会应对气候变化产生积极而深远的影响。中国的行动使哥本哈根气候变化大会前景看好。

第三节　我国应推进绿色产业革命

怎样才能迅速的推进中国的绿色产业革命？许多经济学者提出了各种政策建议。我们认为推进绿色产业革命是一项极复杂的系统过程，任何单一的政策主张均难以奏效，它需要一系列的政策组合来实现目标。为此，我们提出下列一些亟待实施的政策建议。

一、加强低碳经济领域的立法

近年来，我国已经加强了低碳经济领域的立法，加大了应对气候变化工作力度，制定了涵盖影响气候变化各领域的法律法规，制定和实施了《应对气候变化国家方案》，将节能减排和提高森林覆盖率作为国家中长期发展规划的约束性指标。同时，我们还修改了《中华人民共和国可再生能源法》，从法律上确立国家实行可再生能源发电全额保障性收购制度，建立电网企业收购可再生能源电量费用补偿机制，设立国家可再生能源发展基金，要求电网企业提高吸纳可再生能源电力的能力等等。另外，我国已实施的有关绿色经济领域的法律还有《中华人民共和国节约能源法》和《中华人民共和国清洁生产促进法》等等。

但是，需要指出的是，目前我们所做的立法工作还很不够。一方面，我国作为负责任的发展中大国，在应对气候变化问题、节约资源和保护环境方面理应做出一个大国的表率。另一方面，如前文所述，加快立法可以在环保标准的确立上抢得话语权，占领未来国际竞争的先机，减少被动。

二、征收碳排放税

征收碳排放税的政策主张由来已久，但鲜有产生实际效能的举措。在这方面最积极的法国，曾打算从2010年1月1日起开征碳排放税，因准备不充分而暂时搁浅。这反映了各国所面临的一个普遍问题——开征全新税种是牵一发而动全身的系统工程。一旦开征碳排放税，就会影响到社会生活中的每一个细胞、国际国内经济格局，乃至日常生活都将发生深刻的转变。开征碳排放税的阻力将超乎预想。因此，从全球看，征收碳排放税的设想还仅仅是在国家内部征收，其目的是督促本国企业和民众节能减排。但是，问题并不这么简单。在可预见的将来，碳排放税一定会演变成碳排放关税，成为一种贸易保护手段。一旦发达国家陆续开征碳排放税，既对进口产品征收也对国内企业产品征收。那么，其他国家亦会渐次开征，这是一种具有负外部性的策略性替代博弈[①]过程，博弈的纳什均衡是所有国家都开征碳排放税。到那时，中国也必然要被动的全面开征碳排放税，这对以低端制造业为主的中国来说是极为不利的。

---

① Cooper R.，John A.，“Coordinating Coordination Failures in Keynesian Models” *Quarterly Journal of Economics* 103（August 1988）：441—463.

所以，我们要未雨绸缪，首先在国内开征碳排放税，先在国内进行优胜劣汰，提高企业竞争力，以应对正在到来的绿色保护主义。

三、改变政府绩效考核指标体系，把降低碳排放放在考核的首位

早在党的十六届三中全会上，中央就非常完整的提出了科学发展观以及建立和谐社会的要求，从那时起，尽快提出符合绿色经济要求的政府绩效考核指标就已经提上议事日程。但直至今日，部分地方政府本身对科学发展观没有理解透彻或不甚理解，仍然将 GDP 作为政绩考核的唯一重要的砝码。地方经济违背绿色经济要求的行为，事实上得到了不同程度上的默许和保护。产生这一现象的原因在于，目前的绿色经济考核指标（如绿色 GDP）还是务虚的多，务实的少，并没有多少可操作性。在这里，行之有效的办法就是将绿色经济的考核指标具体化，例如，降低碳排放量、万元 GDP 能耗、可再生能源占总能源消费的比重，以及主要污染物排放等。尤其要强调的一点是，必须把降低碳排放放在考核的首位，作为一个提纲挈领的指标。在这些指标运作一段时间后，再寻求将这些指标体系化。

四、加快产业结构调整，努力建设新能源产业

关于我国传统的产业结构的弊端，国内外的学者已经论述颇多。因此，加快产业结构调整步伐，已经是一个取得共识的问题，无需赘述。现在的新问题是，如果我们不能抓住这次全球范围内的绿色产业革命的契机，那么我们将在很长的时期内重复过去几十年都在进行的赶超过程。而反过来，若我们抓住这次机遇，在国内大力扶植一批绿色产业，并在国际上的相关产业内首先形成规模经济、制定产业标准，则可以事半功倍。我们认为，首先应该扶植的绿色产业就是新能源产业。事实上，有

很多证据表明对化石能源的过度使用是全球变暖的重要原因。因此，未来的非化石能源的研发将是各国争夺的主战场。我国是能源生产大国，也是能源需求大国，加强新能源产业建设是刻不容缓的事情。

五、关闭高污染和高能耗企业

近些年来，在关闭高污染和高能耗企业方面，我国作出了很大的努力，成绩是显著的，但任务仍然很重，存在问题也很多。部分地方政府本身对科学发展观没有理解透彻或不甚理解，出于保护地方利益的目的，对一些“双高”企业实施或明或暗的保护，致使减排任务无法实现。这就需要中央政府加大人、财、物的投入，确立减排方面的财政转移支付机制，平衡由于推进绿色产业革命而带来的成本，避免由于产业结构调整带来的污染转移，避免由于产业结构调整带来的地区间贫富差距加大，以此达到社会、政府所预期的产业结构调整效果。

六、用“权利资本”思想对碳排放实施有效监督

推进中国的绿色产业革命，政府应当起到引导作用，但是，这种引导不能越俎代庖，市场的力量才是实现绿色产业革命的主导性力量。而要让市场发挥主导性作用，对绿色产业的产权保护就是第一要务。事实上，如果我们将碳排放作为一种权利，而且让碳排放指标可以上市交易，那么这项权利就可以和物质资本一样具备收益性，而成为了一种“权利资本”。

众所周知，产权包括一个人或其他人受益或受损的权利。人的行为的基本动力和目的是追求自身利益和满足某种需求，而对产权的保障是这一目的的实现的一项最基本的条件。在物质资本那里，理解这一点并不难。但是，作为一种非物质的权利——碳排放指标，则需要我们在立法、政策上给予格外的关注。如果碳排放指标不能像物质资本一样流转、获

取收益，则节能减排就会永远停留在政府的文件中，完全成为政府主导的事情，而不会成为市场的自觉行为。而事实上，我国政府以往在治理污染问题上的监督不力，恰恰说明这一问题。一方面是监督成本太高，另一方面是监督的人永远没有违规的人多。如果不能变监督为市场自觉行为，则上述问题将成为一个无解的困局。而反过来，如果我们能够保护减排指标这一“权利资本”，不仅能起到对碳排放的低成本监督，而且能附带解决一些其他的社会问题。例如，随着政府政策的进一步向农村倾斜，大量的碳排放指标将掌握在广大的从事种植业的农民手中，保护减排指标这一“权利资本”将成为促进农村经济朝着健康、可持续的方向快速发展的利器，从而带动整个国民经济的良性发展。

本章在全球变暖与环境污染严重的背景下，分析了绿色经济的重要性和推进中国绿色产业革命的紧迫性。本章认为国际环保主义的压力已经渗透到政治、经济、社会等各个领域。面对这种压力，我国应迅速、抓紧进行绿色产业革命。在此基础上，我们试图提出一些能够结合市场力量和政府力量、行之有效的政策建议。例如，加强低碳经济领域的立法；征收碳排放税；改变政府绩效考核指标体系，把降低碳排放放在考核的首位；加快产业结构调整，努力建设新能源产业；关闭高污染和高能耗企业；用权利资本的思想对碳排放实施有效监督等等。

全球变暖与严重的环境污染凸显了绿色经济的重要性和推进中国绿色产业革命的紧迫性。这种紧迫性在国际环保主义和新的绿色保护主义条件下变得更加明显。因为，环保的压力已经渗透到政治、经济、社会等各个领域。面对这种压力，我国应迅速、抓紧进行绿色产业革命。但是，我们应清楚地认识到，这一任务单靠市场的力量，或单靠政府的力量是无法实现的。正如前文所述，绿色产业革命需要政府引导，但需要按照市场规律引导、推进。因此，加强低碳经济领域的立法；征收碳排放税；改变国民经济考核指标体系，把降低碳排放放在考核的首位；加快产业结构调整，努力建设新能源产业；关闭污染和高能耗企业；用“权利资本”的思想对碳排放实施有效监督等政策措施就是目前的首要之选。

第九章 生态破坏对人体健康冲击的影响机制研究[①]

第一节 空气污染对人类健康严重影响的理论分析

随着中国经济快速持续增长，空气污染问题日益严重。《2007 世界发展指标》一书显示：在世界 111 个主要城市中，空气污染状况排在前 15 名的城市，有 14 个在亚洲，其中，有 9 个在中国。在目前公认的空气污染物中，颗粒物（主要是可吸入颗粒物 PM_{10}）和二氧化硫（SO_2）是主要的超标污染物。2007 年，中国主要城市的 PM_{10}浓度是世界卫生组织推荐标准的 2—7 倍；SO_2 的浓度是世界卫生组织推荐标准的 2—4 倍[②]。

污染物浓度超标不仅影响了人类的居住环境，更重要的是给人类健

① 本部分见苗艳青、陈文晶于 2010 年发表在《世界经济》第 6 期的文章《空气污染和健康需求：grossman 模型的应用》。

② 现在世界卫生组织推荐的 PM_{10} 年均标准是 20 $\mu g/m^3$；$SO_2$24 小时平均标准是 20 $\mu g/m^3$。

康带来了严重的不利影响。医学研究已经证实，PM_{10}浓度过高可引起机体呼吸系统、心脏及血液系统、免疫系统和内分泌系统等广泛的损伤①；SO_2 可影响呼吸系统和肺功能，并刺激眼睛和呼吸道，从而加重哮喘和慢性支气管炎，并使人们更易患呼吸道感染。在中国，每年因城市空气污染和室内空气污染导致的超额死亡人数分别为17.8 万人和11 万人；每年因城市空气污染而造成的呼吸系统门诊病例为35万人，急诊病例为680 万人（蔡如鹏，2007）。

一项针对上海市空气质量的研究表明：2000 年的空气污染水平导致上海市成人呼吸系统疾病平均每次门诊的医疗费②是355.8 元（彭希哲等，2002），而同期上海市属综合医院门诊病人的人均医疗费仅有134.5元③。从表象看，空气污染对人类健康的即时危害体现为居民卫生服务支出费用的增加。但从经济学角度看，空气污染对人体健康的长期危害是不断恶化的空气质量提高了健康的影子价格，从而减少了居民的健康需求，最终造成健康水平的下降。经济学家通常把健康既看做一种消费品，也看做人力资本的一个组成部分，增加健康需求不仅可以增加效用（健康的身体是人一生的追求），而且可以提高劳动生产率。但是，对健康的需求不同于对普通商品的需求，它不能直接从商店购买，只能通过卫生服务的获得、体育锻炼、营养投资等方式得到满足。另外，还有一些因素如污染严重的生活环境、不合理的饮食结构等等会改变人们的健康需求。因此，从经济学角度研究空气污染对人类健康的危害程度，离不开对居民总体健康需求函数的分析。

目前主要的空气污染物是 PM_{10} 和 SO_2。PM_{10}主要来自人为源，如石化燃料的燃烧、机动车尾气、工业粉尘、废弃物焚烧等等，PM_{10}能长期漂浮在空气中，因此又称飘尘。颗粒物在空气中停留的时间和转移主要

① 李红、曾凡刚、邵龙义、时宗波：《可吸入颗粒物对人体健康危害的研究进展》，《环境与健康杂志》2002 年第19 卷第1期，第85—87 页。

② 这里的医疗费用包括挂号费、检查费、治疗费、化验费和药费等。

③ 《2003 年中国卫生统计提要》。

取决于颗粒物的粒径大小，粒径越小，沉积地点越远，清除需要的时间就越长，就越容易滞留在人体内。SO_2 主要来自含硫燃料，燃煤是造成空气中 SO_2 增多的主要原因。虽然我国已经在减少工业中和生活中排放 SO_2 方面做了很大的改善，但是对于那些以煤炭为主要能源的城市而言，减少空气中浓度过高的 SO_2 工作依然艰难。

本章内容关注两方面：一方面，通过调查地区的数据检验我们的假说：随着空气污染物（PM_{10}和 SO_2）浓度的增加，健康的影子价格提高，在其他条件不变的情况下，居民的健康需求减少，健康状况变差；另一方面，试图发现影响调查地区居民健康需求的其他主要因素。

第二节　关于空气污染对人类健康影响的文献回顾

在经济学领域，空气污染对健康影响的主流研究是以 Grossman（1972）开创的健康生产函数为理论指导。Grossman（1972）首次将健康作为一种既能带来效用的消费品又能带来收入的投资品引入消费者效用函数中，认为健康存量随着锻炼次数的增加和良好饮食习惯而改善，但会随着健康折旧率的增大而减少，年龄是影响健康折旧率的主要因素，在此基础上研究消费者实现效用最大化的最优健康需求量。运用 Grossman 模型，经济学家对健康需求进行了不同方式的实证研究。代表性的研究有：Wagstaff（1986）运用丹麦 1976 年的截面数据，分别估计了纯粹的健康消费需求和纯粹的健康投资需求；Cropper（1981）在 Grossman 理论模型的基础上引入了空气污染物变量，认为空气污染是影响健康折旧率的又一要因，从而建立了空气污染影响健康的分析框架。并在此基础上用支付意愿法实证分析了改善空气质量的居民健康状态变化的货币化收益；Gerking 等（1986）同样以 Grossman 理论模型为基础，估算了圣·路易斯824名工人对改善空气质量的支付意愿，但与Cropper不同的是，Gerking直接把空气污染物浓度引入到健康生产函数中。类似的研究还有Alberini等（1997）。

由于当前的空气污染物浓度限值是以成年人的健康反应为标准制定的，因此，儿童尤其是那些处于较低社会经济地位家庭的儿童面临着更大的健康风险，更易受到空气污染的影响。因此，较多实证研究都以儿童为对象，估计各种空气污染物对不同年龄段不同社会经济地位儿童健康状况的影响，包括死亡率、患病率、住院率及就诊率等，并考虑了社会经济因素对空气污染和健康关系的影响。代表性的研究有Neidell（2004）、Currie等（2008）和Jayachandran（2008）。Neidell（2004）以加利福尼亚地区为研究对象，发现处于社会经济地位低下的儿童患哮喘概率更大。Currie等人（2008）的研究表明，一氧化碳（CO）对婴儿出生前和出生后的健康结果有显著的负面影响，并且分析了母亲及婴儿家庭的社会经济因素对婴儿健康状况的独立影响。Jayachandran（2008）的研究同样说明健康—社会经济分层现象改变了空气污染对健康水平的影响程度。根据中国的数据，Ou等（2008）实证分析了更低社会经济地位的居民对空气污染物的影响更敏感。

由于测量健康的复杂性以及空气污染对健康研究的群体性特征，有些实证研究转而分析空气污染对群体医疗支出的影响。Jerrett等（2003）从国家层面上考察了环境质量和医疗保健支出之间的关系，发现污染越严重的国家，医疗保健支出越高；政府环境保护支出越高的国家，则居民有越低的医疗保健支出。Narayan P. K.，和Narayan S（2008）用经济合作与发展组织（OECD）国家的数据研究了空气污染物排放对国民医疗保健支出的影响，发现SO_2排放量能显著增加医疗保健支出。

虽然学者们从不同的角度讨论了空气污染和健康的关系，但大多研究都忽视了一个问题：个人的污染暴露程度是内生决定的。如果个人能最大化自己的福利，对清洁空气有偏好的个人将会选择居住在空气质量更清洁的城市。其实，人们可以通过调整他们的污染暴露水平对一系列可获得的污染信息作出反应。如果我们不能适当地对此进行说明，那么空气污染和健康的关系的估计就会有偏（Neidell，2004；2008）。

第三节　分析框架

Grossman（1972）关于健康和一般商品理论模型，假设一个代表性消费者在一生中各个时期的效用函数是：

$$U=U(\phi_t H_t,\ Z_t)\quad t=0,\ 1,\ \cdots,\ n \tag{9-1}$$

其中 H_t 是第 t 期的健康资本存量，$\phi_t H_t$ 是第 t 期消费的健康，Z_t 是第 t 期消费的一般商品。$U_H \geqslant 0$，$U_Z \geqslant 0$，$U_{HH} \leqslant 0$，$U_{ZZ} \leqslant 0$，另外，假定 $U(\cdot)$ 具有可分性和跨期弹性不变。$H_t \in [H_{\min},\ H_{\max}]$，$H_{\min}$ 是消费者死亡时的健康资本存量，$H_{\max}$ 是消费者一生中身体状况最好时候的健康资本存量。又假设 H_t 和 Z_t 的边际成本分别是 π_t^H 和 π_t^Z。

Grossman 认为，健康对个人效用函数的影响通过两个途径：①作为一种消费品，健康可以给消费者带来幸福感觉，进而增加效用；②作为一种投资品，增加健康资本存量可以减少患病的时间，从而提高收入能力。

消费者一出生，就有了一定的健康存量，初始的健康资本存量 H_0 是外生的，以后各期的 H_t 是内生的，由消费者自己选择①。

我们把健康作为耐用品，一般商品作为一次性消耗品。健康资本的增量为：

$$H_{t+1}-H_t=I_{ht}-\delta_{ht}H_t \tag{9-2}$$

其中，I_{ht} 是第 t 期的健康资本投资，δ_{ht} 是健康折旧率，δ_{ht} 与年龄等

① 这里假设了消费者一出生就有了自主选择的能力，这与现实有一定的差距。消费者只有到了一定年龄后才具备了一定的选择能力。那么在自己具备选择能力之前由家庭为其行使选择能力。

一系列外生变量有关。Cropper（1981）认为污染进入健康变化方程是合乎逻辑的。因为居住在污染严重地区的人更容易患病，并且个人锻炼身体的生产率将会大大降低。不过，并不是所有健康投资的生产率都受这种方式的影响，Cropper认为污染水平只是影响了投资健康的物理环境，因此，将污染水平引入健康折旧率方程中是合理的。另外，健康折旧率还受到其他变量的影响，比如生活方式等等。因此，健康折旧率方程采用Cropper的形式，即：

$$\delta_{ht} = \delta_0 e^{\tilde{\delta} t} P_t^{\varphi} G_t^{\phi} \tag{9-3}$$

取对数：$Ln\delta_{ht} = Ln\delta_0 + \tilde{\delta} t + \varphi LnP_t + \phi LnG_t$ (9-4)

其中，δ_0 是初始的健康折旧率；t 是年龄，它以一个不变的弹性 $\tilde{\delta}$ 影响健康折旧率；P_t 是消费者周围的环境污染水平（在本章中指空气污染物浓度）；G_t 是生活方式等变量。

健康资本的投资函数如下：

$$I_{ht} = I_{ht}(M_t, TH_t; K_h)$$

这里认为对健康的投资是医疗服务、投资健康时间和教育等变量的综合，Cropper把健康投资函数假设为规模报酬不变的CD形式。即：

$$I_{ht} = M_t^{\varepsilon} TH_t^{1-\varepsilon} K_{h1t}^{\zeta_1} \cdots K_{hnt}^{\zeta_n} \tag{9-5}$$

其中，M_t 是可以购买到的一系列有利于健康的商品，例如卫生服务，它们作为投入，可以产出 I_{ht}；TH_t 是生产健康需要的时间；$K_{h1t} \cdots K_{hnt}$ 是教育变量等。由于假设健康投资的规模报酬不变，健康投资的边际成本独立于 I_{ht}，因此，健康投资的边际成本为：

$$\pi_t^H = w^{1-\varepsilon} p_M^{\varepsilon} K_{h1t}^{-\zeta_1} \cdots K_{hnt}^{-\zeta_n} \tag{9-6}$$

其中，π_t^H 是投资健康的边际成本，w 是工资率，p_M^{ε} 是购买医疗服务的价格。

消费者一生拥有的时间为：$\Omega = TW_t + TH_t + TZ_t + TL_t$ (9-7)

这里，TW_t 是工作时间；TH_t 是改善健康需要的时间；TZ_t 是用于消费一般商品的时间；TL_t 是健康状况不良造成的时间损失，由两部分组成：一部分是一般原因造成健康状况不良的时间损失，另一部分是由于空气污染造成健康状况不良的时间损失。投资健康的主要动机就是健康资本能增强消费者抵制疾病的能力，减少消费者健康不良时间。因此，消费者健康不良时间方程为：

$$TL_t = \beta_1 + H_t^{-\beta_2} \quad (9-8)$$

那么，健康的边际生产率为：$\frac{\partial TL}{\partial H} = -\beta_2 H_t^{-(\beta_2+1)}$　(9-9)

消费者一生的财富变化方程为：

$$A_{t+1} - A_t = rA_t + \gamma(TL_t) - \pi_t^H I_{ht} - \pi_t^Z Z_t \quad (9-10)$$

当 t=0 时，A_0 是消费者的初始财富。

在上述条件下，消费者追求一生效用函数的最大化，即：

$$\int_0^T e^{-\rho t} U(\cdot)\, dt$$①

最后得出实现效用函数最大化时的健康需求量方程为：

$$(\beta_2 + 1)LnH_t = \varepsilon Lnw_t + Ln\beta_2 - Ln\delta_0 - \tilde{\delta} t - \varphi LnP_t - \phi LnG_t - \varepsilon LnP_M + \zeta_1 LnK_{h1t} + \cdots + \zeta_n LnK_{hnt} + \vartheta_1 \quad (9-11)$$

这是健康作为投资品的均衡条件。需求理论认为，市场达到均衡时的量既可表示均衡时的需求量，也可表示供给量。但是，当均衡条件改变时，这个均衡量会随之改变，把不同均衡条件下的均衡量联结起来，就是需求函数。根据以上思路，可以得出健康需求函数：

$$LnHD_t = a_1 LnC_1 + a_2 Lnw_t - a_3 t - a_4 LnP_t - a_5 LnG_t - a_6 LnP_M + \zeta_1 LnK_{h1t} + \cdots + \zeta_n LnK_{hnt} + \vartheta_1 \quad (9-12)$$

这里，HD 是个人的健康需求，用个人的健康综合指数表示；C_1 是常数，其他变量与前面含义相同。如果医疗服务价格提高，则个人的健康需求减少，表现为医疗服务价格的系数为负；如果个人住所周围的污染水平提高，则个人的健康需求减少，表现为污染物浓度的系数为负；个人年龄增加，则个人的健康需求不断减少；个人教育水平越高，则个人的健康需求越大，参加医疗保险也会增加个人的健康需求等等，以上因素变化会导致

① 如需了解具体步骤，请直接跟作者联系。

个人健康需求的变化，从而构成了个人健康需求函数。

第四节　数据、样本描述及方法

一、数据简介和样本描述

本章数据来自 2008 年 7 月份在某省两个地级市进行的“空气质量和居民健康状况”问卷调查。调查主要包括两部分：不同空气监测点污染物浓度数据的搜集，包括两个城市 15 个监测点两年（2006 和 2007 年）的二氧化硫（SO_2）和可吸入颗粒物（PM_{10}）月均污染物浓度数据；不同空气监测点附近居民健康状况及个人信息的调查。包括居民的环境支付意愿、健康状况、家庭情况以及个人背景信息等方面的调查。共获得问卷 665 份，其中，农村问卷 153 份，城市问卷 512 份，最后形成有效问卷 657 份，有效率达 98.79%。采用的抽样方法如下：以空气质量监测点为中心，向外延伸，随机调查步行到空气质量监测点 30 分钟①之内的居民户，然后再从这户人家随机抽取 18 岁及以上居民进行一对一访谈。调查数据统计描述见表 9 - 1。

表 9 - 1　　样本描述统计

	全部样本	城镇人口
样本总数（个）	657	507
女性（人）	410	307
具有初中及以上文化者占比（%）	78.7	84.4

① Currie（2008）类似的研究是选择距监测点 10 公里以内居住的居民。我们认为离监测点越近，其代表性越高，为了获得更多变异性，又不失其代表性，我们选择步行到最近监测点 30 分钟内的居民作为样本。

续表

	全部样本	城镇人口
平均年龄（岁）	48.70	49.68
家庭人均年收入（元）	9238.92	10232.47
现在有工作比例（%）	65.0	80.5
有工作居民的平均工资（元/月）	1331.35	1384.37
总体健康指数均值	0.665	0.668
自评健康均值	2.591	2.554

注："家庭人均年收入"和"有工作居民的平均工资"是2007年数据。2007年，两个地级市人均月收入分别为1145.46元和833.10元。

关于健康指标，文献中常用的有以下三种：①人体测量变量，包括身体质量指数（Fogel，1994）和蛋白质等营养摄入（Stauss，1986；Foster和Rosenzweig，1994；张车伟，2003）；②患病率和因病"受约束天数"（Bloom和Mahal，1997；Smith，1999），这种方法暗含的假设是健康就是无病或无功能失调（高梦滔，2007）；③总体健康状态和功能障碍变量，包括自评健康（Bound，1991）和功能性健康指数（樊明，2002；魏众，2004）。以上研究主要考察健康与收入、健康与劳动参与、健康与劳动生产率的关系。但正如文献中所指出的那样，由于健康包含的内容是多方面的，靠单一的变量无法完全测量。因此，构造健康综合指标成为一种必须。

Kaplan等（1989）构建了生活质量指标（Quality of Well - being Scale）。生活质量指标的构建既基于个人健康状况的客观指标，也反映了个人对自己健康状况的主观评价（赵忠等，2005），但它对数据的要求较高。运用MIMIC方法，结合探索性因子分析提取健康指标的方法也被广泛使用（Van de Ven和Hooijmans，1991；Baldwin和Johnson，1994）。根据中国的数据，魏众（2004）和高梦滔（2007）运用这一方法分别构建了成人的健康因子和女性生殖健康指数，虽然探索性因子分析比单一指标更综合、更客观，但是探索性因子分析完全靠数据本身，并没有先验理论的支撑。而验证性因子分析因为有先验理论做支撑，所以能构建出更加合理的健康指数。

因此，本书用 MIMIC 方法和验证性因子分析构建多维健康指数（具体构造步骤略）。最后得出 4 个健康因子（分别是急性病因子、功能性因子、慢性病因子和心理因子）和 1 个总体健康指数，由于健康问题设计时是指健康状况越差，得分越高，所以，因子得分越高，表明健康状况越差。

二、自 变 量

大部分自变量都直接来自调查问卷，但下面提到的自变量需要进行必要的处理后才可使用。医疗服务价格（P_m）：为了避免使用个人层次的医疗费用带来的选择性偏差（赵忠等，2005），我们根据个人数据计算出 15 个空气监测区域治疗急性鼻咽炎、急性咽喉扁桃体炎和流行性感冒的平均费用，居住在同一个空气监测点附近的人具有相同的医疗服务价格。个人工资（Wage）：在我们的调查中，65% 的居民都有工作，所以可以直接用个人月收入作为个人工资，对于没有月收入的居民，用家庭人均月收入替代。避免污染行为（Avoid）：我们在问卷中调查了“您是否为了防止自己、家人受空气污染做过一些预防措施（比如买空气净化器、在空气质量较好地区买房等等）”，有 26.03% 居民回答有避免污染的行为。空气污染物 PM_{10} 和 SO_2 的浓度：选择近 2 年[①]的月均最高浓度值、中等浓度值和最低浓度值分别作为自变量。饮酒程度（Drinkdgree）：这一变量由两个指标相乘而得，一个是是否饮酒，另一个是饮酒的严重程度；因此，0 表示不饮酒，1 表示饮酒不严重，2 表示饮酒比较严重。住房市场价值（Housevalue）：我们在问卷中调查了居民拥有的住房面

① 由于空气污染物对健康的影响存在急性和慢性反应，因此，我们认为不能仅仅用一年的数据进行分析，而应该用几年的平均值作为空气污染物的浓度。在考虑了数据的可得性后，我们选择近 2 年数据进行分析。

积，然后用居民所在社区平均房价乘以住房面积，得出居民住房的市场价值。人口密度（Density）：我们调查了15个监测点所在社区的人口数量和面积，计算出15个监测点的人口密度。使用的因变量和主要自变量统计性描述见表9－2。

表9－2　　计量分析的主要变量

变量及其含义	最小值	最大值	均值	标准差
Totalhealth：总体健康指数	0.203	2.357	0.665	0.437
Function：功能性因子	0.841	3.838	1.431	0.600
Wage：个人工资（元）	20.833	10000	1017.149	900.484
Pm：医疗服务价格（元）	53.650	322.120	174.836	70.967
Housevalue：住房市场价值（元）	0	2000000	209910	214188
Density：人口密度	0.040	1.600	0.705	0.435
Edu：受教育年限（年）	1	22	9.323	3.820
Insurance：医疗保险	0	1	0.769	0.422
Time：到达监测点步行时间（分钟）	2	30	10.713	7.538
SO_{21}：最低浓度（ug/m^3）	5	340	104.185	97.849
SO_{22}：中等浓度（ug/m^3）	31	388	153.444	109.971
SO_{23}：最高浓度（ug/m^3）	56	443	253.894	111.859
PM_{101}：最低浓度（ug/m^3）	53	382	176.877	119.062
PM_{102}：中等浓度（ug/m^3）	67	428.280	219.984	122.285
PM_{103}：最高浓度（ug/m^3）	123	498	274.473	127.726

三、"内生性"问题及来源

健康与收入之间的内生性是估计健康需求函数要考虑的问题之一。由于健康和收入之间常常存在"同时决定"的问题，因此我们无法识别个人健康结果和个人收入的独立影响。比如，在询问个人健康状况时，无法识别 t 期的健康状况不是第 $t-i$ 期健康状况的延续，而 $t-i$ 期健康状况会对 $t-i+1$ 期的收入造成显著影响。因此，直接用OLS方法估计难以保证收入系数的无偏估计。

健康与空气污染物浓度之间也可能存在"同时决定"的问题。如前所述，对清洁空气有偏好的个人可以通过调整自身周围的污染暴露水平（如选择到空气污染物浓度相对低的地区买房等）能对一系列可获得的污染信息作出反应。第 t 期健康结果可能会影响个人是否在 $t+i$ 期搬到更清洁的地方；反过来，第 t 期的空气污染物浓度会影响第 $t+i$ 期的健康结果。如果以上情况存在，我们将无法识别空气污染物浓度对当前健康状况的独立影响。

上述分析只是为了说明这两个变量可能存在内生性，但是否是内生变量还需要做进一步检验。笔者在此使用工具变量法对模型进行估计，然后进行内生性检验。工具变量的有效性问题也是需要解决的问题之一。用一个低劣工具变量所得的回归结果要比不用工具变量的估计结果更糟糕。一个有效的工具变量必须满足以下两个必要条件：第一，工具变量 z 与残差项 μ 不相关，即 $\mathrm{cov}(z, \mu)=0$；第二，工具变量 z 与内生变量 x 相关，即 $\mathrm{cov}(z, x)\neq 0$。基于上述两个条件，我们选择的工具变量应该在理论上对因变量没有直接影响，但应该通过影响内生变量 x 而间接影响因变量。

基于以上分析，我们选择住房市场价值和居民所在社区的人口密度作为个人工资的工具变量。虽然住房市场价值对个人健康并没有直接影响，但是居民住房的市场价值，可以从两个方面影响个人工资，从而影响个人健康需求。住房价值高，一方面说明所在社区居住条件好，能聚集收入水平相对较高的居民，从而会促使个人在寻找工作时会选择工资水平较高的工作，进而影响个人的健康需求；另一方面说明在同等房价条件下，个人拥有的住房面积较大，也会促使个人寻找工资水平较高的工作，进而影响个人的健康需求。对于社区人口密度而言，人口密度高的社区，说明经济发展水平较高，则个人收入水平相对较高，从而个人的健康需求也较大。

对于污染物浓度变量，我们选择住房价值和住所到监测点步行时间作为 SO_2 和 PM_{10} 的工具变量，因为上述变量会通过影响空气污染物浓度进而影响个人健康需求。具体而言，住房价值高，说明社区居民具有相对较高的社会经济地位，他们会通过影响政府环境政策来降低社区周围SO_2和PM_{10}浓度，进而影响居民健康需求。住所到监测点步行时间越短，住所周围的空气污染浓度越高①，居民健康需求受空气污染物的影响越大。

第五节 实 证 分 析

一、内生性检验——Hausman 检验

虽然从理论上分析了个人工资和空气污染物浓度可能是内生变量，但是还需要做进一步的检验。具体步骤如下：第一，个人工资当做内生变量，空气污染物浓度和其他变量当做外生变量，检验个人工资的内生性；第二，空气污染物当做内生变量，个人工资和其他变量当做外生变量，检验空气污染物浓度的内生性。

表9-3是受疑变量的内生性检验结果。无论是个人工资，还是两种污染物浓度都不存在内生性问题，即都是外生变量。对于个人工资，可能的解释是在人力资本理论中，虽然健康状况会影响人们的收入能力，但健康主要是通过增加可劳动时间，而不是通过增加生产率影响收入能力。由于我们的样本大多是城镇居民，他们大多都在国有企业、集体企业或事业单位工作，具有相对固定的劳动时间，因此，他们的健康状况较难影响收入水平。另外，我们选择的收入变量是个人月工资，由于国有企业、集体企业或事业单位的工资具有刚性②，不容易受健康状况变化的影响，所以个人工资和健康之间只有单向关系。

---

① 因为空气监测点的设置是以空气污染严重程度为标准，即空气污染越严重，则越会考虑设置监测点。

② 目前中国的工资水平还是根据个人的工作年限和职称确定，较少受健康状况影响。

表 9 - 3　　“内生性”检验

因变量		个人工资（OLS）	PM_{10}（OLS）	SO_2（OLS）	总体健康指数①（个人工资内生性检验）		总体健康指数②（PM_{10} 内生性检验）	总体健康指数②（SO_2 内生性检验）
自变量	变量标志	系数	系数	系数	OLS	IV	IV	IV
Female	女性	-0.259***	-0.032	-0.015	-0.089	-0.081	-0.093	-0.089
Age	年龄	-0.025**	0.000	0.004	0.035***	0.035***	0.035***	0.035***
Age^2	年龄的平方	0.0003**	-8.51E-06	-3.94E-06	-0.0002**	-0.0002**	-1.95E-04**	-1.90E-04**
Insurance	医疗保险	0.302***	0.109***	0.126***	-0.055	-0.057	-0.039	-0.088
LnEdu	受教育年限	0.319***	-0.023	-0.032	0.040	0.051	0.035	-0.033
Lnw	个人工资		-0.132***	-0.067***	-0.047	-0.039	-0.063	-0.088
Drinkdgree1	不饮酒	对照组						
Drinkdgree2	饮酒不严重	0.144*	-0.003	0.035	-0.108	-0.094	-0.109	-0.080
Drinkdgree3	饮酒比较严重	0.067	0.053	0.039	-0.091	-0.074	-0.083	-0.062
Smoke	抽烟	0.123	0.060*	-0.071	-0.096	-0.104	-0.090	-0.120*
Avoidbehavior	避免污染行为	0.224***	-0.015	-0.019	-0.145***	-0.154***	-0.142***	-0.158***
$LnSO_2$	SO_2 浓度	-0.158**	0.468***		0.127***	0.121**	0.074	0.345
$LnPM_{10}$	PM_{10} 浓度	-0.635***		1.093***	0.199***	0.193**	0.085	0.429*
LnP_M	医疗服务价格	0.327***	0.266***	0.249***	0.043	0.054	0.074	0.122
IV1	住房市场价值	0.061**	-0.027**	-0.070***				
IV2	人口密度	0.711***						
IV3	到监测点步行时间（分钟）		0.005***	0.008***				
调整的 R^2		0.4876	0.7712	0.7472	0.1633	0.1643	0.1417	0.1375
Hausman test（P 值）					9.18（0.6879）		5.93（0.9195）	6.85（0.8675）
N	样本量	634	657	657	657		657	634

1. 个人工资是受疑的内生变量，空气污染物浓度是外生变量。
2. 空气污染物浓度是受疑的内生变量，个人工资是外生变量。

* 表示：P < 10%；** 表示：P < 5%；*** 表示：P < 1%。

对于空气污染物浓度变量，虽然对清洁空气有偏好的个人可以通过调整自身周围的污染暴露水平，但在调查中，只有28.61%的居民回答搬过家；在回答搬过家的居民中，只有6.38%的居民回答因为空气污染搬过家。另外，虽然从理论上认为处于较高社会经济地位的居民可能通过影响政府的环保政策改变空气污染状况，但目前中国政府所采取的环保政策更多是为了政绩，而不是受居民健康偏好的影响。可见，居民健康状况并不会影响空气污染物浓度，即空气污染物浓度与健康需求之间也不存在内生性，可以把个人工资和空气污染物浓度当做外生变量。

二、主要结果

在实证分析中，尤其关注两种空气污染物（PM_{10}和SO_2）浓度对居民健康需求函数的影响。流行病学研究认为，空气污染物浓度不同，其对健康需求的影响不同。我们对空气污染物最低浓度、中等浓度、最高浓度数据分别回归（见表9－4）。结果显示，空气污染物对居民的健康需求存在显著影响，这与Cropper的回归结果一致。进一步讲，最低浓度和最高浓度对健康需求的影响不如中等浓度对健康需求的影响显著。因此，我们认为污染物对健康需求的影响并不是线性的，随着污染物浓度升高，其对健康的不利影响逐渐增加，健康需求逐渐减少，但是浓度升高到一定程度，空气污染对健康需求的影响程度逐渐减小（体现为回归系数变小）。可能的解释是，当空气污染物浓度较低时，其对健康状况并没有明显的不利影响，居民生活在空气质量相对优良的环境中；随着空气污染物浓度不断升高，在其他条件不变情况下，空气污染对健康的不利影响逐渐变得明显，居民开始对空气质量的不断恶化作出一些反应，比如采取一些避免措施（Avoidance Behavior）；当空气污染物浓度进一步上升，因为预先采取了避免措施，因此对健康需求的影响又变得不显著。在调查地区发现，居民对空气污染采取的避免措施是减少呆在户外的时间、调节饮食结构以及在自家院子搭建塑料薄膜。这些对于减少空气污染对健康的不利影响起到了一定的缓解作用。而且，在分析中也证实了不考虑避免污染行为将会低估空气污染对健康需求的影响（见表9-4）。因此，最高浓度值的回归结果并不能否定空气污染对人们健康状况的不利影响。为了更客观地反映空气污染对居民健康的危害，在以后进一步扩展的模型中，如果没有特别说明，污染物浓度使用中等值。

表9-4　　不同浓度污染物对健康需求的回归结果

因变量：总体健康指数				
自变量	最低浓度值	中等浓度值		最高浓度值
	系数	系数	系数	系数
Female	-0.089	-0.089	-0.075	-0.083
Age	0.036***	0.035***	0.034***	0.036***
Age^2	-1.99E-04**	-0.0002**	-1.83E-04**	-2.03E-04**
Insurance	-0.041	-0.055	-0.045	-0.040
LnEdu	-0.089	0.040	0.044	0.042
Lnw	-0.064**	-0.047	-0.034	-0.052*
Drinkdgree1	对照组			
Drinkdgree2	-0.109	-0.108	-0.098	-0.106
Drinkdgree3	-0.085	-0.091	-0.089	-0.093
Smoke	-0.090	-0.096	-0.094	-0.089
Avoid	-0.147**	-0.145***	—	-0.147***
$LnSO_2$	0.048	0.127***	0.127**	0.087
$LnPM_{10}$	0.093*	0.199***	0.192**	0.132*
LnP_M	0.070	0.043	0.057	0.049
调整的 R^2	0.1581	0.1633	0.1538	0.1581
样本量	657			

注：由于构建的健康指数得分越高，健康状况越差，因此估计系数的符号与理论模型的符号方向相反。

*表示：P<10%；**表示：P<5%；***表示：P<1%。

表9-5是基本模型的回归结果。把样本按性别分别回归。因变量选取构建的总体健康指数，数值越大，健康状况越差①。这就意味着健康状况越差，健康需求越小。因此，正系数表示健康需求的减少，负系数表

① 樊明（2002）使用了同样的健康测度标准。

示健康需求的增加。从基本模型的回归结果看，随着年龄的增大，其对健康不利的影响先增加后减少，回归结果符合 Grossman 的模型假设。年龄通过两种途径影响健康需求：一是随着年龄的增大，健康折旧率逐渐增加，从而导致健康的影子价格上升，在其他条件不变的情况下，人们对健康的需求减少；二是随着年龄的增大，健康人力资本的回报率不断减少，从而导致健康需求减少，但是到一定年龄（老年），健康需求又会增加。不过对于男性而言，年龄对健康需求影响是线性的（见表 9－5），年龄对健康需求的影响存在性别差异。

表 9－5　　基本模型回归结果

	因变量：总体健康指数		
自变量	全部样本	女性	男性
	系数	系数	系数
Female	－0.089	—	—
Age	0.035 ***	0.045 ***	0.014 ***
Age^2	－0.0002 **	－0.0003 **	
Insurance	－0.055	－0.095	－0.016
LnEdu	0.040	0.056	－0.038
Lnw	－0.047	－0.032	－0.058
Drinkdgree1	对照组		
Drinkdgree2	－0.108	－0.072	－0.185 **
Drinkdgree3	－0.091	0.383 **	－0.350 **
Smoke	－0.096	0.079	－0.090
Avoid	－0.145 ***	－0.101 *	－0.185 **
$LnSO_2$	0.127 ***	0.124 **	0.124
$LnPM_{10}$	0.199 ***	0.155 **	0.195
LnP_M	0.043	0.072	0.014
调整的 R^2	0.1633	0.1624	0.1723
样本量	657	410	247

注：* 表示：P＜10%；** 表示：P＜5%；*** 表示：P＜1%。

空气污染物对健康需求的影响在全部样本中是显著的，即无论是PM_{10}还是SO_2，都会显著降低居民的健康需求。分性别回归发现，空气污染物对女性样本的影响显著，但对男性的健康需求影响不显著。说明当空气污染对家庭成员造成不利影响时，首先是女性的健康需求减少，而男性由于在家庭中更有地位，健康人力资本投资的回报率更高，因此其健康需求并不受显著影响。另外，我们发现教育水平对健康需求的影响并不符合Grossman模型的预测结果，也与其他学者（赵忠等，2005；Li Gan等，2007；高梦滔，2007）的研究结果不一致。虽然工资水平上升增加了人们对健康的需求，但对健康需求的影响并不显著。造成以上结果的可能解释是：与全国平均水平相比，调查地区的经济发展水平处于中下等水平，因此受教育年限增加首先是影响个人的收入水平（见表9-3），对健康需求还不会有显著影响。同样，由于调查地区的经济发达程度较低，当个人工资增加时，首先影响的消费项目是食品和教育等支出，对健康需求的影响较小。

另外，饮酒有利于男性健康，但过量饮酒减少了女性的健康需求。令人兴奋的是，无论是全部样本，还是女性或男性样本，避免污染行为对健康需求的影响都是显著的，这说明由于采取了避免污染行为，居民并没有减少健康需求，这使得投资健康的成本并不会由于空气污染浓度的升高而增加。医疗服务价格无论对全部样本，还是对女性和男性样本都没有显著影响，这与Grossman模型预测不一致。可能原因是我们选择了花费较低的呼吸系统疾病。

三、对模型的进一步检验

由于健康测度的复杂性，所以有必要对健康测度指标进行重新选择，以检验分析结果的可靠性。本章选择的指标包括：功能性因子和自评健康指标。功能性因子为连续变量，数据通过健康测度方程估计获得（具体步骤略）；自评健康为离散变量，数据直接来自问卷中对一般健康状况的询问“与同龄人相比，您目前的健康状况如何？”答案依次为“很好、好、一般、差”四级。利用中国的数据，樊明（2002）和魏众（2004）的研究都使用了自评健康作为衡量健康状况的指标。虽然自评健康是个人对自身健康的一种主观判断，但是自评健康和由医生根据医疗记录所做出的健康评价是高度相关的（LaRue 等，1979；樊明，2002），不过也有一些学者反对自评健康，主要针对偏差性（bias）问题。Bartel 和 Taubman（1979）指出，两个健康状况完全一样的人未必对其自己的健康状况做同样的评价，因为不同的人可能有不同的主观判断。一个人对自己健康状况的评价可能比另一个人建立在更多的信息基础上。更重要的是自评健康可能比较容易以其健康状况为由为自己的某些行为进行开脱，从而夸大其健康不良的程度（比如在环境污染地区，居民可能会有意夸大自己健康状况不良），从而夸大环境污染对健康的影响程度。不过，也会有人隐藏自己的健康信息。但无论如何，自评健康在其他健康信息缺乏的情况下是有效和经济合理的健康测度（La Rue 等，1979；樊明，2002）。因此，我们仍然用自评健康作为测量健康的重要指标对调查地区居民的健康需求函数进行重新估计。

使用上述两种健康指标，我们对调查地区居民的健康需求函数进行了重新估计，估计结果与使用总体健康指数的结果基本一致（见表 9－6）。这就说明，即便选择不同的健康测度指标，得到的结论也基本一致：居住在空气污染严重地区的居民更容易患病，健康状况更差。由于空气污染对健康存在着这种不利影响，使得居民投资健康的成本更高，因而其健康需求就会减少。

表 9－6　对模型的进一步检验

因变量：功能性因子（OLS）			
自变量	全部样本	女性	男性
	系数	系数	系数
Female	－0.013	—	—
Age	0.024***	0.034***	0.009**

续表

因变量：功能性因子（OLS）

自变量	全部样本	女性	男性
	系数	系数	系数
Age^2	-0.0001**	-0.0003***	—
Insurance	-0.064**	-0.092**	-0.049
LnEdu	-0.018	-0.025	-0.058
Lnw	-0.039**		-0.049*
Drinkdgree1	对照组		
Drinkdgree2	-0.111**	-0.029	-0.154***
Drinkdgree3	-0.002	0.302**	-0.141*
Smoke	-0.020	0.053	-0.007
Avoid	-0.073**	-0.065*	-0.058
$LnSO_2$	0.100***	0.062	0.120***
$LnPM_{10}$	0.146***	0.092	0.179***
LnP_M	0.004	0.007	0.023
调整的 R^2	0.1797	0.1699	0.2228
样本量	657	410	247

因变量：自评健康（Ordered Logit）

自变量	自评健康很好	自评健康好	自评健康一般	自评健康很差
	边际效应	边际效应	边际效应	边际效应
Female(1)	-0.005	-0.007	0.007	0.005
Age	-0.005	-0.007	0.007	0.005
Age^2	4.06E-05	6.12E-05	-5.95E-05	-4.23E-05
Insurance(1)	0.027*	0.043	-0.038*	-0.031
LnEdu	-0.008	-0.012	0.012	0.009
Lnw	0.022**	0.034**	-0.033**	-0.023**
Drinkdgree1				
Drinkdgree2(1)	0.044	0.057*	-0.064	-0.037*
Drinkdgree3(1)	0.062	0.070*	-0.087	-0.044*
Smoke(1)	0.010	0.014	-0.014	-0.010

续表

因变量：自评健康（Ordered Logit）				
自变量	自评健康很好	自评健康好	自评健康一般	自评健康很差
	边际效应	边际效应	边际效应	边际效应
Avoid(1)	-0.023	-0.037	0.033	0.026
$LnSO_2$	-0.028*	-0.043*	0.042*	0.030*
$LnPM_{10}$	-0.053**	-0.079**	0.077**	0.055**
LnP_M	-0.002	-0.002	0.002	0.002
边际效应	0.108	0.297	0.482	0.113
样本量	657			

注：（1）dy/dx 表示虚拟变量从 0 到 1 的离散变化。* 表示：P<10%；** 表示：P<5%；*** 表示：P<1%。

四、主要结论

本部分关于空气污染和个人健康需求关系的研究主要有以下两方面的发现：

第一，空气污染已经显著降低了调查地区居民的健康需求，使得调查地区居民的健康状况更差。具体讲，在调查地区，PM_{10} 浓度每增加 1%，居民的健康需求将减少 0.199%，而 SO_2 浓度每增加 1%，居民的健康需求减少 0.127%（见表 9-5）。说明 PM_{10} 对居民健康需求的影响大于 SO_2，这与当前中国空气污染的实际情况相符。在中国大多数城市，SO_2 浓度与前几年相比，已经有了较大的降低。根据 2007 年中国主要城市空气质量监测结果数据显示，在 31 个省会城市和直辖市中，67.7% 的城市 SO_2 年均浓度达到国家二级空气质量标准①；但 PM_{10} 仍然是中国大多数城市的主要污染物。2007 年空气质量监测数据显示，仅有 41.94% 的城市 PM_{10} 浓度达到国家二级空气质量标准。可见，降低空气中可吸入

① 国家二级空气质量标准（GB3095-1996）规定的 SO_2 年均浓度为 60μg/m³，PM_{10} 年均浓度为 100μg/m³。

颗粒污染物的浓度是当前的迫切任务。有研究表明，如果2004年所有城市的空气质量达到国家环境空气质量二级标准，约有2.5万人避免因空气污染诱发的疾病死亡；达到一级标准，约有17.2万人避免因空气污染而早死（於方等，2007)。

第二，避免污染行为显著地改变了空气污染和健康需求之间的关系。研究表明，采取了避免污染行为人群的健康需求要比没有采取行为的人群增加0.145%（见表9－4)。由于采取了避免空气污染的行为，则会改变个人暴露污染的水平，这样就降低了健康需求的影子价格，从而增加了健康需求。在调查地区，居民采取的避免污染行为是减少呆在户外的时间、调节饮食结构以及在自家院子搭建塑料薄膜。这些对于减少空气污染对健康的不利影响都起到了一定的缓解作用。可见，考虑避免污染行为更加精确地估计空气污染对健康需求的影响。

我们认为本书的发现对于处在社会经济转型期的中国而言，具有以下两点启示：

第一，关于环境污染和健康关系的研究，健康并非是研究的终点，如何实现环境—健康—经济三维互动协调发展才是我们追求的最终目标。当前严重的环境污染并非自然环境正常的物质和能量交换所造成，更多是由“一维”的经济发展模式所致。“一维”的经济发展模式忽视了自然环境的更新能力，造成了严重的环境污染，环境污染对这种发展模式进行了“反馈”。这种“反馈”体现为环境污染对健康人力资本的危害，健康人力资本的受损进一步制约了经济的持续发展。可见，关于环境污染和健康关系的研究不能只关注环境污染和健康之间的剂量—反应，而应该更多地从经济社会发展可持续发展中考虑环境污染—健康受损—制约经济发展之间的多重关系。

第二，环境污染对健康的不利影响并不遵守“谁污染、谁承受”的原则，而是更多地转嫁到了那些并没有制造污染的弱势群体（主要广大的贫困阶层）身上。其表现为各种环境污染物向贫困地区转移，对弱势群体的健康造成了严重的威胁。本书的研究支持这一观点。空气污染并没有对高收入、高学历人群造成显著的不利影响，而仅仅是对于那些依靠体力劳动维持生存的贫困的城镇居民和农民有显著的不利影响。可见，弱势群体享用了较少的现代经济增长成果，却背负了较多的环境污染恶果。这种情况的存在最终会阻碍我国全面建设小康社会目标的实现，因此治理环境污染不仅是为了解决人与自然之间的矛盾，更是一项利贫政策。

第十章
经济全球化条件下加强生态文明建设促进人的全面发展

经济全球化是当今世界发展不可阻挡的趋势，是社会生产力发展的必然结果，是社会分工和社会交往发展到一定阶段的产物，是人类不断发展着的实践活动的必然结果。在经济全球化条件下，社会经济、政治、文化等各方面都发生了重大变革。人类逐渐摆脱了各种不同的民族国家局限和地域局限以及时间障碍，同整个世界的实践活动发生着实际的联系，并且有能力利用人类实践活动的积极成果。然而，从更深层次上看，经济全球化并非完全是一个纯粹的客观过程，而是一个有特殊政治、文化寓意的历史运动。因而，经济全球化过程的实质就是以西方发达资本主义国家率先倡导并至今占主导地位，维护其自身利益和价值观的过程。它给各国的经济政治秩序、思想意识形态、生态环境资源带来的冲击不仅是全方位的，而且是深刻的。随着经济全球化的进一步推进，人类的确面临着诸如生态失衡、环境污染、能源危机、人口爆炸、粮食匮乏、南北差距、霸权主义与强权政治、信仰危机、价值观念危机、人性物化、自性迷失等一系列全球问题。但是，正如拉兹洛所说，在我们这个时代，变化是频繁的，但变化不一定是一件坏事，“变化可能意味着未经探索过的、也许是没有想到的机会”。[1] 奈斯比特也说：“这是一个伟大的时代，一个发酵的时代，里面充满了各种机会。”[2] 人类对包括生态危机在内的许多问题进行着深刻的审视和反思，并努力找寻解决问题的办法和途径。

第一节 加强生态环境道德教育

在人与自然的关系中，人是居主导地位的。“不是神，也不是自然界，只有人本身才能成为统治人的异己力量。”[3] 也就是说，当人与自然出现对抗的情况下，其责任并不在自然界，而在于人类本身。人与自然的交往方式折射出人与人的交往方式以及人们的生活方式、思维方式。在一定程度上，当今人们的生产方式、生活方式和思维方式就是想通过追求财富的最大化和利益的最大化，以满足自身的需求。但是这种最大化需求满足的欲望，又受到自然资源、生态环境的客观限制。一方面，追求物质财富增长的欲求是无限的。另一方面，地球是有限的，自然资源、生态环境利用的可能性和现实又是有限的。结果人类只能陷入对有限自然资源无止境争夺的冲突之中，同时又无节制地向自然索取。在这种矛盾冲突过程中，由于构成社会的各成员的自身状况以及对社会资源的占有和支配程度不同，其结果必然使得一部分人对社会财富的占有越来越多，而另一部分人对社会财富的占有越来越少，进而形成社会的强势群体和弱势群体，导致社会不同阶层之间发展的不协调、不平衡。

全球生态问题的形成与人类自身的思想观念有着密切关系。具体来说，传统的发展观以及主体主义思潮均是导致全球问题形成的思想根源。

---

① ［美］E. 拉兹洛著，李吟波等译：《决定命运的选择》，三联书店 1997 年版，第 4 页。

② ［美］约翰·奈斯比特著，梅艳译：《大趋势——改变我们生活的十大新方向》，中国社会科学出版社 1984 年版，第 260 页。

③ 《马克思恩格斯全集》第 42 卷，人民出版社 1979 年版，第 99 页。

随着全球生态问题的日益严峻，人类开始关注全球生态问题，其关注程度与人们对全球生态问题的认识程度有关。人们对诸多问题进行着全方位的思考，也正在尝试着从多个方面来探寻全球问题的解决办法和途径。其实，解决全球生态问题的根本出路应该在于人自身更新认识、更新观念、提高人的素质，并且学会正确认识和处理人与自然、人与人、人与自身的关系。

更新观念、提高素质，这就对教育提出了更高的要求。教育就是根据人和社会的发展规律对人的身心施加影响，以促进人的各种素质的提高。马克思说过："教育的目的在于使人成为他自己。"① 在经济全球化背景下，针对全球生态环境问题，要求对人们进行人与自然和谐观教育、可持续发展观教育、生态消费观教育、科技道德观教育、全球伦理观教育等，通过教育，引导人们善待自然、善待他人、维护人与自然的和谐，从根本上解决人们的思想认识问题。

一、人和自然和谐观教育

人类对人与自然关系的认识，是一个不断深化与发展的过程。古代老子说过：人法地，地法天，天法道，道法自然。此处的法是指人要遵循天地自然之意。传统意义上的伦理道德主要涉及人与人、人与自身的关系，并不包括人与自然的关系。其实，人与自然关系的处理方式也应包含在道德内涵中。因为，自然界是人的"无机身体"，自然是人类生存和发展的载体，是人类赖以生存和发展的物质基础，它向人类提供物质、能量和信息。人类自诞生以来，便依赖于自然，可以说没有自然及其进化，便没有人类的诞生和发展。应该说，人与自然和谐的关系是人类发展的必备条件。一旦自然环境遭破坏，自然界无法向人类提供足够的物质和能量，人类的生存和发展就会受到威胁。人类的生存和发展是人类

① 《马克思恩格斯全集》第6卷，人民出版社1959年版，第487页。

的根本利益所在，凡是有利于维护人类利益的行为就是道德的，凡是破坏人类利益的行为就是不道德的。人类最根本的利益应是维护自然生态平衡。人与自然环境的关系实质上是一种利益关系，具有道德意义。因此，热爱自然是重要的环境道德规范。

全球生态问题的症结在于人类在发展中而形成的人与自然之间的矛盾与冲突以及人与人之间的矛盾与冲突，是人与自然、人与人以及人与自身关系不和谐的尖锐表现。近代以来，现代科学技术的发展使人类改造自然界的能力发生了质的变化，人类在收获着成功喜悦的同时，也对自然界采取了日益增多的破坏性的行为方式，使人与自然的关系不断恶化。人与自然的关系如此，人与人之间的关系则表现出更严重的矛盾和冲突，野蛮暴行、社会不公、贫富分化使人类的关系不断恶化。信仰危机、道德沦丧，使人类的精神空前失落，而这些又是人与自然的关系问题、人与人的关系问题在精神层面的反映。因此，归根结底，全球生态问题的核心是人的问题。事实也如此，全球生态问题的产生正是人类自身的弱点的反映，即全球生态问题产生于人的片面发展，是人类对人与自然的关系、人与人的关系的错误行为造成的。人类在长期的实践过程中逐步增强了认识自然和改造自然的能力，并逐步把自己当做中心，无节制地开发、改造自然，结果导致自然环境的破坏和生态系统失去平衡，最终不仅损害了当代人的整体利益，而且使子孙后代的生存空间越来越小，生存环境越来越恶化。

全球生态问题产生与西方主体主义思潮有着密切关系。主体主义思潮是20世纪西方思想的核心，科学主义、个人主义、国家主义、民族主义、享乐主义、消费主义等这些思想都在主体主义中得到说明和论证。主体性哲学“为现代性肆意统治和掠夺自然（包括其他所有种类的生命）的欲望提供了意识形态上的理由。这种统治、征服、控制、支配自然的欲望是现代精神的中心特征之一。”① 因此，在20世纪，主体常常

① ［美］大卫·雷·格里芬编，马季方译：《后现代科学——科学魅力的再现》，中央编译出版社1995年版，第5页。

被理解为自然过程的控制者、操纵者、复制者，而人之外的一切皆可由人控制、操纵和复制。有了这些思想舆论的指导和支持，全球生态问题的出现不可避免。

同时，人类在近代工业文明的辉煌胜利面前确立了人类中心主义思想，树立了战胜自然的雄心。而在当代，在生态危机面前，人类又呼吁走出人类中心主义，或保持一个人与自然的和谐局面。我们必须具体分析人与自然的关系。“从认识和价值的角度来看，只有人类才能成为认识主体和价值主体，自然只能作为认识客体和价值客体，因而人类始终是中心，这一中心是自然界任何动物所不能替代的。从生态学的角度来看，人类本身是自然界的一部分，人类活动是生态系统运行的一个环节，在自然界及其运动过程中，人类并不比自然界其他动植物系统具有优势，所以人类不是生态系统的中心。人类中心主义的根本缺陷就是没有认识到生态系统这一特点以及人类在生态系统中的作用和地位。所以在人与自然的关系问题上，我们既反对人类中心主义，也不提倡‘走出’人类中心主义，而是主张人和自然和谐发展。”①

通过教育，使人们更深刻地认识到人与自然之间的辩证关系，认识到人与自然应和谐相处，人要爱护自然，而不要破坏自然。而且，人类只有认识自然规律，按自然规律办事，自然才会朝着有利于人类社会的方向发展。否则，人类就会遭到自然的报复。通过教育，培养人们的生态伦理素质，使人们确立科学的生态环境意识，增强生态文明建设的自觉性。使人们能高度重视、爱护生态环境，爱惜自然资源，实现人与生态环境和谐相处、共生共荣，以促进经济社会的全面进步与人的全面发展。通过教育，使人们明辨是非，科学地看待包括主体主义、经济主义、消费主义、人类中心主义等思潮，保持正确的社会发展和人的发展理念。总之，通过生态文明教育，使人们更加深刻地认识自然、社会和人三者之间的辩证统一关系，使人真正成为一种与自然和谐共生共处的“生态

① 李太平：《全球问题与德育》，华中科技大学出版社2002年版，第118页。

人”。

二、可持续发展观教育

全球生态问题是片面的社会发展观导致的。第二次世界大战后，全球出现了一个片面追求经济增长的浪潮，发达国家与发展中国家都是如此。西方发达国家为了医治战争创伤，采取各种措施刺激经济增长，增加国民生产总值。许多发展中国家也片面追求经济增长，力求在国民生产总值和人均国民收入方面赶上发达国家以取得民族的真正独立。二者都忽略了社会的全面发展。

片面追求经济增长导致了环境资源问题，其本质上就是人的生存态度和生活方式问题。正是人无限制的需求、占有和享乐欲，导致了不合理的生活方式，从而引起了环境的恶化和资源的危机，给人自身的发展造成了危害和隐患。“全球环境继续恶化的主要原因，是不可持续的消费方式和生产方式，这在工业化国家尤为突出。”① 自然作为人的生存条件，马克思指出：“把整个自然界——首先作为人的直接的生活资料，其次作为人的生命活动的对象（材料）和工具——变成人的无机的身体。”人与自然的关系处理不好，不但会影响当代人的发展，更会牺牲后代人的利益，从而丧失全面发展的基础。因此，在人与自然的关系上，我们要以人类生存发展的全球利益、长远利益和根本利益为视角，努力促进人与自然的协调与和谐。

工业社会里灌输着经济增长即至善至美的观念，工业社会“对生产的价值哲学毫不重视，生产什么，为什么要生产等都不被认为是问题，不论什么，只要能最大生产就有最高价值。生产是手段而非目的，但这个社会却只强调生产。‘生产！生产！再生产！’的呼声传遍世界各国，

① 赵中建：《教育的使命——面向二十一世纪的教育宣言和行动纲领》，教育科学出版社 1996 年版，第 210 页。

……这种思考方式的结果，根本不考虑地球资源是会逐渐枯竭、耗尽的。”① 人们之所以追求经济增长，是因为人们认为经济增长能解决一切问题。人们还认为，经济增长所需的原材料是用不完的，生产和生活所遗留的废弃物也是自然界能够消化的，人们都理所当然地把环境“当成一个取之不尽用之不竭的资源和垃圾场。”②

因此，随着近现代工业化和城市化的发展，早在20世纪初发达工业国家就面临着工业的过度发展带来的生态环境问题。20世纪60年代开始，社会发展观领域发生了一场深刻的变革，特别是20世纪80年代以来，全球的社会发展理论和发展战略发生了重大转折，社会发展观经历了从以单一的经济增长为核心到以社会的全面发展为宗旨的飞跃、由以物的发展为中心到以人的发展为中心的飞跃。在这一过程中，一些现代西方学者起到了积极作用。如美国科学家卡尔逊的著作《寂静的春天》一书的出版，为世界性的环境问题敲响了警钟，开启了世界性的环境保护热潮。罗马俱乐部的创始人奥锐里欧·贝恰和国际创价学会会长池田大作及西方文化研究大师汤因比等人都主张从自然转向人自身，通过“人的革命”来解决全球问题。贝恰主张要进行包括对待自然关系和社会关系方面人的素质的革命，他把“人的精神的复兴称为‘人的革命’”。池田大作称：“在现代，显得特别重要的是，努力变革和提高人的生命和精神的世界。我们把这称之为‘人的革命’”。罗马俱乐部深入分析人类在处理人与自然关系上的错误，也是为人类的生存敲了警钟。1972年联合国在斯德哥尔摩召开的人类环境会议上指明了环境教育对青少年和成人具有十分重要的作用。由此，人们已经认识到关注环境问题不仅意味着重视人与自然的关系，而且更应关注人类社会内部、人与社会的关系，经济社会发展与环境问题紧密相连。到了20世纪80年代，可持续发展已经成为环境教育的首要价值追求。20世纪下半期西方的社

① ［韩］赵永植著，清玉等译：《重建人类社会》，东方出版社1995年版，第9页。

② ［美］大卫·雷·格里芬编，王成兵译：《后现代精神》，中央编译出版社1998年版，第168页。

会文化批判思潮，正是在这样的时代背景和发展主题下展开的。

现在，社会发展的真正主题已越来越成为世界各国人民的共识。人们在对“工业文明观”反思批判的基础上，经历了“增长极限论”、“持续发展观”、“综合发展观”等社会发展观的探索。20世纪80年代，法国学者佩鲁提出了一种新发展观，人们把它称为“综合发展观”。在《新发展观》一书中，佩鲁指出：“这种新发展观是‘整体的’、‘综合的’和‘内生的’”，同时强调经济发展与整个社会发展的均衡性与整体性问题，认为社会发展应最终求得整体的最佳效益。[①] 1992年7月，在联合国主持的世界环境与发展大会上，各国首脑签订了以可持续发展为主题的《21世纪议程》。1995年3月在哥本哈根召开的世界发展首脑会议上把“以人为中心”提到发展观的高度。在通过的《宣言》和《行动纲领》中，除了有各国首脑所作的一系列承诺外，还确立了诸如社会发展“以人为中心”、“社会发展的最终目标是改善和提高全体人民的生活质量”、“人民是从事可持续发展的中心课题”、“社会发展与其发生的文化、生态、经济、政治和精神环境不可分割”等重要观点。这使当代人找到了社会发展的本质，成为社会发展理论史上的一大突破和进展。

尤其应该指出的是，我国党和政府的发展应“以人为中心”的观点早已形成，并对此次会议做出重要贡献。我国政府发布的《中国21世纪议程》和《中国社会发展报告》强调“可持续发展以人为本是以人为核心的社会发展。”党的十六届三中全会提出了“坚持以人为本，树立全面、协调、可持续的发展观，促进经济社会发展和人的全面发展”。党的十七大报告丰富了科学发展观的内涵，提出了贯彻落实科学发展观的基本要求，这些都有利于我国在进行社会主义现代化过程中努力建设生态文明、促进人的全面发展，是新时期中国人民的行动指南。

环境道德教育应培养人们的可持续发展观，认识可持续发展观提出的历史依据，认识可持续发展的含义以及可持续发展对人类的重要意义。

---

① ［法］弗朗索瓦·佩鲁著，张宁、丰子义译：《新发展观》，华夏出版社1987年版，第3页。

可持续发展观是人类对工业文明进行反思的结果，是人类为了克服一系列环境、经济和社会问题，特别是全球性的环境污染和广泛的生态破坏所做出的理性选择。它要求改变传统的以“高投入、高消耗、高污染”为特征的生产模式和消费模式，提高经济活动中的效益和质量，采取科学的经济发展方式。它要求做到资源的可持续利用和保持良好的生态环境，主张经济和社会发展不能超越资源和环境的承载能力。它要求将社会全面进步和人的全面发展作为经济发展和环境保护的最终目的。“可持续的发展，系指满足当前需要而又不削弱子孙后代满足其需要之能力的发展，而且绝不包含侵犯国家主权的含义。”① 保护环境和发展经济是可持续发展战略的两个方面，“‘环境’是我们大家生活的地方；‘发展’是在这个环境中为改善我们的命运、我们大家应做的事情。两者不可分割。”② 可持续发展包括生态持续发展、经济持续发展和社会持续发展，“经济发展、社会发展和环境保护是可持续发展的相互依赖互为加强的组成部分。”③ 其直接效果就是保护自然环境，维护生态平衡，使人类活动与自然环境保持和谐一致。

三、生态消费观教育

工业文明条件下消费主义盛行，消费主义是一种不顾社会发展现实条件和生态平衡而盲目追求高消费的消费思潮和模式，就人与自然的关系来说，消费主义对自然环境具有破坏性；就人与人之间的关系来说，消费主义是不平等的；就人与自身的关系来说，消费主义具有片面性，它只重人的物质需要，而轻精神满足。

---

① 钟述孔：《21世纪的挑战与机遇——全球环境与发展》，世界知识出版社1992年版，第67页。

② 世界环境与发展委员会著，王之佳等译：《我们共同的未来》，世界知识出版社1989年版，第12页。

③ 赵中建编：《教育的使命——面向二十一世纪的教育宣言和行动纲领》，教育科学出版社1996年版，第207页。

通常情况下，消费行为，特别是满足人类基本需要的消费并不是什么罪过。相反，消费是一个人生活中的基本要求和部分，而且满足国民消费、如何消费、如何实现健康的生态消费，是各国政府和国民都普遍关注的重要问题。但无节制的、畸形的、分配极不平等的消费则很可能导致道德堕落、腐败和环境退化。因此，消费主义生活方式阻碍着人类社会实现以人为中心的、可持续的发展，必然会造成生态平衡的破坏，最终也打破了人自身发展的平衡状态。“本来，消费的意义在于给人一种更幸福、更满足的生活。消费是通向目的即幸福的手段，但是现在，消费却成了它自身的目的。不断增加的需要迫使我们不断努力，消费使我们依赖这些需要，依赖于能帮助我们满足需要的人及机构。‘每个人都思索着试图在他人身上制造出一种新的需要，以便迫使他重新依赖别人，感受到新的乐趣，进而导致他在经济上毁灭……随着商品的多样化发展，异化物的领域扩大了，这些异化物使人成为了奴隶’。”①

生态消费观是对工业文明条件下消费主义的反思，生态消费观认为，人类的消费应该是一种绿色消费、公平消费、合理消费、健康消费、文明消费，而不是超前消费、病态消费、过度消费。具体说来，人们的消费要以不破坏自然环境为前提，而且应注重维护人与人之间的平等和代际之间的平等；此外，人类的消费除了满足物质需要之外，还应关心人类精神的发展。

通过生态消费观教育，使人们形成健康消费观、文明消费观。首先，通过教育，使人们明白人的消费的真正意义。消费是一个人生活中的基本要求和部分，它的真正意义是维护人的生存和发展所需。而在工业文明条件下，由于过度生产拉动的过度消费导致人类身心健康各方面的疾病。就全球范围来说，人类既有由于饥饿、营养不良引起的健康问题，也有由于生活水平提高在饮食上营养过剩和营养不平衡带来的疾病。为了保护自己的身心健康，人类应该重视健康消费，树立健康第一的消费

① ［美］E. 弗洛姆著，孙凯祥译：《健全的社会》，贵州人民出版社 1995 年版，第 106 页。

观。其次，通过教育，使人们明白人的消费应建立在尊重自然、不破坏自然的基础上。地球上的自然资源是有限的，人类消费不能破坏自然环境，消费必须建立在维护生态平衡基础上。人们的消费一定要考虑到自然的承受度。再次，通过教育，使人们明白人的消费应建立在维护人与人之间的平等和代际之间的平等的基础上。在当今世界上，消费不公现象十分突出，消费向两极发展，一极是穷奢极欲的过度消费，另一极是严重的消费不足。消费不公突出地表现为对自然资源占有的不公平。发达工业国家的人口仅占世界总人口的1/4—1/5，但消耗了世界总能源的90%。美国人口还不到世界人口的6%，但消耗的原材料使用量却占世界总消耗量的1/3。过度消费和消费不足都会带来环境污染和生态破坏。发达国家奉行高消费政策，这种过度消费对环境带来了严重破坏。消费不足也对环境形成了巨大的压力，形成了贫困与环境破坏的恶性循环。因此，限制过度消费和避免消费不足，实行公平消费，走生态消费的道路是人类消费方式发展的必由之路。最后，通过教育，使人们明白人的消费应建立在既满足物质需要又满足精神需要的基础上。工业文明条件下的消费主义只重视人的物质需要，忽视人的精神生活。而生态消费观重视人的精神生活，把精神享受看做高于物质需要①。

生态消费观折射出人与自然、人与社会、人与人良好的关系。生态消费观教育应帮助人们认识消费主义对人类生存环境的危害性，以及对人的发展的危害性；认识实行生态消费的必然性，懂得生态消费的含义以及生态消费对人类生存的重要意义；认识公平消费对环境保护的重要意义，提倡进行绿色消费、文明消费、健康消费，从而实现社会的可持续发展。

四、科技道德观教育

恩格斯在《在马克思墓前的讲话》中指出：“在马克思看来，科学

① 李太平：《全球问题与德育》，华中科技大学出版社2002年版，第151—152页。

是一种在历史上起推动作用的、革命的力量。"[①] "现代科学技术和现代工业一起变革了整个自然界，结束了人们对于自然界的幼稚态度和其他幼稚行为。"[②] 在马克思和恩格斯那里，关注科学技术，依靠科学技术来处理、调整人与自然的关系是马克思的一贯主张。从一般意义上讲，科技是人对在改造自然的实践中所获得的经验的概括和总结，是人的智慧的结晶。科技是人基于自己的需要而创造的知识体系，是人的本质力量的对象化。"从本质上说，科技是人性外求、外化的产物，是自己存在方式的一个方面，是自己内在功能活动表现之一。"[③] 然而我们必须清楚地看到，科学技术是中性的，是一把"双刃剑"，科学技术的作用在西方资本主义国家出现了偏差和异化。其恶果之一就是全球生态问题的进一步加剧。

科学技术本是人类认识世界和改造世界的有力工具，在价值取向上是中立的，既可以为社会发展和人的发展起着积极作用，也可以起着消极作用，关键在于人类如何去利用它，人的思想道德素质对于科学技术应用的方向起着重要的制约作用。工业革命以来，正是人类对于科学技术的误用和滥用导致了科学技术异化。马克思从来不批判科学技术本身，他批判的是科学技术的消极利用，指出："在我们这个时代，每一种事物好像都包含有自己的反面。我们看到，机器具有减少人类劳动和使劳动更有成效的神奇力量，然而却引起了饥饿和过度的疲劳。……技术的胜利，似乎是以道德的败坏为代价换来的。随着人类愈益控制自然，个人却似乎愈益成为别人的奴隶或自身的卑劣行为的奴隶。甚至，科学的纯洁光辉仿佛也只能在愚昧无知的黑暗背景上闪耀。我们的一切发现和进步，似乎结果是使物质力量成为有智慧的生命，而人的生命则化为愚钝的物质力量。现代工业和科学为一方与现代贫困和衰颓为一方的这种对抗，我们时代的生产力与社会关系之间的这种对抗，是显而易见的、不

① 《马克思恩格斯选集》第3卷，人民出版社1995年版，第777页。
② 《马克思恩格斯全集》第7卷，人民出版社1959年版，第241页。
③ 吴文新：《科技与人性》，北京师范大学出版社2003年版，第231—232页。

可避免的和毋庸争辩的事实。”① 拉兹洛也认为：“尽管科学和技术已经使千百万人的生活水平比预期的有所提高，但是，社会的不公正、政治压力和对技术不加思考的利用已经使人类两极分化，使自然退化，并引起了全球性问题。”②

在经济全球化时代，必须对人们进行科技道德观教育。首先，通过科技道德观教育，使人们明白科技不仅具有生产力的内涵，科技的运用也具有道德的内容，这就丰富了人们的道德观念。其次，通过科技道德观教育，引导人们认识生态科技的理论依据和科技生态化的原则。科技生态化原则的宗旨就是要求科技开发运用必须尊重人与自然的辩证统一性，维护全球生态平衡，保护人类生态环境，并要求人类积极开发和应用生态科学技术，真正为人类作无害应用。坚持科学技术为人类服务的原则，保护人类赖以生存的自然环境，维护生态平衡。再次，通过科技道德观教育，使人们认识到工业文明中技术运用的特点以及对生态环境的“双刃剑”作用，特别是使人们深刻认识“工业的资本主义性质”和科学技术“资本主义的应用”的实质。总之，通过科技道德观教育，使人们在强调利用科技成果的时候，要将经济效益与自然影响和社会后果结合起来，把科学技术的应用所产生的经济效益、社会效益和环境效益统一起来，真正实现自然进化、社会进步和人的发展三者高度的统一。否则，就如马克思所言：“如果说人靠科学和创造天才征服了自然力，那么自然力也对人进行报复。”③

五、全球伦理观教育

严重的生态环境危机在全球范围内是普遍存在的，并具有全球性的规模。它不仅影响发达国家，也影响发展中国家；不仅影响社会经济、

---

① 《马克思恩格斯选集》第1卷，人民出版社1995年版，第775页。

② ［美］E. 拉兹洛著，李吟波等译：《决定命运的选择》，三联书店1997年版，第4页。

③ 《马克思恩格斯选集》第3卷，人民出版社1995年版，第225页。

政治和文化的发展，也影响人类的身体健康和发展。

当前人类需要一种普遍伦理。“人类今天面临的基本任务就是需要去促进关于我们相互依存的一种全球性的伦理上的自我意识，以及去缓和妨碍这种共识达成的强硬态度。”[①] 恩格斯指出：“对同样的或者差不多同样的经济发展阶段来说，道德论必然是或多或少地互相一致的。”[②]这说明，马克思主义者从不否认不同阶级、不同民族之间存在着道德共识的存在。当然，根据马克思主义的阶级分析法，可以断定，这只能是一定方面和一定程度的共识，而且是非根本的共识。

经济全球化时代，由于全球问题的复杂性、重要性，人们倡导普遍伦理是有一定意义的。因为，在经济全球化条件下世界仍然是以不同的民族国家为基本单元。尽管如此，至少应存在超越具体差异的人的类特性，不同群体之间都面临着生存压力以及人与自然关系危机的反思，整个世界具有强相关的命运共同体关系。这些使得持不同生活态度的不同群体的人们之间仍然存在某些共识，因此就有可能在许多重要的伦理价值上获得共享的目标[③]。而且，事实上，不同民族国家也存在一定意义上的道德共识，“世界被分为不同的种族和民族群体，我们中的每个人都有特殊的道德义务，成为他或她在这些群体中应起的义不容辞的作用。然而，也有一些基本的道德规范被一致地看做是世界上所有文明群体都实际遵守的东西。这些伦理原则体现了人类的集体传承。它们一直在人类经验的熔炉中由人类善良行为的结果所验证。”[④]

1993 年，世界宗教议会通过《走向全球伦理宣言》，认为“没有新的全球伦理，便没有新的全球秩序”。1995 年，全球政治管理委员会发表了《全球是邻居》的报告，倡议以“全球性的公民伦理”作为不同国

① ［美］保罗·库尔兹主编，肖峰译：《21 世纪的人道主义》，东方出版社 1998 年版，第 408 页。

② 《马克思恩格斯选集》第 3 卷，人民出版社 1995 年版，第 434 页。

③ 沈湘平：《全球化与现代性》，湖南人民出版社 2003 年版，第 130 页。

④ ［美］保罗·库尔兹主编，肖峰译：《21 世纪的人道主义》，东方出版社 1998 年版，第 404 页。

家合作解决所面临的全球问题的基础。1997 年，联合国教科文组织建立了“世界伦理计划”，并分别在法国和意大利召开国际会议，共同探讨建立“全球伦理”的理论和实践问题。在目前阶段，首先要解决的问题是如何达致一种合法的全球伦理。应该说，今天，处于不同国度和文化背景下的不少思想家在对待和处理诸多全球问题时达成了不少伦理上的共识。但必须明确的是，达成普遍伦理的首要前提是不同文化传统之间展开对话。当然，在经济全球化条件下，由于经济全球化的实质所限，想要达致一种公平、平等的普遍伦理，是比较困难的。

全球伦理观教育致力于培养面向全球化社会、具有全球化素质的新人，“这种新人必须懂得个人的行为具有全球性后果，能够考虑事物的轻重缓急，并能够承担人类命运的共同职责中自己的一份责任。”①

面对全球生态环境危机，进行全球伦理观教育具有独特意义。

第一，通过全球伦理观教育，增强人们的世界相互关联、相互依存意识。全球伦理观产生于人类整体利益的形成。在经济全球化背景下，人类社会内部、人类社会与自然界、整个地球已经成为了一个相互依存的系统。世界具有整体性和相关性，这不仅表明世界经济日益一体化，而且表明人类生存方式日益一体化，人类与自然的依存性日益密切。“现实明白无误地向我们昭示：我们今天正生活于互相依赖的世界中，在此地发生的一切常常会在彼地得到回应。”②“每个个体能够意识到自己对这个世界所承担的职责，意识到我们中的每一个都是人类这一物种之中的一个成员，是地球这颗行星上的一个居住者，是全球社会这个整体的一个部分。”③ 通过全球伦理观教育，培养一种对人类负责的责任意识。

第二，通过全球伦理观教育，有助于人们形成地球家园意识。自然环境是人赖以存在和发展的基础，人是在自然和社会双重因素中存在和

① 联合国教科文组织国际教育发展委员会编著：《学会生存：教育世界的今天和明天》，教育科学出版社 1996 年版，第 7 页。

② ［美］库尔兹编，肖峰等译：《21 世纪的人道主义》，东方出版社 1998 年版，第 175—176 页。

③ ［美］库尔兹编，肖峰等译：《21 世纪的人道主义》，东方出版社 1998 年版，序。

发展自身的，对人的一切社会关系和人的发展的内容、条件，都不能脱离自然环境进行孤立考察。人的发展是现实的、具体的和动态的发展过程，是在一定的时间和空间中展开和完成的。一方面，人的发展过程，不仅体现在他自身的素质中，而且体现在他所创造的对象物即人化世界中。另一方面，人的发展过程既是一个历史形成和发展的过程，又是一个在现实的生态环境中形成和发展的过程。我们赖以生存的地球只有一个。地球作为人类生存的家园，不仅是一个自然和物理的系统，也是一个社会和人文的系统。对人类所生存的地球系统，特别是对地球本身的历史和现状的了解，对人类生存环境的全面了解。只有认识到生活在同一地球的人们的命运的相关性，自觉保护环境，才有可能缓解和解决全球性生态问题。

第三，通过全球伦理观教育，增强全人类的生态忧患意识。人类共同面临全球问题的威胁。进入20世纪90年代以来，人与自然之间的矛盾非常突出，资源枯竭与环境污染现象尤其严重。以森林为例，全世界的森林覆盖面积每年减少1800万公顷至2000万公顷。据联合国粮农组织统计，1950年以来，全世界森林已损失了一半。1965年森林占陆地面积下降到1/4。1978年又下降到1/5左右，到2000年约占1/6，到2010年可能下降到1/7。如此下去，全球的森林再过170年将会不复存在。环境污染现象也十分严重，已严重威胁到人类的生命安全。美国环境保护局说，臭氧减少6%，也会使下一代有数以十万计的人患皮肤癌。据世界卫生组织的最新报告，每年死亡的4900万人中3/4是由于环境恶化所致。

由于科学技术的迅猛发展，人类对自然的干预广度和深度空前加强，人们所指的自然已不再是地理环境，也不只是整个生物圈，而是整个太空。这时的环境危机就不再是区域性的了，而是世界各地区、各国家共同面临的危机，全球变暖、臭氧层破坏、大气污染、全球性物种减少，如此等等，世界已经成为一个彼此紧密相关的系统，任何区域或个人都不可能置身于这场危机之外而独善其身，而任何一个地区或国家的灾变都可能引发整个世界的危机。如世界上大部分热带雨林分布在亚非拉三大陆，第三世界的资源一旦受到破坏，遭殃的将不只是第三世界，对全球经济乃至社会发展也将造成重大损失。总之，通过全球意识、全球生态伦理观教育，使人们懂得全球生态破坏的巨大灾难以及对人类生存和发展的巨大影响。

第二节 解决全球生态问题需要全社会共同努力

要解决日益增多的全球问题，需要一切民族国家和国际社会的共同参与。当今世界，由于经济行为的全球性以及破坏环境的严重程度，生态环境危机不再是民族性、区域性的了，而是具有世界性的了。在经济全球化条件下，任何民族国家、任何区域和任何个人都不可能逃离危机所带来的损害，而且世界上任何一个地区或国家出现了生态环境灾难都有可能使整个世界和全人类面临灾祸。“我们要共同对付人类生存和发展面临的挑战。我们大家生活在同一个星球上。生态环境恶化、贫困失业、人口膨胀、疾病流行、毒品泛滥、国际犯罪活动猖獗，以及妇女儿童权益得不到保障，等等，都是事关人类生存和发展的全球性问题。发达国家对其在工业化、现代化过程中造成的生态环境恶化是欠了债的，理所应当地应对环境保护作出更大贡献。这些全球性问题的逐步解决，不仅要靠各国自身的努力，还需要国际上的相互配合和密切合作。”① 只有认识到生活在同一地球的人们的命运的相关性，自觉保护环境，才有可能缓解和解决全球生态问题，建设良好的生态文明。只有全社会共同努力，才能为全人类的共同发展创造更加有利的自然环境。

① 《江泽民文选》第1卷，人民出版社2006年版，第480页。

一、国家承担应有责任

面对日益恶化的全球生态问题，各国家，包括发达国家与发展中国家，都有必要共同努力、团结协作。正如江泽民同志所说："当今世界又是一个相互依存的世界。现代技术缩短了地域上的距离。人类面对的许多挑战往往超越国界的限制。经济关系、贸易交流、科技发展、环境保护、人口控制、减灾救灾、禁绝毒品、预防犯罪、防止核扩散和防治艾滋病等诸多方面，都是全球性问题，是相互依存的，无一不需要开展合作，需要有共同遵守的规范。"①

（一）国家共负责任的必要

国家是行为能力最强的，也是最重要、最基本的经济全球化主体，也是行为能力最强的国际关系行为体，是国际法的主体，它拥有足够的手段去履行国际法所赋予的责任和义务，独立开展各种对外活动。同时，国家是迄今为止能够满足人类生存与发展需要的最有效形式，又是统治阶级和本民族利益的集中代表，阶级利益和民族利益总是通过国家的政策和行动顽强地表现出来，它可以凭借其特有的组织力量与物质手段争取、维护更多的利益。

经济全球化是当代世界发展不可阻挡的趋势，任何国家或社会要想生存和发展都无法拒绝经济全球化。因为拒绝经济全球化，就意味着孤立，意味着封闭。人类历史已经证明，与世隔绝是不利于国家或社会的发展进程的。融入经济全球化是各个国家特别是发展中国家的必然选择，而融入经济全球化除了实现必要的观念变革之外，还必须将变革了的观念转变为各种各样的制度，也就是在观念上，要摒弃狭隘的民族主义，在行动上要适应经济全球化的要求改变国内的制度体系，积极参与国际规则的制定。江泽民同志指出："各国应遵照联合国宪章的宗旨和原则以

① 《江泽民文选》第1卷，人民出版社2006年版，第415页。

及公认的国际关系基本准则，各国的事务应由本国政府和人民决定，世界上的事情应由各国政府和人民平等协商，反对一切形式的霸权主义和强权政治。国际社会应树立以互信、互利、平等、协作为核心的新安全观，努力营造长期稳定、安全可靠的国际和平环境。各国应加强经济技术的交流与合作，逐步改变不公正不合理的国际经济秩序，使经济全球化达到共赢和共存的目的。”①

不可否认，在经济全球化过程中，国家作为行为主体受到了很大程度的制约。因为，经济全球化从时空上缩小了世界各国之间的距离，在一定程度上冲破了国家之间的界限。但是，民族国家在经济全球化进程中并没有完全陷入被动，正是它们在经济领域中的积极活动才推动了国内经济的开放以及全球经济的整合，也正是它们在政治文化交流领域的努力才促成了各民族国家和地区之间的相互理解。从另一个角度讲，在经济全球化进程中还没有产生出一个可以完全替代国家职能的共同体或组织，国家依然能够有效地保护其公民，维护社会公正；国家能力越强，越能够实现其既有的职能，减少经济全球化带来的巨大风险。民族国家必须认识到，一定的国家和政府对经济全球化进程作出不同方式与内容的干预是必需的，在经济全球化过程中，国家和政府的干预是经济全球化条件下各国家或地区维护经济独立性和国家主权的最后盾牌，也是形成一种合理全球化形态的根本力量。② 要解决日益增多的全球生态问题，需要一切民族国家的共同参与。

（二）发达国家应负起更大的责任

在经济全球化加速推进的背景下，发达资本主义国家凭借自身的竞争优势，也为了转嫁国内矛盾，在资本流向全球、生产扩展到全球的同时，它会全然不顾地球资源的有限、生态环境的恶化，一意孤行地推行生态殖民主义，掠夺全球资源和输出污染，使全球的生态环境加速恶化。

---

① 《江泽民文选》第3卷，人民出版社2006年版，第298页。

② 谈世中，王耀媛，江时学等编：《经济全球化与发展中国家》，社会科学文献出版社2002年版，第62页。

这决定了目前少数发达资本主义国家主导和推动的经济全球化，使人与自然矛盾更加对抗。决定了它自身不可能从根本上解决资本主义生产无限性与地球资源有限性的矛盾。而这一矛盾得不到解决，全球真正意义上的可持续发展就不可能实现。因为，发达资本主义国家奉行的是民族利己主义，追求的是利润的最大化，不肯承担理应由它们承担的更多的治理环境的重任。

当前，环境污染、资源枯竭的主要责任应在于以美国为首的西方发达资本主义国家，发达国家在资本全球化过程中，对世界资源的全球性掠夺，它们把本国工业经济的发展建立在对发展中国家资源的掠夺上。发达国家资源的人均消耗量远远超过发展中国家。如美国人消耗的煤、石油和粮食分别是非洲人消耗的 500 倍、1000 倍和 8 倍。“世界上 20% 的享受福利的居民所消费的木材相当于世界木材消耗量的 85%，他们还消耗着世界金属加工总量的 75%，能源的 70%。结论是老生常谈的，但又是颇为蛮横的。地球上的所有公民绝对无法共同享受这样一种以加重自然生态负担为代价的福利。地球正在限制人类的发展。”[①]环境污染的罪魁祸首也是发达资本主义国家。它们在过去二百多年的工业化道路上，生产力成倍地增长，废气、废水、废渣也成倍地排放，造成了严重的环境问题。据联合国环境规划署统计：工业发达国家产生的有害废气物占全球产生量的 95%；占世界人口仅 25% 的发达国家却排放着全球温室气体排放量的 75%。[②] 其中美国名列第一，其排放量在全球的二氧化碳排放量中占到 1/4。[③] 因此，随着科技进步，发达国家的生产力越发展，对自然环境的破坏也越明显。因为，垄断资本利用高科技主要是要赚取更多的利润，而不会过多重视污染问题的解决。

资本主义不仅造成对本国环境的污染，在推进经济全球化的过程中，

---

① ［德］汉斯－彼得·马丁、哈拉尔特·舒曼著，张世鹏等译：《全球化陷阱——对民主和福利的进攻》，中央编译出版社 1998 年版，第 42 页。

② 李景治：《当代资本主义的演变与矛盾》，中国人民大学出版社 2001 年版，第 417、414 页。

③ 吴伟农：《烧烫的地球——美国拒绝〈京都议定书〉的背后》，《环球》2001 年第 10 期，第 38 页。

还把环境污染向落后的国家和地区输出。一种办法是将严重污染的企业转向发展中国家。另一种办法是直接将有毒废料垃圾输向发展中国家。这样的做法虽然使某些发达国家近几年生态环境有所改善，但广大发展中国家的生态环境却急剧恶化。

以美国为首的发达资本主义国家应该对全球生态环境的恶化、资源枯竭负主要责任。然而，发达国家采用双重标准，一方面，面对全球生态环境的恶化，发达国家不得不采取多种措施，投入越来越多的资金来解决环境问题。维护生态环境已成为发达国家中最富感召力、最有群众基础的社会运动，并取得了明显成就。尽管这一成就与其国力并不相称，并受到社会制度的限制；尽管二氧化碳排放量有增无减，酸雨、全球升温、有毒污染物的处置等问题仍然令人担忧，但这些国家的环境状况毕竟有了较大改善，从而有利于人民的身体健康。但是，另一方面，发达资本主义国家奉行的是民族利己主义，追求的是利润的最大化，不肯承担理应由它们承担的更多的治理环境的重任，而且还拒绝合作。美国政府却从美国的经济利益出发而拒绝执行《京都议定书》（旨在遏制全球气候变暖的《京都议定书》于当地时间2005年2月16日下午在日本东京都正式生效。已签署协议书的141个国家和地区称赞它是地球的一道“生命防线”，但美国和澳大利亚以协议书阻碍经济发展且发展中国家没有承担温室气体减排义务为由，至今不肯加入。），将经济利益置于环保之上。美国在为其决定辩解时称，美国目前需要解决自己的能源危机和经济增长放慢问题，过多的保护环境可能抑制经济增长，因而不符合美国的国家利益。这实质上就是新时期的生态殖民主义。西方国家不仅在国内制造环境污染，而且在推进经济全球化的过程中，还把环境污染向落后国家和地区输出，使广大发展中国家的生态环境急剧恶化。

（三）发展中国家应发挥积极作用

人口迅速增长的发展中国家，为了维持起码的生存，无地和少地的农民被迫毁林开荒，贫穷的民众不得不过度耕地、过度放牧、过度砍伐，在短时间内使他们的土地变成不毛之地。同时，由于发展中国家缺乏资金，工业污染任其蔓延，城市卫生保健难以改善。这一切导致了森林面积的锐减，土地的退化与沙漠化，水资源的短缺和质量下降，城市的拥挤与严重污染。美国前副总统戈尔在谈到这一问题时，认为发展中国家是因为“贫穷使它们出卖资源。它们因贫穷而向发达国家借债，为了还债和利息，不得不把森林出卖。①”日益恶化的生态环境不仅使众多动植物濒临灭绝的危险，造成部分人的饥饿与死亡，还将进一步威胁到更多人的生存及发展。“人类不仅得不到新的‘开拓地’，而且原有的居住地区也不断地被缩小。我们可以认为，二十世纪后半期出现的这一现象，是和古代末期由于森林资源的枯竭和土地的沙漠化而‘古代文明圈’遭到衰落的情况相似。”②

在此情景下，广大发展中国家由于经济科技落后、人口众多、人们生活贫困，目前要保证世界80%人口的温饱和生存尚有困难，根本无财力、无精力去治理环境污染。正如前联合国粮农组织总干事萨乌马所说：“怎样让饥饿的人们在生存都无法保障的情况下，来保护自然资源和环境，以及为后代创造财富呢?”

然而，生态问题是一个严峻而长远的问题，发展中国家应发挥积极的作用。广大发展中国家要从长远利益出发，摈弃“先污染后治理”的老路以及“经济发展优先于环境保护”的观念，要转变经济发展方式，从资源消耗型转变为资源节约型、从技术落后型转变为技术先进型。发展中国家要逐步实行产业结构的调整和升级。

发展中国家普遍存在的问题是人才短缺、高科技含量产业比重较小、劳动生产率低、专业程度低，大部分国家还是以第一产业、第二产业为主，而且还是以生产粗加工的初级产品为主。并且充分重视农业，把农业，特别是把粮食生产放在国民经济的基础地位。如中国把农业提高到相当重要的地位。在发展农业的同时，逐步加强基础设施建设，推进工业化、现代化。这固然符合发展中国家的国情，但是，随着经济全球化

① ［美］阿尔·戈尔著：《濒临失衡的地球》，中央编译出版社1997年版，第95页。
② ［日］堺屋太一著，金泰相译：《知识价值革命》，东方出版社1986年版，第124页。

的进一步推进，全球范围内产业结构的升级正如火如荼地开展，发达国家产业结构升级的目标瞄准了信息产业以及其他高技术含量的产业。而借资本、人力、技术全球流动之际，发展中国家也遇到了产业结构调整的大好机会。借此契机，发展中国家提高传统产业的技术含量，通过设备更新、技术改造和技术进步，促进产业结构、产品结构、企业结构的高级化。发展中国家要加强自身的创新能力，培植一些有优势、有特色、有竞争力的产业和产品，要把加快高新技术产业的发展作为产业结构升级、提高经济增长质量和效益的根本途径。当然，发展中国家在此过程中不能盲目仿效发达国家，产业结构的调整要合理、合情，循序渐进。从而将科技进步应用于生态保护中去，改善国家生态危机状况。

同时，广大发展中国家要加强制度建设力度，使经济发展有序进行。发展中国家往往在经济发展中，法制、规范不健全，体制与机制不完善，这会影响到国内经济领域的改革，以及影响到与国际经济的联系。政府要为本国经济的发展制定规则，建立法律框架，使经济运行的参与者有法可依、有章可循。如根据经济发展进程的需要，制定经济发展战略、产业发展政策、外贸政策、财政与金融货币政策以及其他政策措施，调整和完善国民经济体系，并对经济发展的进程进行监督管理，引导经济持续稳定发展。与此同时，发展中国家要加大其他领域制度建设的力度，使社会经济、政治、文化、生态等协调发展。

当前，许多发展中国家迅速崛起，成为经济全球化的新兴力量，对世界秩序正常化起着重要作用。中国等一些社会主义国家随着国内改革开放的进一步推进、社会主义现代化进程的加快，综合实力将更加强大，国际地位将进一步提高，在国际舞台上也将发挥更重要的作用。中国政府自改革开放以来，特别是20世纪90年代以来在国际社会采取了一系列有助于全球和平和全球生态环境保护的行动，如签署《全面禁止核试验条约》和《核不扩散条约》，倡导彻底销毁生物和化学武器，积极参与有关遏止气候变暖的国际会议等。

总之，全球环境问题呼唤世界各国跨越民族国家的界限，进行卓有成效的国际合作。唯有如此，才能更有效地遏制全球生态危机，改善全球生态状况。

二、国际组织及非政府组织广泛参与

当前，世界上已有许多不同类型、担负不同任务的国际组织。有些是非政府组织，有些是政府组织。在政府组织中，有国家联盟和地区联合，也有世界性的联合行政实体。在国际社会中，由于文化或地缘等多方面原因导致国家联盟和地区联合。第三世界国家认识到，要在经济全球化中求得一席之地，除了继续推动南北对话与合作外，应重点推动南南联合。由南方国家组成的区域经济正在亚、非、拉三大洲兴起。东盟加快了建立自由贸易区的步伐，积极推动东盟与中、日、韩的区域合作，在亚太地区的政治、经济中发挥重要作用。拉美建立了南方共同市场与安第斯集团。非洲出现了东非、西非和南部非洲发展共同体。它们都成为本地区的新的经济支柱，它们不仅会启动成员国之间贸易自由化的进程，还将促进相互间在交通、通信、能源、农业及工业等领域的合作，这些国家团结合作，共同迎接经济全球化的挑战。同时，发展中国家在全球经济组织（如国际货币基金组织、世界贸易组织等）、跨区域组织（如亚太经合组织、亚欧会议）中也加强了联合行动，争取在国际金融、贸易规则的制订中维护共同的利益。

联合国自从建立以来，在维护世界和平，促进人类共同发展方面发挥了重要作用。在联合国大会及下属专门组织的活动中，促进了各民族国家的交流、对话和了解，提高了人们的“人类意识”。如围绕当代全球问题，联合国先后主持召开了联合国环境与发展会议（1992 年）、世界人权会议（1993 年）、第三次国际人口与发展大会（1994 年）、社会发展世界首脑会议（1995 年）、世界妇女会议（1996 年）、世界粮食安全首脑会议（1996 年），以及 1996、1997 两年分别于日内瓦、东京召开的联合国气候变化框架条约缔约方会议，1996 年世界各国部长级官员在南非召开的“信息社会与发展”大会等等。几乎我们现在所熟知的一些先进的理念（例如可持续发展思想、终身教育观念、知识经济概念）无不是在联合国组织中得到最完整的阐述然后成为世界通用的。1974年联合国召开第六届联合国大会，通过了“七十七国集团”提出的《关于建立国际经济新秩序的宣言》（以下简称《宣言》和《行动纲领》。《宣言》否定了传统的霸权主义思想，决心建立在所有国家的公正、主权平等、互相依赖的共同利益和合作的基础上的新的国际经济秩序。1982年，联合国大会通过了《世界自然宪章》。1995年10月22日，《联合国宪章》生效50周年特别纪念大会，150多个成员国的元首和政府首脑出席了这一大会，共同研讨和参与解决当今世界上存在的诸如环境、人口、艾滋病、贩毒以及国际犯罪等等最迫切的问题。在20世纪90年代末，联合国通过的《全面禁止核试验条约》，一百多个国家在条约上签字。1992年，里约热内卢联合国环境与发展大会通过《21世纪议程》，《生物多样性公约》也获得通过。2000年1月，在蒙特利尔召开的缔约国大会特别会议上通过了《卡塔赫纳生物安全议定书》，这可以说是生物安全国际保护最重要的国际法。从一定意义上，我们确实可以说，联合国正在促进整个人类的理性存在与发展。

但是，从目前的情况看，联合国的作用还需要大力加强。因为，它常常会成为西方强势国家的附庸工具，或常常受到它们的威胁。正如乔姆斯基所指出的，“半个多世纪以来，联合国一直是美国的一个主要论坛。在这儿，美国试图凭自己的想象建立一个新的世界，与其同盟国一起操纵订立有关人权、核试验或者环境——华盛顿坚持说这说明了其自身价值——等方面的根据协议。”① 因此，世界各国，特别是广大的发展中国家要团结起来，维护联合国的权威，维护第三世界的利益。

经济全球化给社会带来的巨大冲击，使目前的国际组织以及政府机构难以适应当前复杂的形势发展，无法对经济全球化带来的经济、政治

① ［美］诺姆·乔姆斯基著，徐海铭、季海宏译：《新自由主义和全球秩序》，江苏人民出版社2000年版，第47页。

等跨国问题进行有效的管理。由于全球经济动荡、科技异化、环境日益恶化，以及犯罪、毒品、道德沦丧等影响超越了国家边界，西方国家对此束手无策。又如，经济全球化的发展分别在国际和国内制造了越来越严重的贫富两极分化和生态危机。于是，民众对民族国家出现了信任危机，同时，传统民族国家的概念受到越来越多的侵蚀。由此，世界各国出现了许多非政府组织和志愿者性质的社会组织。实际上，非政府组织和其他一些国际组织已成为促使民主进一步深化和扩大的重要载体。这些社会组织从事社会活动，以填充政府与企业都力所不及或不适合介入的那些领域。这些组织主要关注诸如人权、环境保护、地方权利、公民权益、社会不公等社会问题，有的还积极参与反战、反核、反全球化、反集团化等社会运动。如国际上的反对建造大坝运动，各式各样的人权和妇女组织，反对腐败现象的组织，提倡全面禁止和彻底销毁核武器、生物和化学武器的各种民间组织，保护濒危动物、植物物种的组织，等等。在今天的世界上，这种组织已构成政府和私人公司这两种力量之外的“第三种力量”，它的道义力量更有独到优势。尽管形形色色的非政府组织比较松散，但由于活动能力强，社会影响面广，其作用非常明显。

三、企业与个人各尽其责

（一）企业承担社会责任

企业社会责任这一概念是由英国学者欧利文·谢尔顿率先提出。这一问题是随着资本的不断扩张而引起的一系列社会矛盾，诸如贫富分化、劳资矛盾、环境污染等而提出的，其核心的意义主要是指企业为改善利益相关者的生活质量而贡献于可持续发展的一种承诺。

在市场经济条件下，企业成为市场主体，为了自身谋利，往往缺乏社会责任，如：漠视员工利益、缺乏诚信意识、忽视环境保护、耗费资源严重、公益意识淡薄等等，这些与企业的社会责任都是背道而驰的。企业要坚持可持续发展，就是指，企业在发展过程中，坚持不断的创新以保持自身的活力和竞争优势，在优化资源配置的基础上，与外界环境变化相适应，合理地利用自然资源和能源，持续地增加盈利和扩大企业规模，实现企业可持续发展。

企业的可持续发展是与自然环境的改善相互依存的。企业只有在自然环境优越的时期才能长期的发展，在一个遭受严重污染、资源耗费的环境里，企业一定会失去生存和发展的基础。因此，企业必须完善生产管理，降低生产中自然资源和能源的消耗，注重自然环境的保护，减少生产污染。一个企业要可持续发展，必须确保整个社会和自然界的和谐统一。

企业应在生态道德自律的行动中提供榜样和示范。企业实际上是以一个道德主体的身份参与生产、流通的，因此，应遵守共同的生产流通规范，对自己的行为进行约束，这实际上是为人们提供一种道德标准和示范。如果一个企业实施不道德行为，这或许能够带来利益，但破坏了其他集团的利益和整个社会的利益，这就导致了竞争的恶性循环和社会秩序的混乱。务必要引导企业在生产经营活动中既实现“经济人”的角色，又实现“社会人”，还要实现“生态人”的角色，自觉肩负起促进经济与社会协调、人与社会协调、人与自然、人自身和谐协调发展方面的历史责任和社会责任。

同时，企业提供的服务应该是道德的。如果企业在其发展过程中能够自觉提供各种符合道德标准的服务，那么将促进整个社会科技道德建设、经济道德建设、环境道德建设的发展。

（二）个人加强道德自律

人是生产力中最革命、最活跃的因素，是生产力最具有决定性的力量。就人与经济全球化的关系而言，人是经济全球化的主体和“剧作者”，也是全球化发展的推动者。经济全球化一经产生，它就必然对人提出发展的要求，即经济全球化需要人的不断发展。因此，只有人的不断发展才能适应经济全球化的需要，才能为经济全球化提供最可靠最根本的发展动力。

而且，任何集体都是由个人组成的，任何道德原则、规范必须落实到个体行为中。道德原则只有在一个个具体活动的个人的行为过程中才能体现出来。同时，一个有效的环境保护规范必须与个体行为方式相联系，环境保护规范应直接指向现实的个人行为，只有这样才能对环境保护中个人行为有直接的针对性。

另外，就人的交往而言，交往的双方是可感觉的有血有肉的人，交往活动会受到个人道德观以及社会规范等方面制约。为了保证交往的顺利进行，就应该倡导交往主体的道德自律。一个道德自律能力差的人，极有可能摆脱现实社会中人伦关系的束缚，丧失社会责任感和道德感，从而放纵自己的行为，出现诸多违反生态环境道德的问题。总之，无论是个人作为全球化的主体，还是作为集体的组成部分，或是作为社会交往的主体，都要求个人在道德修养上加强自律。只有这样，全球生态规范才能落到实处。

第三节　进行全球生态环境保护规则创新

由于经济全球化是由发达资本主义国家倡导并至今占主导地位维护其自身利益的过程，因此，经济全球化不能简单地理解为民族国家之间相互依赖关系的增强。毫无疑问，各民族国家之间的矛盾是形成人类面临的问题的重要原因。不同的民族国家在经济全球化过程中相互交往，产生了经济、政治、军事、文化等方面的交往与冲突。为了协调矛盾，到目前为止，全世界已经缔结了两万多个条约和公约。但是，目前出现的国际性社会问题、国家或地区间的不平等交换、各种各样的冲突仍然存在，这些都直接威胁着人类的共同发展。随着发展中国家的不断崛起，政治多极化趋势不断加强，世界各国都希望能在经济全球化进程中获得平等地位和权利。因此，为了交往双方的共同利益，为了人类的共同发展，改进、创新社会交往规则势在必行。

一、全球生态环境规则保护创新的必要性

不同的社会有不同的社会规范。适应全球性社会交往的需要，原有的规范和准则体系已经不可能发挥正常的功效了，必须实现变革创新。因此，经济全球化过程中的规则创新，无论是对某个国家而言，还是对人类社会整体来说，都是需要引起注意和重视的问题。

（一）交往实践的发展推动交往规则的创新

规则包括广泛的内容，有法律、规章等正式的规则，也有风俗、习惯等非正式的规则。规则是在实践活动中产生，但同时又是一定实践活动得以开展的重要条件。马克思认为，在生产、交换和消费发展的一定阶段上，就会有一定的社会制度、组织方式。“人们在生产中不仅仅影响自然，而且也互相影响。他们只有以一定方式共同活动和互相交换其活动，才能进行生产。”[①] 规则是人类社会交往实践的产物，是人类社会交往实践活动得以进行的必要条件，不同的社会有不同的社会规范。英国学者威廉·汤普逊说：“每一个政治规章和经济规章所应注意的立法目的应该是增进社会的最大幸福，也就是社会上大多数人的最大幸福。”[②] 适应全球性社会交往的需要，交往规则必须实现变革创新。特别需要指出的是，在经济全球化进程中，人类实践活动有了质的飞跃，特别是在交往实践方面，具体来说，无论是交往主体、交往手段还是交往范围，都与以前有很大不同。这就需要有新的规则来调控。

（二）全球性规则受霸权主义和强权政治的影响

在经济全球化条件下，强势国家把握世界经济的主动权。因此，经济全球化的游戏规则和制度基本上由西方发达资本主义国家组织制定。

---

① 《马克思恩格斯选集》第1卷，人民出版社1995年版，第344页。

② ［英］威廉·汤普逊著，何慕李译：《最能促进人类幸福的财富分配原理的研究》，商务印书馆1986年版，第174页。

西方发达国家为了维护其利益并深受其价值观念的影响，难以顾及到发展中国家的利益。而发展中国家在被动地进入经济全球化中总是处于不利的地位，是国际经济社会规则的被迫接受者。在市场经济的竞争中，在发达国家享受胜利果实的同时，发展中国家则承受着悲惨的命运。规则不公，利益不均，必然导致世界贫富差距、生态危机等局面的进一步扩大。

在经济全球化条件下，民族国家之间相互依赖性增强了。但是，霸权主义、强权政治与民族主义的冲突是当今人类冲突的最直接原由。因此，如何解决民族国家之间的矛盾问题也就成为了解决当代经济全球化问题的关键问题之一。“不同的民族国家在经济全球化过程中相互交往，产生了经济、政治、军事、文化等方面的矛盾。为了协调这些矛盾，各民族国家要么施以战争，要么施以跨社会（国家、地区的）契约。在和平与发展成为主流，大多数民族国家意识到战争的不经济性和对整个人类的危险性时，跨社会（国家）契约成为主要和理性的选择。”[①] 应该说，完善制度、完善规则是最合适的，也是必要的。

2001 年初，在达沃斯世界经济论坛年会上，坦桑尼亚总统姆卡帕指出：假如游戏规则可行、公正和人道，坦桑尼亚和其他发展中国家是可以在经济全球化进程中有所作为并得到益处的。他批评发达国家“侈谈全球化带来繁荣，却缺少政治意志和真诚，未能帮助非洲摆脱贫困。”[②] 古巴共产党第一书记、国务委员会主席菲德尔·卡斯特罗强调必须改变现行世界经济秩序，认为，现行世界经济秩序是不公正的，“是不能持续的，穷国和富国差距越拉越大，国内社会不均衡愈演愈烈，这条道路不能继续走下去了。”“目前世界经济秩序不稳定，正面临灾难性崩溃的危险”。从根本上说，世界经济秩序是“一个掠夺和剥削的制度”，它使世界上绝大多数人处于贫困状态。[③] 关于这一点，美国新自由制度主义者罗

① 沈湘平著：《全球化与现代性》，湖南人民出版社 2003 年版，第 123 页。
② 李保平：《坦桑尼亚参与全球化的得失》，《西亚非洲》2003 年第 3 期。
③ 徐世澄：《卡斯特罗论全球化与发展中国家》，《国外理论动态》2003 年第 12 期。

伯特·基欧汉也不得不承认不同国家在国际制度面前的不平等性。他说："由那些公正无私的理想主义者为了共同的善的目的而制定和设计的国际机制，是很少的；相反，它们主要是由政府中官员为了追求他们所说的更大的国家利益和他们自己更大的利益目的而构造的。"①

尽管随着形势的不断发展，国际规则也在不断修改，但怎样修改、何时修改都主要取决于强国尤其是美国的利益和意愿。对此，英国学者苏珊·斯特兰奇曾分析指出："在国际组织中，美国坚决反对的任何方案从未得到采纳，而美国接受的（相比之下为数不多）大部分倡议，在国际组织中实际得到了执行。"②

总之，经济全球化是随着世界经济的发展由中心向外围扩展的一种自然演进过程，这个过程要求进入经济全球化的各个国家和地区无论其发展程度如何，而最终必须进入在基本规则约束下的世界经济大循环。在这种经济大循环中，各种经济变量和制度变革必须适应于现行发达经济体制、市场运行机制和科学技术发展水平。从发展中国家的内部经济结构和发展水平看，有机地融入全球经济还有相当大的差距。位于世界垄断中心的国家、与中心国家合作的国家和位于周边地带的国家之间形成了巨大的鸿沟，使经济全球化过程的不平衡性向纵深发展。

实际上，全球性的规则创新已迎刃而上了。例如，多种多样的国际公约不断产生，纷繁复杂的国际规则不断制定，各集团之间的条约不断增加，各国内部的制度改革不断进行，等等。如《关于核损害的民事责任的维也纳公约》（1963 年）、《禁止在大气层、外层空间和水下进行核试验条约》（1963 年）、《防止核武器扩散条约》、《联合国气候变化框架公约》、《关于消耗臭氧层物质的蒙特利尔协定书》、《关于在国际贸易中对某种危险化学品和农药采用事先知情同意秩序的鹿特丹公约》（2004

① ［美］罗伯特·基欧汉著：《霸权之后：世界政治经济中的合作与纷争》，上海人民出版社 2001 年版，第 25 页。

② ［英］苏珊·斯特兰奇著：《国际政治经济学导论——国家与市场》，经济科学出版社 1990 年版，第 276 页。

年）等等国际规则先后出台。国际规则是规定国家间政治、经济、军事、环保等行为和满足国际交往秩序要求的一套制度安排，主要有国际法规范、参与国之间的协议和国际惯例构成。国际规则无非是国家间游戏的规则。从某种意义上说，游戏规则是在互动过程中逐步形成的，因此，它与游戏参加者所处的历史条件有密切关系。通过这些规则，不同国家了解对方的利益所在，调整彼此的行为。然而，随着社会的发展时代的变化，国际规则的进一步调整势在必行。

（三）全球生态环境不断恶化需要环境规则创新

全球严重的生态危机使各国不能坐以待毙，国际社会和各国政府应积极想办法、谋策略，从规范制度上保证生态危机问题的逐步解决。通过创新规则，让全社会的行为包括国家、集团和个人的行为都有一个基本的带强制性的约束。

二、全球生态环境保护规则创新的主要内容

随着全球生态环境问题的不断凸显，国际组织和各国政府也在积极想办法应对，制定了一系列生态环境保护规则，这些规则在一定程度上有助于处理甚至缓解生态环境恶化的问题。但是，由于不同集团各自利益的分歧，也有许多规则有待于进一步完善，而有些规则需要作根本调整。在此，只列举一二。

（一）关于国家环境主权原则问题

随着全球环境问题日渐严重，人类的生存和发展都受到了严重威胁。随着经济全球化的不断推进，尽管环境问题往往发生于发展中国家，但与发达国家的生态殖民主义有关。它不仅仅影响发展中国家人的生存与发展，对整个人类生存与发展都有严重威胁，为了解决或缓解环境问题，一些国际组织相继制定了相关规则。如联合国第 17 届大会于 1962 年 12 月 14 日通过了《自然资源之永久主权决议》，最先确定了国家环境主权原则，即每一个国家对于本国范围内的环境问题拥有在国内的最高处理

权和国际上的自主独立权。而在其后的《人类环境宣言》和《里约环境与发展宣言》中又一次得到了确认。但是，在全球化背景下的环境问题不再只局限于某一国家内部，它必然带有全球性、国际性特征，其影响也是全球性的。为了解决全球性环境问题，国家环境主权原则就暴露出局限性了，有必要进行修改。全球环境问题需要世界各国包括发达国家和发展中国家进行卓有成效的国际合作，为了大家共同的利益。因此，在《气候变化框架公约》中规定："各缔约方应当采取预防措施，预测、防止或尽量减少引起气候变化的原因，并缓解其不利影响。当存在造成严重或不可逆转的损害的威胁时，不应当以科学上没有完全的确定性为理由推迟采取这类措施，同时考虑到应付气候变化的政策和措施应讲求成本效应，确保以尽可能最低的费用获得全球效益。"① 面对保护全球气候这样的问题，传统意义上属于国家主权的某些内部事务，却要有国际条约来规定。又如关于核安全问题，这既是一个国际政治安全问题，更是一个国际生态安全问题。要在全球范围内解决核安全问题，需要系统的国际核规则、核法律体系的支撑，任何一个国家都不可能单独胜任。"核原料的开发、核燃料的制取、核物质的运输、核设施的运行、核废料的处置等等涉核活动，至少要受到26个国家和地区法律的规范，同时涉及公海、大气等国际环境和安全因素，使得核环境安全成为十分复杂的全球性问题"。② 可见，为了全球环境的保护问题，传统的国家环境主权原则已在某些领域做出了必要的修改。只有经济全球化的各类行为主体进行真诚合作，才能构建一个共生共存共发展的良好环境。

（二）关于"共同但有区别原则"的贯彻问题

"共同但有区别原则"初始形成于1992年的《里约环境与发展宣言》，主要是指两层意思：一是共同责任，它来源于人类共同遗产和共同关注的观念，反映了各国平等地分担保护共有资源的环境保护责任。二

① 万以诚、万岍编：《新文明的路标——人类绿色运动史上的经典文献》，吉林人民出版社2002年版，第256页。

② 阎政：《美国核法律与国家能源政策》，北京大学出版社2006年版，第511页。

是有区别责任，它探讨的是实质性的平等，基于各国不平等的物质资源、社会和经济状况，因而对待全球环境问题的不同的历史责任，在解决这些全球问题方面投入不同的资金、技术和能力。这一原则的积极意义在于，在保护人类生态环境的事业中，发达国家要负有比发展中国家更大的责任。

然而，某些发达国家拒绝承担义务。应该说，全球环境恶化固然由多种原因造成，但主要责任应在于以美国为首的西方发达国家。“美国是引起全球气候变暖的主要国家。”① 西方发达国家不仅在国内制造环境污染，而且在推进经济全球化过程中，还把环境污染向落后的国家和地区输出，导致发展中国家生态环境急剧恶化，这是新时期的生态殖民主义。然而，过去的美国政府拒绝执行旨在遏制全球气候变暖的《京都议定书》。现在的美国政府还迟迟不予批准。这种公然对抗国际规定和国际舆论的行为，理应受到相关规则的制约和惩处。为此，国家社会要进一步推进“共同但有区别原则”的贯彻，以使南北双方更进一步地进行环境合作。

（三）关于WTO体制内的环境规则的完善问题

世界贸易组织（WTO）的前身关税及贸易总协定（GATT）在建立之初并没有对环境问题给以太多的关注，到了20世纪70年代，才开始倾注其注意力关注环境问题，特别是在1994年在马拉喀什部长级会议上，各缔约方通过了《关于贸易与环境的决议》，为WTO协调环境与贸易问题奠定了基础。

《WTO协议》序言中明确指出，可持续发展是各成员方处理贸易和经济事务彼此关系的一种重要目标，由此，WTO的许多协议对环境保护的关注有所提高。也就是说，在WTO的多边贸易体制中，并不存在专门的有关环境保护方面的协议，WTO关于贸易与环境保护的主张和规则分散在整个法律体系中。在不同类的几个协议中，环境规则呈现出高度的

① ［德］汉斯－彼得·马丁、哈拉尔特·舒曼著，张世鹏等译：《全球化陷阱——对民主和福利的进攻》，中央编译出版社1998年版，第295页。

统一性，但是，WTO 环境规则有一定的封闭性，由于它在使用时不考虑其他国际条约对成员国的影响，因此，就出现越来越严重的 WTO 环境规则与国际多边环境协议的冲突。特别是在发达国家和发展中国家之间对于应对气候变化措施与 WTO 规则之间关系有着不同的立场。发达国家普遍已意识到环境问题的重要性，并且有能力采取适当的措施来保护环境。但是，发达国家又担心本国严格的环境标准会使它们的产品失去市场竞争力，同时也担心本国的重污染工业因此而转移到环境保护制度较为宽松的发展中国家，从而影响国内的就业水平。出于这种担心，发达国家便利用自己在国际贸易中的强势地位不断对发展中国家使用贸易限制措施，以期改变本国产业所处的劣势地位，同时迫使发展中国家提高环境保护标准。而发展中国家，由于消除国内贫困仍然是首要任务，因此，当自由贸易与环境保护发生冲突时，就会优先选择自由贸易。此外，在环境保护的问题上，发展中国家认为发达国家应当承担主要责任，反对在全球推行统一的环境保护标准。由此可见，贸易自由化与环境保护之间的冲突发端于发达国家与发展中国家之间的利益诉求的不同。诸多矛盾和冲突，迫使国际社会要进一步完善 WTO 环境规则，如：建立专门的环境协议；加强对发展中国家环境倾斜政策的操作性；增加专门小组中的环境专业人员，尤其是一些非政府组织，他们在专业领域拥有丰富的知识、经验和资源，通过它们的专家参与 WTO 争端解决程序，促使 WTO 的透明度大大增强，争端解决机制也更为民主化和公开化①。

（四）将环境保护纳入国际投资规则的问题

国际投资与环境保护的关系已受到国家社会的高度关注，近年国际投资仲裁实践中出现了一系列相关案例，使国际投资规则对待环境保护的立场问题备受重视。一方面，国际投资自由化，各国外资政策准入条件放宽，使世界投资逐年大增。另一方面，虽然环境保护越来越被世界各国重视，而且环境保护意识全球化了，但是，外国投资也可能使环境

① 韩宇鹏、钟筱红：《WTO 环境贸易规则与多边环境协议冲突及其解决》，《江西社会科学》2004 年第 9 期。

问题更为严峻。因为，资本输入国为吸引外资放松或冻结环境标准，特别是对于发展中国家来说，经济和社会发展水平普遍低于发达国家，对于环境保护也没有很清醒的认识，加上摆脱贫困、发展经济的需要，环境标准普遍低于发达国家。实际上，长此以往，发达国家也存在放松环境标准的问题，它主要出于对行业利益的影响。因此，环境保护意识和接受投资的国内环境法规使国际投资更加人本化，使发达国家在外投资时更考虑到投资接受国的生态环境问题和人民的生命安全问题。现在，由于环境保护意识的警醒使包括发展中国家在内的几乎所有国家都越来越重视环境保护法律法规的建立和执行，投资者不会完全不顾当地国家和地区的生态环境与人民生命健康安全。而且，从 20 世纪 70 年代开始，有三个重要的环境“宣言”：1972 年《斯德哥尔摩人类环境宣言》、1982 年《内罗毕宣言》和 1992 年《里约环境与发展宣言》，最终形成了可持续发展原则，在此基础上，相继出现 200 多个国际环境协定。但是，环境恶化已成为人类面临的全球性问题，环境保护问题进一步受到关注。在国际投资问题上，制定相应的环境保护规则成为重要的课题。

总而言之，为了确保全球环境问题的解决，全球环境保护规则还需要进一步完善。然而，某些发达国家假借各种理由推三阻四，拒绝承担责任，或依仗他们本身所具备的有利条件，不愿放弃固有的主张和既得利益，导致全球交往规则创新显得异常艰难。当前，人类比任何时候都更加需要数量众多的、职能各异的国际组织切实发挥其作用，站在全球共同利益的高度，有效地解决各国政府难以解决的全球性问题。同时，发达国家要认清其与发展中国家的唇齿相依关系，理性地思考不合理的国际政治经济秩序和规则所带来的不利后果，主动地促进国际交往规则的创新，以实现全球共生共荣的目的。

当然，面对日益增多的国际摩擦，面对某些发达国家拒绝承担责任，广大发展中国家要敢于和善于对现存的不公正、不合理的国际经济政治旧秩序开展有理、有利、有节的斗争，积极参与各项国际规则的制定，积极呼吁修正不公正、不合理规则，逐步建立符合发展中国家利益的真正合理、公平的国际政治经济新秩序，以更好地维护广大第三世界国家和民族的长远利益和根本利益。

针对生态环境危机问题，我国已相继制定了相关法律法规，在一定程度上约束了生态破坏行为。然而，生态环境问题还未得到根本好转，因此，需要进一步完善健全生态法律制度，从制度规范上解决危机问题。一是将生态文明的内在要求写入宪法，从根本大法上确保生态文明建设付诸实施。二是进一步加大《中华人民共和国环境保护法》的宣传和执行力度，确实维护法律尊严，坚决遏制污染环境、破坏生态的行为。三是完善相关制度，如党的十七大报告所指出的："实行有利于科学发展的财税制度，建立健全资源有偿使用制度和生态环境补偿机制。"认真落实"谁开发谁保护，谁破坏谁恢复，谁受益谁补偿"原则。责任明确，奖惩分明，推进我国社会走上生产发展、生活富裕、生态良好、人民幸福的文明发展道路。

三、建立和完善科学的社会发展评价体系

传统发展观单纯把经济增长作为发展目标，导致了人的片面发展、生态环境的严重破坏，这已有惨痛教训。马克思主义认为，人是社会历史活动的主体，人的发展不仅是社会发展的核心和最终目的，而且也是评价社会发展的最终标准。英格尔斯指出："发展最终要求的是人在素质方面的改变，这种改变是获得更大发展的先决条件和方式，同时也是发展过程自身的伟大目标之一。"① 迈尔斯在《人的发展与社会指标》中强调指出，以人的发展为中心的社会发展有利于社会各成员的发展。社会发展应当是从人的发展以及为人的发展提供保证条件这两个方面来制定发展目标和计划。法国著名经济学家弗朗索瓦·佩鲁提出了一种新的发展观，即将人的发展看做是整个社会发展的中心。他说："市场是为人而

① ［美］阿力克斯·英格尔斯著，殷陆君编译：《人的现代化》，四川人民出版社1985年版，第7页。

设的，而不是相反；工业属于世界，而不是世界属于工业。如果资源的分配和劳动的产品要有一个合法的基础的话，即使是在经济学方面，它也应依据以人为中心的战略。”①就是说，发展要以人为中心，这是经济发展的战略。他还认为，只有确立以人为中心的社会发展模式，才能对社会发展作科学评价。他指出：“要对世界历史的各种事实和现在的世界状况作出清楚的分析，看来无论如何需要从人的角度指出一条可以接受的一般研究路线，并指出每个人以及整个人类多方面的、全面的发展方向。”②

日益关注人的发展是当代世界现代化进程的一个趋势。从经济增长观到可持续发展观，再到科学发展观，标志着人类对社会发展认识的深化。人是发展的目的，也是发展的动力因素，当今社会的发展，主要取决于人的素质和能力，人是社会发展的最大资源。因此，20 世纪 70 年代以来，国际社会和各国政府都在积极探索建立一套较为完备的社会发展评价体系，逐步明确了以人的全面发展为评价社会发展最高标准的指导思想。这一时期，美国率先建立了新的社会发展指标体系。20 世纪 90 年代，联合国开发计划署指定了衡量社会发展的新标准——“人的发展指数”（IDH）。

改革开放以来，我国也在积极探索和实践。有资料显示，20 世纪 80 年代中期，国家统计局考虑建立一个指标体系，指标涉及国民生产总值、国民收入总额、人均国民收入、平均每百万人口专业人才数、平均寿命、零售物价指数等。我国是社会主义国家，如果片面追求经济的增长，忽视生态环境的保护，忽视人的全面发展，是与社会主义制度背道而驰的，也是违背社会历史发展的根本趋势的。应该说，当前以单纯经济增长来评价社会发展的传统做法已经过时，而且正在被一种新的综合评价标准

① ［法］弗朗索瓦·佩鲁著，张宁、丰子义译：《新发展观》，华夏出版社 1987 年版，第 92 页。

② ［法］弗朗索瓦·佩鲁著，张宁、丰子义译：《新发展观》，华夏出版社 1987 年版，第 175 页。

取而代之。这种新的评价标准强调对社会的综合评价，强调对生态环境的保护，强调对自然资源的合理利用，强调人的发展作为评价社会发展的中心内容和最终标准。

当然，评价社会发展的标准应是基于社会实践基础上的人们的主观需要与客观实际、主体利益与客体利益具体的历史的统一。由于各国具体国情不同，各国所采用的具体指标体系不可能完全相同，但目标只有一个，那就是用生态的维护、人的发展来衡量社会发展。这里的人的发展，既指个人的发展，又指整体的人的发展，不论地区、国家，不论贫穷、富有，既指当代人的发展，也指后代人的发展，不能因当代人的发展而剥夺后代人的发展权利和资源。

第四节　针对全球生态问题开展现代社会批判

随着经济全球化的不断推进，人类生产方式、生活方式以及思维方式等都发生了根本性变革，但种种自然生态危机也凸显起来。人们在新的历史条件下，以全球视野对产生生态危机和人的发展危机的一些社会弊端展开了批判和反思。这些批判与反思有的针对现代化问题，有的针对科学技术的异化，有的涉及“生态帝国主义”、“人类中心主义”等问题。出现了“生态革命”、“绿色和平运动”、“生态学马克思主义”兴起的社会现象。这些社会批判理论为在经济全球化条件下建设生态文明、促进人的全面发展提供了思想准备。

一、对现代化问题的反思

随着世界现代化进程的加快，科学技术突飞猛进，经济增长速度加快，人们的生产和生活水平有很大提高，与此相伴随的是，复杂的现代化问题群落也出现了。

现代化问题是在现代化进程中出现的。人类进行现代化的根本目的是追求物质财富的增长，追求物质生活水平的提高，满足人们不断增长的物质需要，强调依靠科学技术的变革，强调功利与效率。其目的具有重大的时代意义。然而，事态发展的结果往往会出现另一面，即现代化的发展导致了人们片面追求物质财富增长、道德失范、物质生活与精神生活失衡等问题。实质上，现代化问题是人类自身造成的。因为，在现代化进程中，工具理性往往被推崇至极端，人们不正当地使用科学技术，恶意地破坏自然环境等。现代化问题影响到社会进步，也影响着人的发展。

从 20 世纪开始，弗洛姆等一大批西方哲学家、思想家开始反思现代化问题。他们充分肯定了现代化对社会物质财富增长的意义，但也深刻地剖析了现代化对人的发展造成的负面影响，认为在现代化中，人们只注重物质享受，忽视了精神追求，成了片面发展的人。弗洛姆认为，人应该追求自身的发展，“力求精神健康、幸福、和谐、爱、创造性，这些都是每个人生来就有的本性。”① 在健全的社会里，“没有人是别人用来达到目的的工具，每一个人总是并毫无例外地是自己的目的；因此，每个人都不是被人利用，被自己利用，而是为了展示自己力量的目的而活着；人是中心，而一切经济的和政治的活动都服从于人的成长这个目标。”②

后现代主义者抱着人类必须超越现代性的情绪，对现代性问题进行了反思。他们认为，几乎所有现代性的解释者都强调个人主义的中心地位。现代性在人与社会关系中强调个人主义，在人与自然的关系中强调二元论。美国后现代主义哲学家大卫·格里芬认为，现代性的二元化“为现代性肆意统治和掠夺自然（包括其他所有种类的生命）的欲望提

① ［美］弗洛姆著，冯川等译：《弗洛姆文集》，改革出版社 1997 年版，第 263 页。
② ［美］弗洛姆著，冯川等译：《弗洛姆文集》，改革出版社 1997 年版，第 263 页。

供了意识形态上的理由。这种统治、征服、控制、支配自然的欲望是现代精神的中心特征之一。”① 后现代主义认为，这是一种极端的反传统主义。并且认为，现代世界观虽然导致了科学、技术和工业的长足进展，但它没有阻止反而促进了史无前例的分裂、虚无主义和毁灭的产生，使西方的生活越来越趋于熵增加，即导致了经济和技术的混乱以及生态灾难。后现代主义哲学的批判是有价值的，当然，他们在强调内在关系、反对二元论时，主张万物有其自身的价值和存在的目的，任何事物都具有创造性和神圣性，这就使自身带有了浓厚的泛神论色彩②。

可以说，人们对工业化、现代化的忧虑是必然的。人类文明史和人类生存经验证明，追求物质财富是人的基本愿望之一，但它同时证明，物质生活的富裕并非必然带来人的幸福和自由。近代以来的许多思想家都对现代化、全球化过程导致的人性的丧失、私欲的膨胀、生态危机，以及人的贪婪、狭隘等等，给予了尖锐的批判。在现代化的进程中，社会和文化的转型极易出现物欲化、粗俗化、冷漠化以及躁动化等消极倾向。也就是说，现代化、全球化过程是以人道精神、人文关怀的损毁为代价的。

二、对科学技术异化的批判

马克思对资本主义在社会化生产中个人的劳动异化现象进行了生动的描述，认为：“个人劳动直接表现为社会机体的一个肢体的机能。”③ 在这个意义上，居于工具地位的人没有自由。而且，他对异化现实、对资本主义社会的技术进步所带来的人生存的非本真状态、人性的扭曲深感忧虑。并且，对异化现实的否定和批判，对全面自由发展的人的呼唤，

① ［美］大卫·雷·格里芬编，王成兵译：《后现代精神》，中央编译出版社1998年版，第5页。

② 赵光武主编：《后现代主义哲学述评》，西苑出版社2000年版，第100—101页。

③ 《马克思恩格斯全集》第13卷，人民出版社1962年版，第22页。

一直是马克思主义思想的核心之一。

马克思和恩格斯敏锐地看到，在资本主义社会，存在科学技术的“资本主义的应用”和“工业的资本主义性质”问题。① 其中，科学技术的“资本主义的应用”主要是指在资本主义社会中，科学技术被资本家视为榨取剩余价值的手段和工具，凡是对满足此要求的科学技术就被采纳，否则就被拒绝，根本不考虑该项科学技术的环境效益和社会效益。列宁也认为：“在资本主义社会里，技术和科学的进步意味着榨取血汗艺术的进步。”②

现代科学技术客观上正在“无往而不胜”地改造着人类社会，为人类带来的舒适和便利，极大地促进了社会生产力的发展，并且已成为经济全球化进程的推动力。然而，今天，科学技术的统治乃至专制也在形成，现实的个人则感觉到前所未有的失落，生态遭到了前所未有的破坏，难以摆脱在现代社会的困境。可以说，现代的社会是一种病态的社会。

经济全球化由工业化过程演变而来，是工业化的继续与发展，依然把人当作机器。经济全球化依然用“工具理性”遮蔽“价值理性”。因此，它的指向永远是功利的，它本身不能回答人类的终极关怀、人存在的意义等问题。经济全球化可以有效地提高人们的物质生活水平，可以促进经济的繁荣，但并不必然意味着人们生活有意义、有价值，因为经济全球化的工具合理性并不能证明价值合理性。人的信仰、人的精神、人的生活目的并不是经济全球化可以解决的。事实上，经济全球化在带来一片繁荣的同时，更可能把人变成“单向度的人”。法兰克福学派对此展开的社会批判理论值得一提。霍克海默认为现代科学技术发展违背了人们的意愿。从一般追求而言，人类发明科学技术是希望使人类生存状况更合理、更优越，但是，现实则事与愿违，科学技术的发展没有使人类获得更多的幸福，而是更多地造成了人的异化，为统治阶级提供了更强的手段对被统治阶级实施统治，也为富者找到了更好的理由来剥削

① 《马克思恩格斯选集》第3卷，人民出版社1995年版，第334—335页。

② 《列宁全集》第18卷，人民出版社1988年版，第595页。

贫者。马尔库塞则看到了现代工业社会的一体化技术统治使人仅仅变成工具、变成“单向度的人”，它使人本能遭受压抑和扭曲、处于麻木状态；而且，人的感受也变得迟钝了。“在这个世界上，技术还为人的不自由提供了很大的合理性，并且证明，自主、自己决定自己的生活‘在技术上’是不可能的。”“连续不停的技术进步的动态，已经充满了政治内容，技术的逻格斯已经成为继续奴役的逻格斯。技术的解放力量——物的工具化——变成自由的枷锁：人的工具化。”① “在技术的现实中，客观世界（包括主体）被经验为工具的世界。”② 被扭曲了的科学、技术，导致了对人的奴役。“人们只是从形式和功能上感知事物，而具有这样的形式和功能的事物就是由现存的社会预先给定的、制造的和使用的；人们只是感知社会规定的和限制存在的变化的可能性。”③ 换言之，由于技术统治，现实意味着感性本身的异化。

经济全球化正是凭借工具理性与科技高度发展进行的，在这个意义上，人类异化于科学技术之中，恰恰就是异化于经济全球化之中。就此而言，弗洛姆的看法具有代表性。弗洛姆认为：“吾人当前西方社会，尽管在物质、理智与政治上有所进展，却日益不利于精神的健康；同时趋向于毁损个人内心安全、快乐、理性与爱的能力之基础；社会趋向于将人们变为自动机械，而日增的精神疾患则为人类失败的代价；在狂热的追求工作与所谓欢快的冲刺下隐藏了绝望。”④当然，弗洛姆也发现了个人的劳动异化于机器的科技时代特征，认为，“每个人都成为这架大机器中的一个或小或大的零件。他生活在成为一个人的幻想中——与此同时，他却成了一件物品。”⑤ 在现代社会中，人们的物质生活水平得到了显著的提高，自身能力也得到了极大地增强，但是，仍然受制于科技理性，

① ［美］马尔库塞著，张峰等译：《单向度的人》，重庆出版社 1988 年版，第 135 页。
② ［美］马尔库塞著，张峰等译：《单向度的人》，重庆出版社 1988 年版，第 185 页。
③ ［美］马尔库塞著：《工业革命与新左派》，商务印书馆 1982 年版，第 16 页。
④ ［美］艾恺著：《世界范围内的反现代化思潮》，贵州人民出版社 1991 年版，第 205 页。
⑤ ［美］弗洛姆著，张燕译：《在幻想锁链的彼岸》，湖南人民出版社 1986 年版，第 174—175 页。

受制于工具理性，人们的精神世界贫乏，缺乏生命关怀和终极关怀，出现了前所未有的伦理和精神问题。哲学家格里芬认为：人们“只停留在解决科学和技术难题的层次上，或即使是把它们推向一个新的领域，都是一个肤浅和狭隘的目标，很难真正吸引住大多数人。它不能释放出人类最高和最广泛的创造能量，而没有这种能量的释放，人类就陷入渺小和昙花一现的境地。从短时期看，它导致了不利于生产力发展的毫无意义的活动；从长远看，它把人类推向自我毁灭的边缘。”①

对科技化、工业化的忧虑，不是个别现象，而是具有普遍性。我们可以看到，反现代化、反功利主义思潮始终伴随着现代化、全球化过程。当然，现代的科技批判理论有其局限性。马克思对科学技术异化批判的着眼点与现代的科技批判理论是不同的。马克思是把“科学技术”本身与“科学技术的资本主义的利用”区别开来的。马克思从来不批判科学技术本身，他批判的是科学技术的资本主义利用。而现代科技批判理论的共同缺点恰恰在于去批判科学技术本身，把科学技术说成罪恶的渊薮，而放过了使科学技术产生如此巨大的负面影响的真正根源。

三、罗马俱乐部对环境资源危机的揭示

环境是人类生存和发展的基本场所，资源是人类生存和发展的基本保障，全球环境资源问题涉及整个人类的生存和发展，也涉及子孙后代。近代以来，全球性环境资源危机愈演愈烈，而直到20世纪60年代，才引起人们的关注和重视。

罗马俱乐部从1968年成立至今，共发表了近20个重要研究报告，其关注点经历了从增长—环境—资源到经济—社会—人的转变。但人类的前途和自然能力之间的关系一直都是它关注的主题。1972年，罗马俱乐部发表《增长的极限》报告，告诫人们，“如果当前人口、工业化、

① ［美］大卫·雷·格里芬编，马季方译：《后现代科学——科学魅力的再现》，中央编译出版社1998年版，第82页。

污染、食品生产的增长趋势及耗尽资源的趋势继续下去而不加改变，那么，在未来100年里将达到这个星球的增长的极限。”这一篇报告的发表，引起了全世界的关注。《增长的极限》认为，世界第一个数量最大的增长是人口的增长，其次是工业产品增长，第三是污染的增长。1974年，罗马俱乐部又推出了第二份报告，即梅萨罗维克和佩斯特尔编写的《人类处于转折点》。其中描写了这样的情景：“突然间——如果用历史尺度来衡量，实际上就是一夜之间——人类发现自己面前出现了多种前所未有的危机。所有各种危机集合起来似乎构成了一种世界发展的全球危机症。”①

同时，罗马俱乐部系统地分析了人类利用科技成果片面地追求经济增长所导致的严重后果。俱乐部的重要成员在其《增长的极限》、《人类处于转折点》等报告中警告人们：“人在自然界中的活动具有不可逆转的毁灭性”，“世界正站在毁灭的门口”，“人类当前和未来已经面临着不可挽回的困境”。② 他们甚至预言，“世界的崩溃”不会超过公元2100年。人口增长将受到环境和资源的物质和社会限制而带来世界劫难。为了解决人类生态危机，罗马俱乐部提出了各种方案，包括“零增长”理论，主张人类社会包括人口、工业生产、经济、技术等，不再有任何增长。报告中还合理地区分了增长和发展的不同，人们不需要无发展的增长。罗马俱乐部以人与自然关系为切入点，全面分析了当代人类生态及综合危机，有人认为其思想具有悲观主义的倾向，但是，在世界上引起了巨大的震惊和反响，让现代社会特别是发达国家不得不重视他们所提出的问题，并引发了西方发达工业社会的现实生态运动和生态理论的发展。他们认为：“如果人类能够走上有机增长的道路，世界就将形成一个系统，在这个系统中各部分互相依赖、和谐共处、各自作出自己的独特

① ［美］梅萨罗维克、［德］佩斯特尔著，梅艳译：《人类处于转折点》，三联书店1987年版，第1页。

② ［美］米都斯等，李宝恒译：《增长的极限》，四川人民出版社1984年版，第166页。

的贡献——不管是在经济方面、资源方面，还是在文化方面。”①

当今的环境危机不再是区域性的了，而是世界各地区、各国家共同面临的危机。一方面，全球变暖、臭氧层破坏、大气污染、全球性物种减少等等，都已成为全球性灾难，然而世界已经成为一个彼此紧密相关的系统，任何区域或个人都不可能置身于危机之外。另一方面，任何一个地区或国家的灾变都可能引发整个世界的全面危机。

四、生态学马克思主义的兴起

在法兰克福学派中，对生态危机理论和人与自然关系问题研究最充分的理论家应是马尔库塞。他在《单向度的人》、《反革命与造反》、《历史唯物主义的基础》、《自然与革命》、《爱欲与文明》等著作中都探讨了资本主义社会人与自然关系的异化和生态危机问题。他把自然的解放与人的解放问题联系起来，认为：“正在发生的事情是：人们发现（或者确切地说是再发现），自然界成为反对剥削阶级的斗争中的同盟者，因为在剥削阶级社会中对自然界的损害加剧了对人的损害。发现解放自然界的力量以及这一力量在建设一个自由社会中所起的至关重要的作用，将成为社会变革中的一种新型的力量。”② 而且，马尔库塞把生态环境问题看成是社会问题，把生态危机看成是社会危机在自然界的反映。因此，他主张“必须随时随地同现存的制度所造成的这种物质上的污染作斗争，这正像必须同这一制度所造成的精神污染作斗争一样。使生态学达到在资本主义结构内再也不能容纳的地步，就意味着开始超出在资本主义结构内的发展。”③ 同时，在马尔库塞看来，“消费异化”导致了人与自然关系异化的问题，“虚假的需要”占主导，由特定的社会利益集团强压

① ［美］梅萨罗维克、［德］佩斯特尔著，梅艳译：《人类处于转折点》，三联书店1987年版，第1页。

② 《西方学者论〈一八四四年经济学——哲学手稿〉》，复旦大学出版社1983年版，第144页。

③ 《西方学者论〈一八四四年经济学——哲学手稿〉》，复旦大学出版社1983年版，第154页。

下来，施加在个人身上。为了维持高生产和高消费，资本家就会肆意"破坏自然"、"盘剥自然"，使自然界成为商品化的自然界，导致自然资源的极大耗费、生态危机。马尔库塞的思想对生态学马克思主义影响深远。

随着生态危机愈演愈烈，20 世纪 70 年代末，"生态学马克思主义"应运而生，"生态学马克思主义"继承了法兰克福学派的"衣钵"，特别是马尔库塞的人与自然关系的理论。生态学马克思主义的代表人物主要有：威廉·莱斯、安德瑞·高兹、本·阿格尔、佩珀等，他们普遍认为高度集中、大规模的技术及建立于其上的"过度生产"体系是暴力的、破坏生态的、剥夺人性的。正如阿格尔所言："生态学马克思主义的目的也是双重的，它要设计将打破过度生产和过度消费控制的社会主义未来。"①

生态学马克思主义认为，以前人们往往把生态学当作与经济活动无关的学科。高兹说："直到经济活动破坏或长久地扰乱了环境，并且，这样做也危及经济活动自身的追求，深深地改变了它的存在条件，生态学才作为一门独立的科学出现。生态学开始关注外在的限制，经济活动必须尊重这些限制，以避免产生和其目标相反的结果，或与其继续发展不一致的后果。"② 并且他认为，生态问题实际上是社会问题和政治问题。因为，按照资本主义的"生产逻辑"，"资本主义的企业管理首要关注的并不是如何使劳动变得更加愉快，使生产与自然相平衡以及人的生活相协调，或者确保它的产品仅仅服务于公众为其自身所选择的目标。它首要关注的是花最少的成本而生产出最大的交换价值。"③ 追求利润成了资本主义生产的唯一目的。这就不可避免地造成了环境污染、资源枯竭和生态系统失衡等一系列的生态问题。尽管资本主义社会也会利用科学技

① ［加］本·阿格尔著，慎之等译：《西方马克思主义概论》，中国人民大学出版社 1991 年版，第 420 页。

② Andre. Gorz：*Ecology As Politics*，SOVTH END PRESS，BOSTON，1980.

③ Andre. Gorz：*Ecology As Politics*，SOVTH END PRESS，BOSTON，1980.

术的发展，采取一些措施来解决这些问题。但是，为了追求利润，这些措施依然是按照资本主义的“生产逻辑”来进行的。这不但不能从根本上解决问题，而且，加快了对各种资源的消耗，使原本就严重的生态问题进一步加剧，并由此引发经济危机和社会危机。因此，要解决生态问题就必须废除资本主义的“生产逻辑”。

生态学马克思主义从生态学的角度对当代资本主义进行了尖锐而系统的批判，认为，当代资本主义的危机从本质上说就是生态危机，并对造成生态危机的根源进行了多方面的探讨。

莱斯明确提出：“控制自然”的概念是导致生态危机最深层的根源，“控制自然的观念起了一种意识形态的作用，这种意识形态所设定的目标是把全部自然当作满足人的永不知足的欲望的材料来占有，从而导致市场无限地扩大，最终结果是人的自我毁灭”。① 正是“控制自然”的观点，才使人类把自己凌驾于自然之上，把人看做是自然的主宰，但是，由于自然本身具有发展规律，当人的非理性欲望的膨胀超过自然限度时，便会招致自然的报复，从而产生严重的生态危机。阿格尔指出，当代资本主义社会“危机的趋势已经转移到了消费领域，即生态危机取代了经济危机”，“资本主义由于不能为了向人们提供缓解其异化所需要的无穷无尽的商品而维持其现存工业增长速度，因而将触发这一危机。”并且，资本主义在科技的推动下，导致了两大严重问题，即过度生产和过度消费，并以过度消费来补偿人们在异化劳动中所遭受的痛苦。这种过度消费实际上是一种“异化消费”，是人性的扭曲，也是生态危机的根源。它不仅加剧了人的异化现象，而且极大地污染了环境，破坏了自然的和谐与平衡，从而造成了生态危机。本·阿格尔通过分析生态、需求和消费三者的矛盾运动，并着重分析资本主义生态危机与消费异化的关系，从而将其理论引向了消费批判，强调文化价值观的转换对于实现社会变革和生态社会主义的重要性。安德瑞·高兹对当代资本主义社会的过度

① ［加］威廉·莱斯著，岳长龄、李建华译：《自然的控制》，重庆出版社 1996 年版，序言第8页。

积累危机、再生产危机以及生态危机三者的关系进行了深入的分析，以说明生态危机是资本主义社会一切危机的最终根源。

总之，生态学马克思主义认为应该从资本主义生产方式本身去寻找原因，具体地说，人类破坏自然生态平衡的行为，是由资本主义生产方式决定的。从资本主义生产的目的看，资本主义生产的唯一目的是追求利润，这就必然将自然看做是掠夺并获取利润的对象。正如奎尼所说的资本主义的生态矛盾："制度不断地吞噬着它所赖以生存的自然基础。"另外，在市场法则支配下，资本家不可能牺牲企业利润去保护环境。因为激烈的市场竞争要求企业努力降低生产成本。本来因生产而造成环境污染的治理费用是应计入生产成本的，但没有一个资本家会愿意这样干，他们总是千方百计地将它转嫁给社会，转移给子孙后代。佩珀指出："资本主义的生态矛盾使所谓'资本主义的可持续发展'、'绿色资本主义'成了不可实现的梦想，并且是一种自欺欺人的骗局。"①

20 世纪 90 年代，生态学马克思主义展开了对"生态帝国主义"的批判。"生态帝国主义"一词是约翰斯顿提出来的，用以描述当代发达资本主义国家将生态危机转嫁给发展中国家，对这些国家进行"生态掠夺"的行径。在生态学马克思主义看来，这种生态掠夺同 16、17 世纪的贩卖黑奴，18、19 世纪对落后国家的商品输出和资本输出的那种掠夺，本质上是一致的。

生态学马克思主义把导致全球性生态危机的根源归于资本主义制度，谴责发达资本主义国家把生态危机转嫁给发展中国家的"生态帝国主义"行径，并抓住当代资本主义社会的新情况，提出生态矛盾已成为当代资本主义社会的主要矛盾，生态危机已成为主要危机。佩珀也强调应该从资本主义生产方式本身去寻找生态危机的原因。他指出，资本主义制度决定了在资本主义社会中存在着它自身不可能解决的生态矛盾。

生态学马克思主义认为，生态帝国主义对发展中国家的生态掠夺有

① 俞可平主编：《全球化时代的"社会主义"》，中央编译出版社 1998 年版，第 231 页。

两种方式：一种是直接的，一种是间接的。所谓直接的掠夺，是指发达国家将一些高耗费、高污染、劳动密集型的企业迁移到发展中国家，甚至把垃圾场建在这些国家，直接掠夺那里的土地、劳动力、自然资源和洁净的空气、干净的水源。佩珀指出："环境的质量与一个社会物质财富的丰裕或贫乏是紧密相关的，西方资本主义国家正是通过对第三世界国家的掠夺来维持和改善自己的环境，使之成为全世界羡慕的对象。它的一些新建的绿色生态区只是这样的一些特权地区，有毒废气较少，土壤和树木保护得比较好。"① 另一种掠夺形式是间接的。由于资本主义的内在矛盾，资本的国际化是一个必然的趋势。强大的外国资本加上本国上层资产阶级通过政府制定各种政治、社会、经济政策，迫使农村大量公有土地被私有化并被带入资本主义世界市场。农民为了在所剩不多的土地上求生存，不得不过度耕作，这导致土地的贫瘠甚至沙化。同时，在市场开放的情况下，发展中国家的农业受到发达国家农产品的巨大挑战，这迫使发展中国家为降低农产品成本而对有限土地进行掠夺性开发。人与自然的矛盾并不是资本主义社会独有的，但资本主义唯利是图的本性，决定了它自身不可能从根本上解决资本主义生产无限性与地球资源有限性的矛盾，经济全球化又迅速使这一矛盾由一国扩展到全球。

生态学马克思主义对生态帝国主义的批判，进一步揭示资本主义制度与全球环境恶化的内在联系，揭示了事物的本质。它有助于我们观察和认识全球生态问题，透析"生态帝国主义"的本质。生态学马克思主义不仅立足于对当代资本主义的批判，指出只有废除资本主义制度，才能从根本上解决生态危机，而且致力于生态原则和社会主义的结合，力图超越当代资本主义与现存的社会主义模式，构建一种新型的人与自然和谐的社会主义模式。它对社会变革的现实途径和策略，以及未来社会主义的模式进行了广泛而深入的探讨。其最重要的主张就是，社会主义应该而且必然是绿色社会。反之，绿色社会的实现必须借助于社会主义

---

① 俞可平主编：《全球化时代的"社会主义"》，中央编译出版社 1998 年版，第 232 页。

制度，只有社会主义制度才能保证人与自然的和谐统一。

五、对“人类中心主义”的反思

面对日益严重的生态环境资源危机问题，人们早已开始对“人类中心主义”进行反思。“人类中心主义”认为，人是自然界中最高贵的存在物，人是宇宙的中心，自然界的一切都是供人处置、驱使和使用的，人有权按照自己的需要和利益去开发和控制自然，甚至可以随心所欲地破坏和重塑自然。其实质是：一切以人为中心，或一切以人为尺度，为人的利益服务，一切从人的利益出发。这种社会价值在人类历史上曾经起过非常重要的作用，是人类迄今为止所取得的全部成就的思想基础。但是，该观念也是人类目前所面临的各种自然问题得以产生的深刻思想根源。有鉴于此，20 世纪 40 年代末一些哲学家就已感到“人类中心主义”的缺憾。例如，海德格尔在 1946 年发表的《论人类中心论的信》中就曾指出：“人不是存在者的主宰，人是存在的看护者”。要“反对迄今为止的一切人类中心论。”20 世纪 50 年代末至 60 年代初，着眼于超越“人类中心主义”观念、解决全球问题，一门新兴学科——生态伦理学诞生了。生态伦理学的理论要求是确立关于自然界的内在价值和自然界权利的理论，其实践要求是保护地球上的生命及整个自然界。生态伦理学是调节人与自然关系的伦理学，它旨在确立人与自然的和谐发展关系，旨在使人们形成这样的信念：“地球上其他物种也有生存权利，解决人类的问题取得的进展不应从牺牲其他物种为代价。”[①]生态伦理学使伦理学的理论视野由人与人、人与社会拓展到人与自然。

在现代哲学中，力求超越人类中心主义，并不是个别现象，在当代哲学的发展中，批判甚至抛弃人类中心论，是一种值得注意的倾向。法兰克福学派的重要代表阿多尔诺说：“人类中心说的生活意识已被动摇

① 联合国教科文组织文件：《学会关心：21 世纪的教育》，《教育研究》1990 年第 7 期。

了。可以说，处在哲学的自我反思中的主体已使过去几个世纪对地球中心说的批判成了对它自身的批判。”“但本体论和存在哲学本身包含着一种命定的辩证法，那种把人排除在创造的中心之外并使人意识到自己无能为力的真理将像一种主观的行为方式一样证明这种无能为力的感觉……实际上已退化成一种存在的奴役。面对面地感觉万物，持这种信仰者便不去费尽心血墨守任何特殊。因为只有万物能强有力地使主体相信自己的弱点。主体在与主体本身相关联而产生的灾难面前乐于畏缩，这是对他们想跳出他们的主体性囚室的无用愿望的惩罚。”① 马尔库塞也敏锐地意识到生态问题与资本主义制度之间的内在联系。在《反革命与造反》一文中，他指出：“自然的解放是人的解放的手段”，“自然的解放力量及其在建设一个自由社会时的重要作用的发现将成为推动社会的一支新力量。”②

后现代主义对“人类中心主义”也进行了反思。美国哲学家大卫·格里芬说，第一阶段的现代世界观“产生了一种激进的人类中心主义伦理学：在决定对待自然的方式时，人类的欲望及其满足是唯一值得考虑的东西。这就意味着一种掠夺性的伦理学：人们不必去顾及自然的生命及其内在价值；上帝明确地规定了世界应由我们来统治（实际上是‘掠夺’）。如果我们不去掠夺自然，那就等于说我们没能意识到我们心中的规定”。③ 格里芬所说的是“激进的人类中心主义”，其实就是极端的、过分的“人类中心主义”，是极度膨胀的、没有节制的、不计后果的人类中心论观念和行为。在这种极端的人类中心论的支配下，人类征服和掠夺自然界，破坏了自然生态系统，实际是从根本上摧毁了人类赖以生存的自然前提。这是一种狭隘和短视的人类中心主义，是人类整体失去理智的近乎自杀的行为。其实，这种极端的人类中心主义是对真正的人

① ［德］阿多尔诺著，张峰译：《否定的辩证法》，重庆出版社1993年版，第63—64页。
② ［美］马尔库塞著：《工业社会与新左派》，商务印书馆1982年版，第127页。
③ ［美］大卫·雷·格里芬编，王成兵译：《后现代精神》，中央编译出版社1998年版，第218—219页。

类中心主义的背叛，因为真正的人类中心主义的核心价值是人类世世代代的生存和发展。

因此，我们的当务之急不在于一概否定任何意义上的人类中心主义，而在于批判极端的、狭隘的、短视的人类中心主义，制止对于自然界，特别是生态系统的掠夺和破坏，合理地保护和利用自然界。而要做到这一点，还要靠人类自觉的意识和行动，即需要人类真正发挥主体的作用。在这里，不可能没有某种人类中心主义，但应是一种明智的、适度的、有节制的、有远见的、负责任的人类中心主义。有人把它称之为“生态人类中心主义。”①

生态环境问题是人与自然的关系问题，但更是人类生存和发展的机会问题。正如拉兹洛所说：“在过去的几个世纪里，即使一个部落或村庄弄巧成拙，破坏了它周围的环境的完整性，它的成员还可以继续前进，寻找未开垦的土地和新的资源。今天，我们生活在地球上所有可以居住的地方，与生物圈的承载能力相接近：已经没有什么地方可去了。”② 如果人、社会、环境、资源相互协调，既能满足当代人的发展需要，又能为后代人的生存发展铺平道路。人类要建设生态文明，变革人们的生产、生活和消费方式以及思维方式，倡导节约型社会，倡导适度消费，以达到人与自然和谐统一，促进人的发展。在今天，许多人开始投入到“绿色和平运动”中来，倡导“生态革命”。这种“绿色革命”的宗旨是要引导全球人们从生态学的视角反思我们的生产和生活方式，提倡一种新的社会经济发展模式。这种模式“必定会支持一个新的经济秩序，这个新秩序基于可再生资源的回收、不可再生资源的保护以及可持续的生态系统的恢复上，这个生态系统将满足基本的人类物质和精神需要。”③

社会批判是对社会问题的反思。马克思非常重视社会批判，并且提

---

① 陶德麟主编：《当代哲学前沿问题专题研究》，武汉大学出版社 1998 年版，第 386—387 页。

② ［美］拉兹洛著，李吟播译：《知识价值革命》，三联书店 1997 年版，第 159 页。

③ ［美］卡洛琳·麦茜特：《自然之死——妇女生态和科学革命》吉林人民出版社 1999 年版，前言。

出了社会批判理论。他认为，社会“只能在特定条件下才能够进行自我批判”、“资产阶级经济只有在资产阶级社会的自我批判已经开始时，才能理解封建的、古代的和东方的经济。”① 而且，马克思和恩格斯花费毕生精力对资本主义社会、对“现代社会病”进行了尖锐批判，也正是在对资本主义社会基本矛盾批判的基础上形成了马克思主义关于社会全面进步与人的全面发展的基本思想。西方思想家的社会批判有其合理之处，这些理论确实都从不同的侧面描述了或揭露了现代社会的症状，有些还相当深刻，这些对打破资本主义永恒合理性的神话是有积极意义的；与此同时，这些理论也存有其不足和局限，它们都未能正确地找出病根和行之有效的治疗方案，而且有些分析也并不正确。但从总体上分析，现代社会批判理论及理论探索为当代生态文明建设、人类社会发展与人的发展提供了一定的理论参考。

① 《马克思恩格斯全集》第46卷（上），人民出版社1979年版，第44页。

参 考 文 献

一、中文文献

1.《马克思1844年经济学——哲学手稿》，人民出版社1979年版。

2.《马克思恩格斯全集》，人民出版社1979年版。

3. 马克思：《资本论》，人民出版社1975年版。

4.《马克思1844年经济学——哲学手稿》人民出版社2000年版。

5.《马克思恩格斯选集》第四卷，人民出版社1995年版。

6.《马克思恩格斯全集》第3卷，第23卷，第37卷，第40卷，第42卷，第46卷，人民出版社1975年版。

7.《马克思恩格斯论文学与艺术》，人民文学出版社1982年版。

8.《马克思恩格斯选集》，人民出版社1995年版。

9.《列宁选集》，人民出版社1960年版。

10.《毛泽东著作选读》，人民出版社1986年版。

11.《邓小平文选》，人民出版社1993、1994年版。

12.《江泽民文选》，人民出版社2006年版。

13. [美] 弗洛姆著，孙依依译：《为自己的人》，上海三联书店1998年版。

14. [美] 弗洛姆著，张燕译：《在幻想锁链的彼岸》，湖南人民出版社1986年版。

15. [美] 弗洛姆著，冯川等译：《弗洛姆文集》，改革出版社1997

年版。

16. ［美］E. 弗洛姆著，孙恺祥译：《健全的社会》，贵州人民出版社 1994 年版。

17. ［澳］海因茨·阿恩特著，唐宇华等译：《经济发展思想史》，商务印书馆 1997 年版。

18. ［印］阿马蒂亚·森著，任赜等译：《以自由看待发展》，中国人民大学出版社 2002 年版。

19. ［印］阿马蒂亚·森：《贫困与饥荒——论权利与剥夺》，商务印书馆 2001 年版。

20. ［美］德尼·古莱：《痛苦的抉择：发展理论的新概念》，上海三联书店 1989 年版。

21. ［法］弗朗索瓦·佩鲁著，张宁、丰子义译：《新发展观》，华夏出版社 1987 年版。

22. ［美］米哈依罗·米萨诺维克、［德］爱德华·帕斯托尔著，刘长毅等译：《人类处在转折点——罗马俱乐部研究报告》，中国和平出版社 1987 年版。

23. 《人类环境宣言（1972 年联合国环境会议）——迈向 21 世纪联合国环境与发展大会文献汇编》，北京中国环境科学出版社 1992 版。

24. ［英］汤因比、［日］池田大作著，荀春生等译：《展望 21 世纪》，北京国际文化出版公司 1985 年版。

25. ［日］池田大作：《21 世纪的警钟》，中国国际广播出版社 1988 年版。

26. ［德］黑格尔著，梁志学等译：《自然哲学》，商务印书馆 1980 年版。

27. ［美］科斯等：《财产权利与制度变迁：产权学派与新制度学派译文集》，上海人民出版社 1994 年版。

28. ［美］科斯：《企业、市场与法律》，上海三联书店 1990 年版。

29. ［德］康德：《法的形而上学原理——权利的科学》，商务印书馆1991年版。

30.［美］庞德：《普通法的精神》，法律出版社2001年版。

31.［英］米尔恩：《人的权利与人的多样性——人权哲学》，中国大百科全书出版社1995年版。

32.［美］埃莉诺·奥斯特罗姆：《社会资本：流行的狂热抑或基本的概念？》，《经济社会体制比较》2003年第2期。

33.［英］亚当·斯密：《国民财富性质和原因的研究》，商务印书馆2007年版。

34.［美］诺思：《经济史中的结构与变迁》，三联书店上海分店出版1991年版。

35.［美］科尔曼：《社会理论的基础》，社会科学文献出版社1990年版。

36.［美］弗朗西斯·福山：《社会资本、公民社会与发展》，《马克思主义与现实》，2003年第2期。

37.［德］A. 施密特著，欧力同、吴仲昉译：《马克思的自然概念》，商务印书馆1988年版。

38.［法］L. 布留尔著，丁由译：《原始思维》，商务印书馆1995年版。

39.［美］阿尔温·托夫勒著，朱志焱等译：《第三次浪潮》，三联书店1983年版。

40.［加］威廉·莱斯著，岳长龄、李建华译：《自然的控制》，重庆出版社1993年版。

41.［韩］赵永植著，清玉等译：《重建人类社会》，东方出版社1995年版。

42.［美］大卫·雷·格里芬编，马季方译：《后现代科学——科学魅力的再现》，中央编译出版社1995年版。

43.［法］埃德加·莫林、安娜·布里吉特·凯恩著，马胜利译：《地球祖国》，三联书店1997年版。

44. ［美］阿尔·戈尔著：《濒临失衡的地球》，中央编译出版社1997年版。

45. ［美］阿力克斯·英格尔斯著，殷陆君编译：《人的现代化》，四川人民出版社1985年版。

46. ［英］威廉·汤普逊著，何慕李译：《最能促进人类幸福的财富分配原理的研究》，商务印书馆1986年版。

47.［德］孔汉思、库舍尔编，何光沪译：《全球伦理：世界宗教议会宣言》，四川人民出版社1997年版。

48. ［美］马尔库塞著，张峰等译：《单向度的人》，重庆出版社1988年版。

49. ［美］马尔库塞著：《工业革命与新左派》，商务印书馆1982年版。

50. ［美］大卫·雷·格里芬编，王成兵译：《后现代精神》，中央编译出版社1998年版。

51. ［美］卡洛琳·麦茜特著：《自然之死——妇女生态和科学革命》，吉林人民出版社1999年版。

52. ［美］保罗·库尔兹编，肖峰等译：《21世纪的人道主义》，东方出版社1998年版。

53. ［英］苏珊·斯特兰奇著：《国际政治经济学导论——国家与市场》，经济科学出版社1990年版。

54. ［美］诺姆·乔姆斯基著，徐海铭、季海宏译：《新自由主义和全球秩序》，江苏人民出版社2000年版。

55. ［美］罗伯特·基欧汉著：《霸权之后：世界政治经济中的合作与纷争》，上海人民出版社2001年版。

56. ［美］E.拉兹洛著，李吟波等译：《决定命运的选择》，三联书店，1997年版。

57. ［美］约翰·奈斯比特著，梅艳译：《大趋势——改变我们生活的十大新方向》，中国社会科学出版社1984年版。

58. ［日］堺屋太一著，金泰相译：《知识价值革命》，东方出版社1986年版。

59. ［德］汉斯-彼得·马丁、哈拉尔特·舒曼著，张世鹏等译：《全球化陷阱——对民主和福利的进攻》，中央编译出版社1998年版。

60. ［德］阿多尔诺著，张峰译：《否定的辩证法》，重庆出版社1993年版。

61. ［加］本·阿格尔著，慎之等译：《西方马克思主义概论》，中国人民大学出版社1991年版。

62. ［美］米都斯等著，李宝恒译：《增长的极限》，四川人民出版社1984年版。

63. ［美］梅萨罗维克、［德］佩斯特尔著，梅艳译：《人类处于转折点》，三联书店1987年版。

64. 世界环境与发展委员会著，王之佳等译：《我们共同的未来》，世界知识出版社1989年版。

65. 世界银行：《2000/2001年世界发展报告——与贫困作斗争》，中国财政经济出版社2001年版。

66. 《刘思华文集》，湖北人民出版社2003年版。

67. 刘思华：《生态马克思主义经济学原理》，人民出版社2006年版。

68. 刘思华：《可持续经济文集》，中国财政经济出版社2007年版。

69. 许崇正：《人的全面发展与社会经济——伦理经济学引论》，安徽教育出版社1990年版。

70. 许崇正：《经济选择与人的发展》，中国财政经济出版社2004年版。

71. 许崇正：《人的发展经济学》，人民出版社2010年版。

72. 许崇正、焦未然：《建设生态文明、发展循环经济与人的发展》，《改革与战略》2009年第10期。

73. 尹世杰：《建设生态文明创造良好的生存发展环境》，《湖南师范大学社会科学学报》2004 年 9 月。

74. 尹世杰:《关于生态消费的几个问题》,《求索》2000 年第 5 期。

75. 尹世杰:《消费经济学》,湖南人民出版社 2002 年版。

76. 谭根林:《循环经济学原理》,经济科学出版社 2006 年版。

77. 王学军、陈灵主编:《循环经济论集》,北京科学出版社 2006 年版。

78. 陈端洪:《宪治与主权》,法律出版社 2007 年版。

79. 冯子标:《人力资本运营论》,经济科学出版社 2000 年版。

80.《新帕尔格雷经济学大词典》第 3 卷,经济科学出版社 1996 年版。

81. 包亚明:《文化资本与社会炼金术——布迪厄访谈录》,人民出版社 1997 年版。

82. 樊明:《健康经济学——健康对劳动力市场表现的影响》,社会科学文献出版社 2002 年版。

83. 高梦滔:《关注妇女健康:中国农村贫困地区妇女生殖健康的影响因素分析》,社会科学文献出版社 2007 年版。

84. 李建珊:《循环经济的哲学思考》,中国环境出版社 2008 年版。

85. 徐春:《人的发展论》,中国人民公安大学出版社 2007 年版。

86. 陶德麟:《中国当代哲学问题探索》,武汉大学出版社 1989 年版。

87. 韩庆祥:《马克思主义人学思想发微》,中国社会科学出版社 1992 年版。

88. 王宁、薛晓源:《全球化与后殖民批判》,中央编译出版社 1998 年版。

89. 尹希成等:《全球问题与中国》,湖北教育出版社 1997 年版。

90. 尹希成等:《困扰人类的全球问题》,北京大学出版社 1999 年版。

91. 郝永平、冯鹏志:《地球告急——挑战人类面临的 25 种危机》,

当代世界出版社1998年版。

92. 佘谋昌：《创造美好的生态环境》，中国社会科学出版社1997年版。

93. 李太平：《全球问题与德育》，华中科技大学出版社2002年版。

94. 万以诚、万岍：《新文明的路标——人类绿色运动史上的经典文献》，吉林人民出版社2002年版。

95. 赵中建：《教育的使命——面向二十一世纪的教育宣言和行动纲领》，教育科学出版社1999年版。

96. 俞可平：《全球化时代的“社会主义”》，中央编译出版社1998年版。

97. 沈湘平：《全球化与现代性》，湖南人民出版社2003年版。

98. 李景治：《当代资本主义的演变与矛盾》，中国人民大学出版社2001年版。

99. 谈世中、王耀媛、江时学等：《经济全球化与发展中国家》，社会科学文献出版社2002年版。

100. 阎政：《美国核法律与国家能源政策》，北京大学出版社2006年版。

101. 赵光武：《后现代主义哲学述评》，西苑出版社2000年版。

102. 《西方学者论〈一八四四年经济学——哲学手稿〉》，复旦大学出版社1983年版。

103. 吴文新：《科技与人性》，北京师范大学出版社2003年版。

104. 钟述孔：《21世纪的挑战与机遇——全球环境与发展》，世界知识出版社1992年版。

105. 郭熙保：《论发展观的演变》，《学术月刊》2001年第9期。

106. 俞可平：《科学发展观与生态文明》，载于薛晓源、李惠斌主编《生态文明研究前沿报告》，华东师范大学出版社2007年版。

107. 潘岳：《社会主义生态文明》，《学习时报》2006年9月。

108. 陈剑锋：《建设生态文明：社会经济可持续发展的新途径》，

《求实》2008年8月。

109. 林红梅：《生态文明是重建人与自然关系的必然选择》，《南京林业大学学报（人文社会科学版）》2008年9月。

110. 苏国辉：《迷失与回归：生态文明的人性注解》，《学术论坛理论月刊》2008年第6期。

111. 马芹、范燕宁：《生态生产力研究中的问题探析》，《理论学刊》2010年5月。

112. 李欣广：《人的全面发展与生态文明》，《改革与战略》2010年第1期。

113. 官锡强：《生态消费的价值合理性与人的全面发展》，《改革与战略》2009年第11期。

114. 黄斌：《马克思生态自然观的当代价值》，《理论探索》2010年第1期。

115. 郝峰、殷雄飞：《控制自然与异化消费——威廉·莱斯的生态危机理论述评》，《内蒙古大学学报（哲学社会科学版）》2010年5月。

116. 丁立卿、兰玉艳：《反思生态价值观塑造的前提性问题》，《贵州大学学报（社会科学版）》第27卷第5期。

117. 孟宪平：《论生态文明的理念定位、价值取向和路径依赖》，《延边大学学报（社会科学版）》2009年6月。

118. 李稻葵：《催生绿色产业：调结构的必然选择》，《新财富》2009年12月17日。

119. 李猛：《污染减排的内在动力——给予地方政府视角的研究》，《中国经济问题》2009年第2期。

120. 周辅成：《从文艺复兴到十九世纪资产阶级哲学家政治思想家有关人道主义人性论言论选辑》，商务印书馆1966年版。

121. 先明：《论社会资本》，《思想战线》2003年第6期。

122. 陈培秀：《经济学视域中人的全面发展的维度》，《生产力研究》2008年第11期。

123. 曲福田、赵海霞等：《江苏省土地生态安全问题及对策研究》，《环境保护》2005 年第 2 期。

124. 张帆：《中国的物质资本和人力资本估算》，《经济研究》2000 年第 8 期。

125. 胡鞍钢：《中国绿色发展与绿色改革》，摘自《环境保护与公众参与——绿色中国第九届论坛在京隆重召开》，《环境保护》2005 年第 12 期。

126. 张车伟：《营养、健康与效率——来自中国贫困农村的证据》，《经济研究》2003 年第 1 期。

127. 邱耕田：《生态生产初论》，《求索》1995 年第 2 期。

128. 邱耕田：《生态消费与可持续发展》，《自然辩证法研究》1999 年第 7 期。

129. 孙丽，孙大为：《论生态生产与可持续发展》，《内蒙古大学学报（人文社会科学版）》2000 年第 6 期。

130. 周伦府：《"生产"、"消费"与"生态"：理解中国环境问题的另一视角》，《才智》2008 年第 11 期。

131. 包庆德，董华：《生态哲学维度：人口生态生产与可持续发展》，《中国人口·资源与环境》2003 年第 4 期。

132. 马保华：《我国的生态公正及其实现研究》，《天中学刊》2007 年第 2 期。

133. 王素娟：《论生态公正》，《赤峰学院学报（自然科学版）》2007 年第 5 期。

134. 姚永利：《生态消费问题研究》，东北林业大学 2007 年博士论文。

135. 刘新新：《论生态消费与可持续发展》，《绿色中国》2004 年第 12 期。

136. 柏建华：《生态消费行为及其制度构建》，《消费经济》2005 年第 1 期。

137. 铁明太：《对我国生态消费问题的思考》，《湖湘论坛》2009 年第 3 期。

138. 许进杰：《生态消费：21 世纪人类消费行为发展的新定位》，《生态经济》2008 年第 1 期。

139. 张一鹏：《低碳经济与低碳生活》，《中外能源》2009 年第 14 期。

140. 陈晓凤：《简约生活》，《资源与人居环境》2008 年第 5 期。

141. 杨国平：《人与自然的关系：人类中心主义还是非人类中心主义——兼论马克思主义对二者的超越》，四川师范大学 2004 年硕士论文。

142. 薛扬：《生态文明价值观研究》，南京林业大学 2009 年硕士论文。

143. 胡友红：《回归自然——梭罗的环境理论伦理思想研究》，南京林业大学 2007 年硕士学位论文。

144. 卢新宁：《拒食野生动物 实践生态文明》，《人民日报》2003 年 6 月 6 日。

145. 彭希哲、田文华、梁鸿：《上海市空气污染造成人群健康经济损失的研究》，《复旦学报（社科版）》2002 年第 2 期。

146. 魏众：《健康对非农就业及其工资决定的影响》，《经济研究》2004 年第 2 期。

147. 於方、过孝民、张衍燊、潘小川、赵越、王金南、曹东、Cropper M、Aunan K：《2004 年中国大气污染造成的健康经济损失评估》，《环境与健康杂志》2007 年第 12 期。

148. 张车伟：《营养、健康与效率》，《经济研究》2003 年第 1 期。

149. 赵忠、侯振刚：《我国城镇居民的健康需求与 Grossman 模型——来自截面数据的证据》，《经济研究》2005 年第 10 期。

150. 蔡如鹏：《环境污染下的健康阴影》，《中国新闻周刊》2007 年 12 月第 44 期。

二、英文文献

1. Cooper R., John A., "Coordinating Coordination Failures in Keynesian Models", *Quarterly Journal of Economics* 103 (August 1988).

2. H. L. A. Hart, *Essays in jurisprudence and Philosophy*, The Oxford university Press, 1983.

3. Mankiw, N. Gregory, David Romer, and David N. Weil, 1992 "A Contribution to the Empirics of Economic Growth", *Quarterly Journal of Economics*, 107 (2).

4. Stokey NL., "Are there Limits to Growth?", *International Economic Review*, vol, 39, no, 1 (1998).

5. Aghion P., Howitt P., *Endogenous Growth theory*, MIT Press, 1998.

6. Aghion, Philippe & Howitt, Peter, 1992. "A Model of Growth through Creative Destruction, Econometrica", *Econometric Society*, vol. 60 (2).

7. Dasgupta P., Heal G. M., "The Optimal Depletion of Exhaustible Resources", *Review of Economic Studies*, vol. 128, no. 4 (1974).

8. Adam Wagstaff, "The Demand for Health: Some New Empirical Evidence", *Journal of Health Economics*, 1986, 5.

9. Andrew D. Foster, Mark R. Rosenzweig, "A Test for Moral Hazard in the Labor Market: Contractual Arrangements, Effort, and Health", *The Review of Economics and Statistics*, 1994, 76 (2).

10. Anna Alberini, Maureen Cropper, Tsu - Tan Fu, Alan Krupnick, Jin - Tan Liu, Daigee Shaw and Winston Harrington, "Valuing Health Effects of Air Pollution in Developing Countries: the Case of Taiwan", *Journal of Environmental Economics and Management*, 1997, 34, 107 - 126.

11. Bartel A., and Taubman P., "Health and Labor Market Success: the Role of Various Diseases", *The Review of Economics and Statistics*, 1979,

61 (1).

12. Chun－Quan Ou, Anthony J. Hedley, Roger Y. Chung, Thuan－Ouoc Thach, Yuen－Kwan Chau, King－Pan Chan, Lin Yang, Sai－Yin Ho, Chit－Ming Wong, Tai－Hing Lam, "Socioeconomic Disparities in Air Pollution－associated Mortality", *Environmental Research*, 2008, 107.

13. Cropper, Maureen L., "Measuring the Benefits from Reduced Morbidity", *American Economic Review*, 1981, 71 (2).

14. David E. Bloom, Ajay S. Mahal, "Does the AIDS Epidemic Threaten Economic Growth?", *Journal of Econometrics*, 1997, 77.

15. Grossman, Michael, "On the Concept of Health Capital and the Demand for Health", *Journal of Political Economy*, 1972, 80 (2).

16. James P. Smith, "Health Bodies and Thick Wallets: the Dual Relation Between Health and Economics Status", *Journal of Economic Perspectives*, 1999, 13(2).

17. Janet Currie, Matthew J. Neidell, and Johannes Schmieder, "Air Pollution and Infant Health: Lessons from New Jersey", *NBER Working Paper*, No. 14196, July 2008.

18. Janet Currie, "Healthy, Wealthy, and Wise: Socioeconomic Status, Poor Health in Childhood, and Human Capital Development", *NBER Working Paper*, No. 13987, May 2008.

19. Jerrett, M., Eyles, J., Dufournaud, C., and Birch, S., "Environmental Influences on Health Care Expenditures: An Exploratory Analysis from Ontario, Canada". *Journal of Epidemiology and Community Health*, 2003, 57.

20. John Bound, "Self－Reported Versus Objective Measures of Health in Retirement Models", *Journal of Human Resources*, 1991, 26 (1).

21. John Strauss, "Does Better Nutrition Raise Farm Productivity?", *Journal of Political Economy*, 1986, 94 (2).

22. Li Gan, and Gong Guan, "Estimating Interdependence between Health and Education in a Dynamic Model", *NBER Working Paper* , No. 12830, January 2007.

23. Asenath Larue, Lew Bank, Ussy Jarvik, and Monte Hetlan, "Health in Old Age: How do Physicians Ratings and Self – ratings Compare?", *Journal of Gerontology*, 1979, 34 (5).

24. Marjorie Baldwin, and William G. Johnson, "Labor Market Discrimination Against Men with Disabilities", *Journal of Human Resources*, 1994, 29 (1).

25. Matthew J. Neidell, "Air pollution, Health, and Socio – economic Status: the Effect of Outdoor Air Quality on Childhood Asthma", *Journal of Health Economics*, 2004, 23.

26. Matthew J. Neidell, "Information, Avoidance Behavior, and Health: the Effect of Ozone on Asthma Hospitalizations", *NBER Working Paper* , No. 14209, July 2008.

27. Narayan, P. K. , and Narayan S. , "Does Environmental Quality Influence Health Expenditures Empirical Evidence from a Panel of Selected OECD Countries", *Ecological Economics*, 2008, 65 (2).

28. Robert M. Kaplan, John P. Anderson, Albert W. Wu, Wm. Christopher Mathews, Franklin Kozin and David Orenstein, "the Quality of Well – being Scale: Applications in AIDS, Cystic Fibrosis, and Arthritis", Medical Care, Supplement: advances in health status assessment: conference proceedings 1989, 27 (3).

29. Robert W. Fogel, "Economic Growth, Population Theory, and Physiology: the Bearing of Long – Term Processes on the Making of Economic Policy", *American Economic Review*, 1994 (3).

30. Seem Jayachandran, "Air Quality and Early – Life Mortality: Evidence from Indonesia's Wildfires", *NBER Working Paper* , No. 14011, May

2008.

31. Shelby Gerking, Linda R. Stanley, "An Economic Analysis of Air Pollution and Health: The Case of St. Louis", *The Review of Economics and Statistics*, 1986, 68 (1).

32. Van De Ven, W. P. M. M. E. M. Hooijmans, "the MIMIC Health Status Index", In G. Duru and J. H. P. Paelinck eds., *Econometrics of Health Care*, Kluwer, Amsterdam, 1991.

后　记

《生态文明与人的发展》一书，是刘思华教授主编的《生态文明与绿色低碳经济发展论丛》中的一本。这本书的作者有许崇正教授（南京师范大学）、杨鲜兰教授（湖北大学）、张辉教授（北京大学）、苗艳青副教授（北京大学）。具体写作分工：许崇正教授：第二章、第四章、第五章、第六章、第八章。杨鲜兰教授：第一章、第十章。苗艳青副教授：第三章、第九章。张辉教授：第七章。

《生态文明与人的发展》一书的第一稿提纲由许崇正教授撰写，后经刘思华教授修改，形成第二稿提纲。全书各章初稿完成后，由许崇正教授对全书进行了统稿，在统稿中对部分章节作了调整、修改。最后，由刘思华教授对全书进行了审定。

本书的出版，感谢中南财经政法大学刘思华教授给予指点、把握方向、提出宝贵意见；感谢中南财经政法大学和湖北民族学院国家重点图书办公室的同志们；感谢中南财经政法大学方时姣副教授；感谢我的研究生巫俊飞等在我写作本书相关几章时帮助我搜集有关资料，并参于讨论研究。特别是要感谢中国财经出版社副总编辑张立宪先生和经济理论出版中心主任刘五书先生及本书的责任编辑张怡然女士，感谢他们为此书的编辑出版所付出的努力。

许崇正

2011年10月5日于南京

